"十四五"职业教育国家规划教材

电工基础

（第二版）

主　编　宋　涛　冯泽虎
副主编　唐珊珊　张　强　韩振花
王光亮　张振远

DIANGONG JICHU

中国教育出版传媒集团
高等教育出版社·北京

内容提要

本书是“十四五”职业教育国家规划教材，是根据教学需求变化，并参照最新颁发的相关国家标准和职业技能等级考核标准修订而成的。

本书采用理论与实践相结合的教学模式，在每章中既能学习相关的理论知识，又能锻炼实践技能，通过“学中做、做中学”的方法，让学生扎实掌握电工基础知识和基本技能。本书共有7章，分别是电路基本定律与分析方法、交流电路、三相电路、电路的暂态分析、铁芯线圈与变压器、常用低压电器和基本电气控制单元线路。

本书可作为高等职业教育、成人教育电气、机电、电子、计算机等专业相关课程的教材，也可供相关工程技术人员参考。

图书在版编目(CIP)数据

电工基础/宋涛，冯泽虎主编.—2版.—北京：高等教育出版社，2023.7(2025.6重印)

ISBN 978-7-04-059906-0

Ⅰ.①电… Ⅱ.①宋… ②冯… Ⅲ.①电工-高等职业教育-教材 Ⅳ.①TM

中国国家版本馆CIP数据核字(2023)第107808号

策划编辑 张尕琳 **责任编辑** 张尕琳 谢永铭 **封面设计** 张文豪 **责任印制** 高忠富

出版发行	高等教育出版社	**网　　址**	http://www.hep.edu.cn
社　　址	北京市西城区德外大街4号		http://www.hep.com.cn
邮政编码	100120	**网上订购**	http://www.hepmall.com.cn
印　　刷	上海叶大印务发展有限公司		http://www.hepmall.com
开　　本	787 mm×1092 mm 1/16		http://www.hepmall.cn
印　　张	16.75	**版　　次**	2017年9月第1版
字　　数	397千字		2023年7月第2版
购书热线	010-58581118	**印　　次**	2025年6月第6次印刷
咨询电话	400-810-0598	**定　　价**	39.00元

物 料 号 59906-A0

配套学习资源及教学服务指南

二维码链接资源

本书配套微视频、动画等学习资源，在书中以二维码链接形式呈现。手机扫描书中的二维码进行查看，随时随地获取学习内容，享受学习新体验。

在线开放课程

本书配套在线开放课程“电工技术”，可进行在线学习互动讨论。

学习方法：访问网址https://www.icourse163.org/course/ZBVC-1003765005。

教师教学资源索取

本书配有课程相关的教学资源，例如，教学课件、习题及参考答案等。选用教材的教师，可扫描下方二维码，关注微信公众号“高职智能制造教学研究”，点击“教学服务”中的“资源下载”，或电脑端访问网址（101.35.126.6），注册认证后下载相关资源。

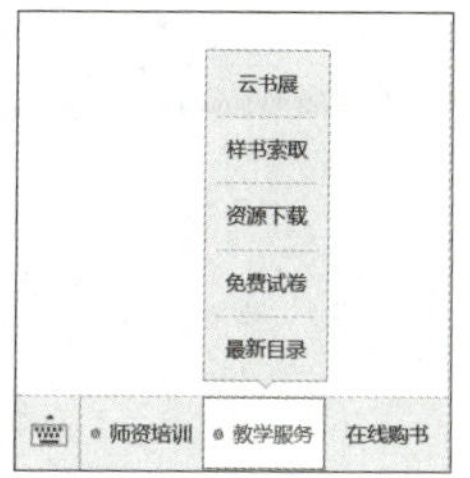

★如您有任何问题，可加入工科类教学研究中心QQ群：240616551。

本书二维码资源列表

章	类型	说明
1	动画	电路
	微视频	电路的组成及作用
	微视频	电位的计算
	动画	万用表测电压
	微视频	电阻元件及功率
	微视频	电容、电感对直流稳态电路的影响
	微视频	独立电压源
	微视频	独立电流源
	微视频	欧姆定律
	动画	欧姆定律
	动画	欧姆定律实训操作
	微视频	基尔霍夫定律
	文本	基尔霍夫的励志事迹
	微视频	电阻的串、并联
	动画	电阻串联电路的特点
	动画	电阻并联电路的特点
	微视频	电阻的混联
	动画	化简电路图
	微视频	电阻的星形联结、三角形联结及其等效变换
	微视频	独立电源的等效变换
	动画	叠加定理
	微视频	诺顿定理
	微视频	支路电流法
	微视频	节点电压法
	微视频	含受控源电路的分析
2	文本	中国特高压输电技术
	微视频	正弦交流电的基本概念
	微视频	正弦交流电的三种表示形式
	动画	正弦交流电的周期性变化
	动画	正弦交流电的旋转向量表示法
	微视频	电阻元件的正弦交流电路
	微视频	纯电感正弦交流电路(一)
	微视频	纯电感正弦交流电路(二)
	文本	电容助力绿色能源
2	微视频	纯电容正弦交流电路(一)
	动画	电容器的充电、放电过程
	微视频	纯电容正弦交流电路(二)
	微视频	*RLC* 串联交流电路的分析
	微视频	*RLC* 并联交流电路的分析(一)
	微视频	*RLC* 并联交流电路的分析(二)
	微视频	正弦交流电路的阻抗和导纳
	微视频	正弦交流电路的功率
	微视频	功率因数及其提高方法
	动画	电容与电感负载并联来提高功率因数
	微视频	串联谐振
	微视频	并联谐振
3	文本	安全事故案例
	微视频	三相电源
	微视频	负载星形联结的三相电路
	微视频	负载三角形联结的三相电路
	微视频	三相功率的计算
	微视频	三相功率的测量
	微视频	安全用电常识
	微视频	触电危害与急救
	动画	触电的急救
	微视频	防触电的安全技术
	动画	触电形式
	微视频	静电防护、电气防火与防爆常识
4	文本	《考工记》中的工匠精神
	微视频	换路定律与初始值的确定
	微视频	*RC* 电路的零输入响应
	微视频	*RL* 电路的零输入响应
	微视频	*RC* 电路的零状态响应
	微视频	*RL* 电路的零状态响应
	微视频	*RC* 电路的全响应
	微视频	*RL* 电路的全响应
	微视频	一阶线性电路暂态分析的三要素法
	微视频	微分电路
	微视频	积分电路

续　表

章	类　型	说　　明
5	文　本	变压器节电技术
	微视频	磁路的基本概念
	动　画	磁场强度
	动　画	磁导率实验
	微视频	铁芯线圈电路
	微视频	电磁铁
	动　画	变压器的磁路
	微视频	变压器的工作原理
	微视频	变压器的同极性端
	微视频	特殊变压器
6	微视频	电器的分类
	微视频	低压电器的作用
	微视频	刀开关的结构和用途
	动　画	刀开关的分闸与合闸
	微视频	刀开关的型号和符号
	微视频	刀开关的主要技术参数
	微视频	刀开关的选择与常见故障的处理方法
	文　本	新型熔断器安装工器具
	微视频	熔断器的分类
	微视频	熔断器的型号、符号及主要技术参数
	微视频	熔断器的选择与常见故障的处理方法
	微视频	熔断器的安装与使用
	微视频	低压断路器的分类
	微视频	低压断路器的结构和工作原理
	动　画	低压断路器的结构和工作原理
	微视频	低压断路器的型号和符号
	微视频	低压断路器的选择与常见故障的处理方法
	微视频	交流接触器的结构和工作原理
	动　画	交流接触器的结构示意
	动　画	交流接触器的结构原理
	微视频	交流接触器的主要参数、型号和符号
	微视频	接触器的选择与常见故障的处理方法
	文　本	以工匠心躬耕毫厘之间
	微视频	继电器及其分类
	微视频	电磁式继电器
6	微视频	时间继电器
	动　画	通电延时型时间继电器
	动　画	断电延时型时间继电器
	微视频	热继电器
	动　画	热继电器的工作原理
	微视频	速度继电器
	动　画	速度继电器的工作原理
	微视频	控制按钮
	动　画	控制按钮的工作原理
	微视频	行程开关
	动　画	滚轮式行程开关
	动　画	微动式行程开关
7	文　本	大国工匠高凤林的故事
	微视频	电气控制系统图的分类
	微视频	绘制与识读电路图时应遵循的原则
	微视频	线号的标注原则和方法
	微视频	绘制电器布置图的原则
	微视频	绘制与识读接线图的原则
	微视频	点动控制
	动　画	点动控制线路
	动　画	点动控制实例
	微视频	连续运行控制
	动　画	连续运行控制线路
	微视频	点动与长动结合的控制
	动　画	连续与点动控制(手动开关控制)
	动　画	连续与点动控制(继电器控制)
	文　本	电动机正反转在农业上的应用
	微视频	正反转控制
	动　画	正反转控制实例
	微视频	位置控制线路
	微视频	顺序联锁控制线路
	动　画	两台电动机顺序起动控制线路
	文　本	多点控制线路在电梯急停中的应用
	微视频	多点控制线路
	动　画	多点控制线路
	微视频	时间控制线路

前言

本书是“十四五”职业教育国家规划教材。

为贯彻落实党的二十大和全国职业教育大会精神，培养更多高素质技术技能人才，根据中国特色高水平高职学校和专业建设计划要求，我们在总结“十三五”和“十四五”职业教育国家规划教材建设经验的基础上，以职业能力和综合素养为本位，吸取行业企业等各方面的意见和建议，对第一版《电工基础》教材进行了修订，力求使较为系统科学的基础理论认知结构成为专业能力结构的稳固支撑，增强学生对职业岗位的适应能力和迁移能力。

“电工基础”是一门应用性很强的专业基础课。本书以“必须、够用”为度，结合学生学习的实际情况合理选取教学内容，所涵盖的理论与技能是从事装备制造类、电子信息类专业技术工作人员不可或缺的。理论与技能的密切结合，是“电工基础”课程的重要特点。本书以现代电工技术的基础知识、基本理论为主线，使现代电工技术与各种新技术有机结合在一起，理论与实践紧密结合，强化实践训练，注重学生电工技术专业技能的培养与提高，充分体现高职教育的类型特征。

本书内容丰富，详略得当，在教学内容组织上，充分考虑到学生的认知规律，由浅入深，循序渐进。本书共分 7 章，分别是电路基本定律与分析方法、交流电路、三相电路、电路的暂态分析、铁芯线圈与变压器、常用低压电器、基本电气控制单元线路。每章都设置了“实训项目”，通过“学中做、做中学”，让学生扎实掌握电工基础的基础知识和基本技能。此外，本书配套 PPT 教学课件、教学动画、教学微课等资源，其中部分资源以二维码形式在书中呈现，可以随时随地利用移动设备扫描观看，令学习更加轻松，视野更加开阔。

本书的编写队伍由国家级教学团队的主要成员组成。宋涛、冯泽虎对本书的编写进行总体策划，指导全书的编写并统稿。宋涛编写第 1 章，张强编写第 2 章，韩振花编写第 3 章，王光亮、卢晓玲编写第 4 章，张振远、唐珊珊编写第 5 章，冯泽虎编写第 6、7 章。青岛海信电器股份有限公司、山东科明光电科技有限公司、淄博美林电子有限公司的相关技术人员参与了本书实训项目的编写。

本书可作为高等职业教育、成人教育电气、机电、电子、电力、通信、自动化、计算机等专业相关课程的教材,也可供相关工程技术人员参考。

限于编者水平,书中难免有疏漏之处,恳请读者批评指正。

编　者

DIANGONG JICHU

目录

DIANGONG JICHU

第1章 电路基本定律与分析方法

学习目标

- 了解电路和电路分析的基础知识；
- 掌握电流、电压、电功率等电路变量的概念；
- 熟悉电路的基本概念和电阻、电容、电感三大基本元件；
- 掌握实际电压源和电流源的特性；
- 理解并掌握基尔霍夫电流定律(KCL)和基尔霍夫电压定律(KVL)；
- 理解电路和电阻的连接方式和特点，以及电阻电路的分析方法；
- 理解电源的等效变换，并能够利用电源等效变换求解直流稳态电路；
- 理解叠加定理、戴维宁定理和诺顿定理的应用特点并会求解直流稳态电路；
- 掌握分析电路的支路电流法、节点电压法；
- 能读懂简单电路图，会安装电路并能够正确测量电路；
- 了解电工技术世界，激发学习兴趣，对所学专业加深认识，培养专业归属感；
- 培养独立思考、勤于思考、善于提问的学习习惯，培养敬业精神和职业意识；
- 培养安全操作意识；
- 培养严谨、求是、务实的职业精神；
- 学会利用网络视听资源，自主探究学习。

1.1 电路的基本概念

手电筒是人们日常生活中一种常用工具，实物图如图1-1所示，它的结构就是一个最简单的电路。图1-2是手电筒结构示意图，当开关闭合，电路形成闭合回路，手电筒发光。

通常人们对电路的分析和计算是对电路模型而言，手电筒电路模型是怎样的？电路中还需要考虑哪些电路变量？

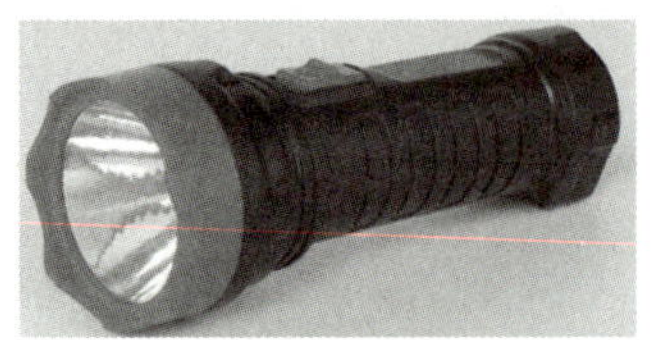

图 1-1　手电筒实物图

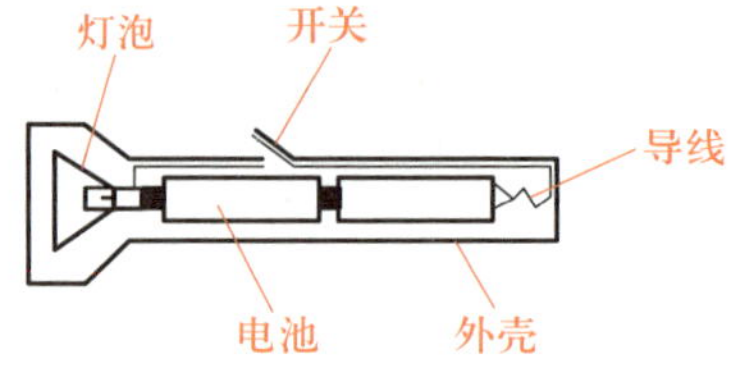

图 1-2　手电筒结构示意图

微视频

电路的组成及作用

1.1.1 电路的组成及电路模型

实际电路是由各种电气设备按一定的方式互相连接而成的电流通路。它的主要功能是实现电能或电信号的产生、传输、转换和处理。一般来说，不管电路复杂与否，都可将它分为三部分：一是提供动力的电源；二是消耗或转化电能的负载；三是连接和控制电源与负载的导线、开关等中间环节。这三个部分在任何电路中都是缺一不可的。

为分析和研究电路的方便，用能够反映其主要电磁特性的理想元件来代替实际的电路元件组成电路，称这样的抽象电路为“电路模型”。电路模型反映了各种理想元件在电路中的作用和相互之间的连接方式，并不表示元件之间的真实几何关系和实际位置。另外，在电路模型中，连接各元件的导线也被认为是理想元件，其电阻忽略不计。

图 1-3 为手电筒电路原理图与电路模型图。手电筒电路中灯泡在电路中表现出来的性质与电阻相同，因此灯泡在电路模型中用 R 表示；而电池在电路中表现出来的性质相当于电压源与电阻（电池内阻 r）的串联组合，因此，在电路模型中用电压源 U_S 与电池内阻 r 串联组合来表示电池。

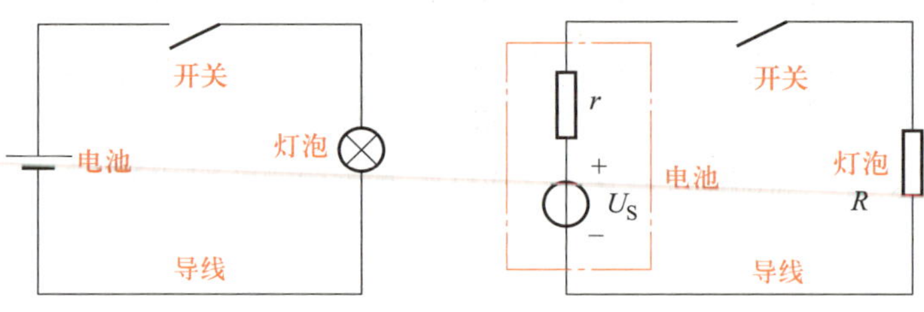

（a）手电筒电路原理图　　（b）手电筒电路模型图

图 1-3　手电筒电路原理图和电路模型图

在本书后面提到的电路图，除特别说明外，都指电路模型，其中的元件都是理想元件。表 1-1 给出了部分常用电气元件的符号。

表 1-1　部分常用电气元件的符号

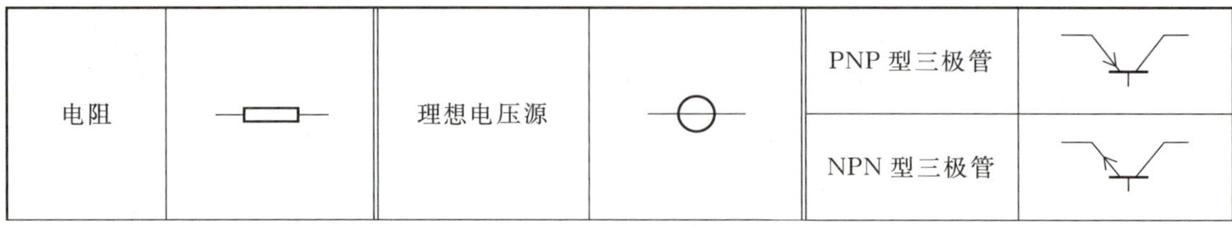

电阻		理想电压源		PNP 型三极管	
				NPN 型三极管	

续　表

可调电阻		理想电流源		二极管	
				晶体	
电容		受控电压源		扬声器	
电感		受控电流源		蜂鸣器	
开关		电池		白炽灯	
		脉冲信号		插头和插座	
延时		地		熔断器	

1.1.2 电流、电压与功率

图 1-4 所示电路由提供动力的电源、消耗电能的电阻、转化电能的发光二极管和连接导线构成，在电路板焊接或在实验台搭接图 1-4 所示电路，实物照片如图 1-5 所示，当发光二极管点亮时，表明电路形成一个电流通路，用万用表测两点电压及回路电流值。

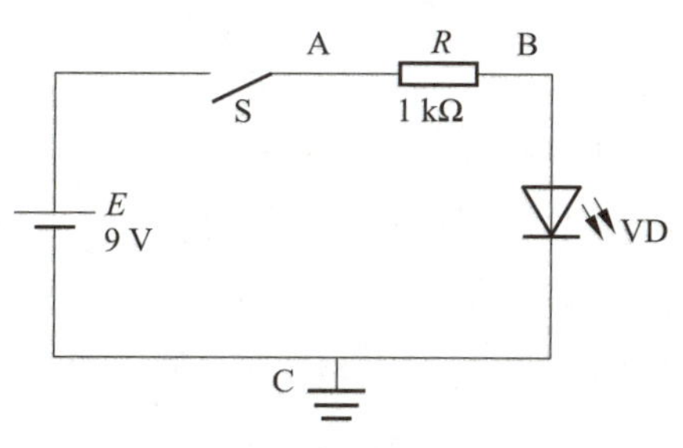

图 1-4　基本电路原理图

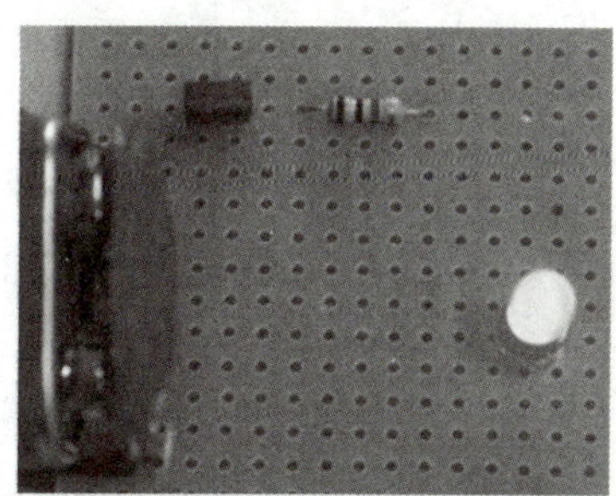

图 1-5　实物照片

1. 电流

人们把带电粒子(微粒)称为电荷，而电荷的定向移动形成电流。

通常情况下，带电粒子做无规律的杂乱运动，例如金属导体中自由电子的杂乱无章的热运动，但由于内部电荷的运动总体上体现不出方向，因此不能形成电流。但是这些电荷在一定条件下(如处在电场中时就会受到电场力的作用)会做定向移动，这样就形成了电流。

(1) 电流的方向

带电粒子之所以做定向移动是因为受到了电场力的作用或者说是受到了电源的作用。

若在图 1-4 所示电路中将 9 V 电源移除，电路中还会有电流吗？

电流产生时，正电荷与负电荷在电路中受到的电场力的方向是相反的，因此它们的移动方向也是相反的。为了便于分析电路，需要对电流的方向作出明确规定。

人们规定，正电荷的移动方向为电流的实际方向。电流的实际方向与负电荷的移动方向相反。应当指出的是，在金属导体中形成电流的定向移动电荷是自由电子，电解液中是正离子与负离子，而在半导体中则为电子与带正电的“空穴”。

(2) 电流强度

电流强度是用来衡量电流大小的物理量。人们把单位时间内通过导体横截面的电荷量定义为电流强度。电流强度简称电流，用符号 i 表示。

设在一段时间 $\mathrm{d}t$ 内，通过导体横截面的电荷量为 $\mathrm{d}q$，则电流 i 为

$$i=\frac{\mathrm{d}q}{\mathrm{d}t} \tag{1-1}$$

q 为电荷量，其国际单位制单位为库(用 C 表示)；t 是时间，单位为秒(用 s 表示)；式(1-1)中 i 为电流，单位为安(用 A 表示)。

在电力电路中，会用到一些比“安”大一些的电流单位，如千安(kA)；而在信号电路中则经常会用到比“安”小一些的电流单位，如毫安(mA)和微安(μA)等。这些单位之间的换算关系如下：

$$1\ \mathrm{kA}=1\,000\ \mathrm{A},\ 1\ \mathrm{A}=1\,000\ \mathrm{mA},\ 1\ \mathrm{mA}=1\,000\ \mu\mathrm{A}$$

小提示

“电流”这一词有两个含义，它既是表示一种物理现象，即电荷的移动；同时又是一个物理量，即电流强度。

(3) 电流的参考方向

在任何一个电路中，电流的实际方向都是确定的，这是不容置疑的。在简单电路中，电流的实际方向是很容易确定的，例如图 1-4 所示基本电路的电流方向就很容易能确定。而在分析复杂直流电路或在分析交变电路时，人们有时很难用实际电流方向进行分析计算，这是因为在分析计算之前很难事先判断其中电流的实际方向。

例如，在图 1-6 所示的复杂直流电路中，很难直接确定支路 a→e→c 中的电流的实际方向。这会给分析、计算电路带来一定的困难。

为解决这一难题，也是出于分析计算电路的需要，人们引入“电流参考方向”的概念，参考方向又称假定正方向，简称正方向。

所谓参考方向，就是在一段电路中，根据需要任意假定某一方向为电流的正方向，即参考方向，并用箭头在电路中标示出来，以此参考方向作为电路分析、计算的依据。当参考方向与实际电流方向一致时电流为正值，与实际电流方向相反时电流为负值。

实际电路测量时万用表红、黑表笔的连接就是参考方向的确定过程，再根据测量数值的正负判断电流的实际方向。

例如，图 1-7 所示电路中箭头所指的方向就是各支路的参考方向，但它并不代表实际方向。

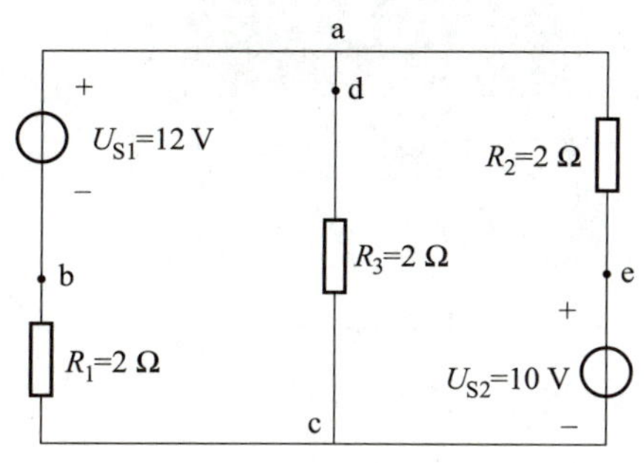

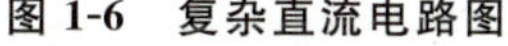
图 1-6　复杂直流电路图

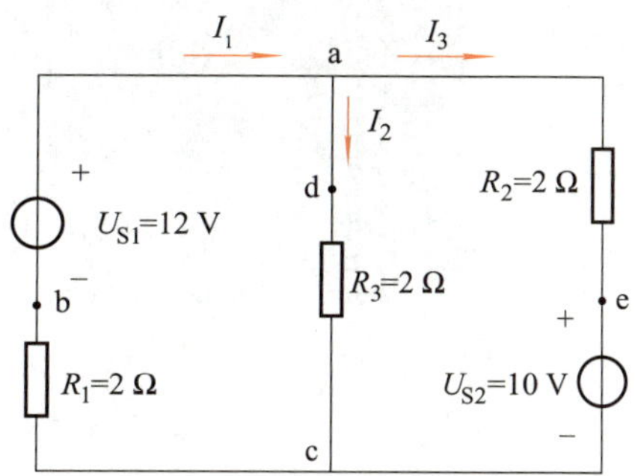

图 1-7　复杂直流电路各支路电流参考方向

通过对如图 1-7 所示电路进行计算（具体计算过程目前不介绍），求得各分支电路的电流分别是

$$I_1 = \frac{7}{3}\ \text{A}$$

$$I_2 = \frac{11}{3}\ \text{A}$$

$$I_3 = -\frac{4}{3}\ \text{A}$$

这个结果说明，支路 c→b→a 与支路 a→d→c 中的实际电流方向与箭头方向（参考方向）是一致的，而支路 a→e→c 中的实际电流方向与箭头方向（参考方向）相反。

从以上分析可以知道，只有在标出了电流的参考方向后，电流数值的正负才有意义；电流 $i > 0$，表明电流的实际方向与所确定的参考方向一致；反之若 $i < 0$，表明电流的实际方向与所确定的参考方向相反。

知识点拓展

万用表测交、直流电流的方法（数字万用表型号 DT9205）

将万用表的量程开关拨至 DCA（直流）或 ACA（交流）的合适量程，红表笔插入“mA”孔（<200 mA 时）或“20 A”孔（≥200 mA 时），黑表笔插入“COM”孔，如图 1-8a 所示，并将万用表串联在被测电路中（将待测支路断开，万用表红、黑表笔分别接电路断开处）即可。测量直流量时，数字万用表能自动显示极性，图示方向电路电流 4.92 mA，如图 1-8b 所示。

电流的种类

根据电流的大小、方向与时间之间的关系，可将电流分成恒定电流、脉动直流、变动电流三种。

(a) 万用表挡位选择

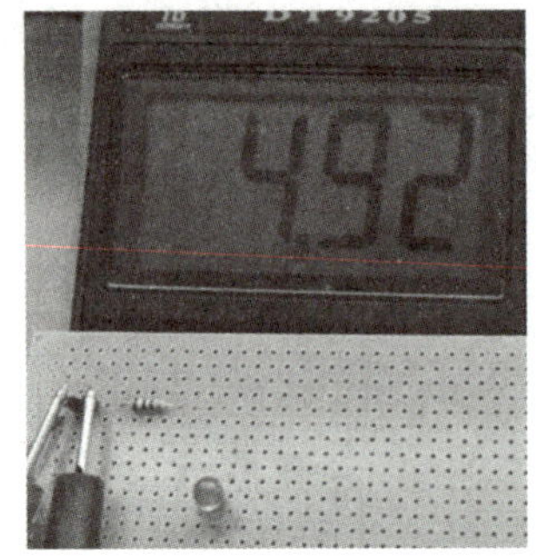

(b) 表笔连接方法

图 1-8　万用表测电流

(1) 恒定电流

恒定电流简称直流(常用字母 DC 来表示),是一种大小、方向都不随时间变化的电流,如图 1-9a 所示。通过直流电流的电路称为直流电路,例如前面提到的手电筒电路就是一个直流电路。直流电路是电路分析的基础。

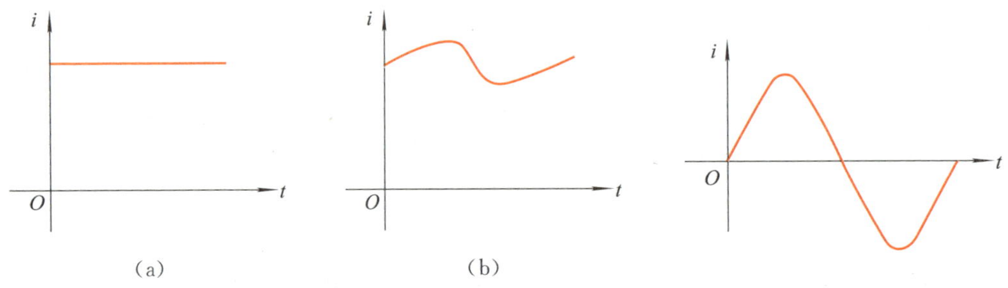

图 1-9　直流电流波形　　　**图 1-10　交变电流波形**

直流电路的电流强度用 I 表示,显然,对于直流电流,在任意相同时间间隔内通过导体横截面的电荷量都是相同的,所以式(1-1)可简化为

$$I=\frac{q}{t}$$

(2) 脉动直流

大小随时间变化,而方向不变的电流称为脉动直流。很多由交流通过整流而得到的直流电流往往是脉动直流。图 1-9b 所示就是一种脉动直流电流。脉动直流电路是直流电路的一种。

(3) 变动电流

大小、方向都随时间变化的电流称为变动电流。其中大小和方向都呈周期性变化,且一个周期内的平均值为零的电流称为交变电流,简称交流(常用字母 AC 来表示)。图 1-10 就是常见的正弦交流电的波形。

图 1-10 中的变动电流 $i<0$ 部分与 $i>0$ 部分的方向是相反的;电流 $i>0$ 部分说明与参考方向相同,$i<0$ 部分说明与参考方向相反。由此可见,参考方向的引入也解决了变动电流方向的描述问题。

2. 电压、电位

(1) 电压

电压是衡量电场力推动电荷运动，对电荷做功能力大小的物理量。如同水压是产生水流的原因一样，电压是电路中产生电流的根本原因。A、B 两点之间的电压 u_{AB} 在数值上等于电场力把单位正电荷从 A 点移到 B 点所做的功。

u 或 U 表示电压，其国际单位制单位为伏(用 V 表示)。在实际应用中，电压经常还会用到较大一点的单位，即千伏(kV)，以及较小的单位毫伏(mV)和微伏(μV)，它们之间的换算关系如下：

$$1\ \mathrm{kV}=1\ 000\ \mathrm{V},\ 1\ \mathrm{V}=1\ 000\ \mathrm{mV},\ 1\ \mathrm{mV}=1\ 000\ \mu\mathrm{V}$$

通常电路中两点之间的电压用下标表示方向，例如，A 点到 B 点的电压(电场力把单位正电荷从 A 点移到 B 点所做的功)用 u_{AB} 表示，B 点到 A 点的电压用 u_{BA} 表示。

(2) 电位

电位是用于表征电场(电路)中不同位置时电荷所具有能量大小的物理量，正如水位可以用于描述水的势能大小一样。

如果在电路中任意选定一个电位参考点，并且规定参考点本身的电位为零，那就可以定义空间某点的电位在数值上等于将单位正电荷从该点移到参考点电场力所做的功。在图 1-4 所示电路中，若规定 C 点为参考点，则 C 点电位为 0，A 点电位为 9 V，若规定 A 点为参考点，则 C 点电位为 −9 V，A 点电位为 0。

显然，电位是一个相对量，其量值与所选参考点有关。参考点不同，电场中各点的电位也不相同。在一个电场中，只有当参考点选定以后，电场中各点的电位才变得有意义。这一点与日常生活中描述水位高低是一样的，通常人们总是以地面作为参照物；若参照物不同，则水位高低的意义就不一样；若没有参照物，则不能用高低来描述水位。

V 表示电位，在国际单位制中，电位的单位是伏，用 V 表示。

(3) 电位与电压的关系

电场(或电路)中任意两点之间的电压等于这两点之间的电位差。a、b 两点之间的电压 $U_{ab}=V_a$(a 点的电位)$-V_b$(b 点的电位)，若某电路 a 点电位 4 V，b 点电位 1 V，则 U_{ab}、U_{ba} 分别是多少？

如图 1-11a 所示电路中，当选 c 为参考点时(即 $V_c=0$)，通过计算可以确定 a 点的电位

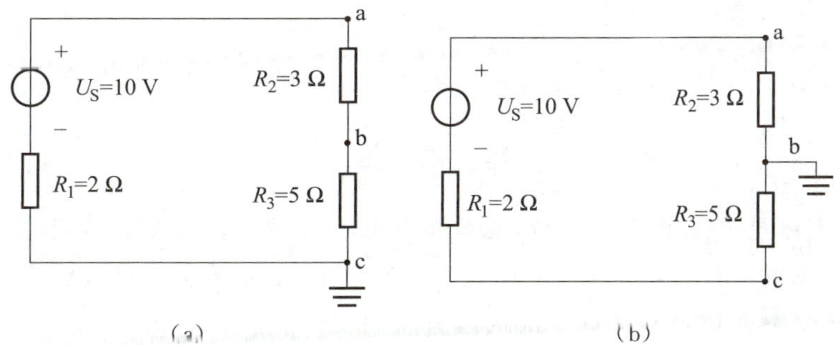

图 1-11　参考点与电位关系

为 $V_a=8$ V；b 点电位 $V_b=5$ V；而 a、b 间电压 $U_{ab}=V_a-V_b=8$ V-5 V$=3$ V。如图 1-11b 所示电路中，当选 b 为参考点时（即 $V_b=0$），通过计算可知 $V_a=3$ V，同样有 $U_{ab}=V_a-V_b=3$ V-0 V$=3$ V。

小提示

电位的高低与参考点选择有关，但是两点之间的电压（电位差）却与参考点无关。这一点又与水位、水位差意义相同。

（4）电压的实际方向与参考方向

为了能方便地分析实际电路，在电路中也对电压的方向做了规定：在电场力作用下正电荷移动的方向（即电位降低的方向）为电压的实际方向。

在实际处理中，有的电路可能很难直接确定两点间电压的实际方向。在这种情况下可以根据需要任意选定某一方向为电压的参考方向，当计算结果电压的数值为正时，表明其实际方向与参考方向一致；数值为负时，则与参考方向相反。

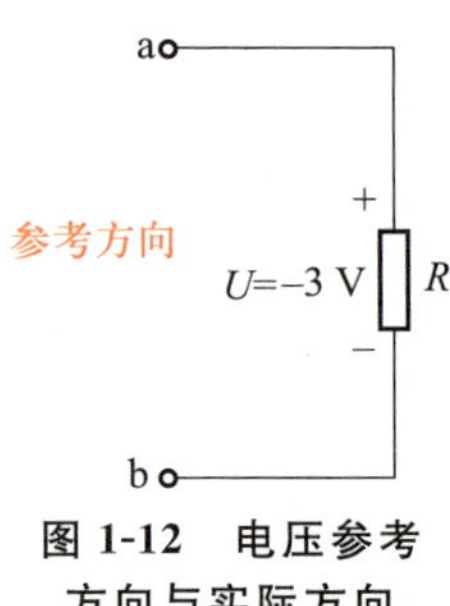

图 1-12 电压参考方向与实际方向

用万用表测量电压也是如此，先任意选定电压参考方向，万用表红表笔所接即所选参考方向的高电位点，黑表笔所接为所选参考方向的低电位点，再根据测量数值判断电压实际方向。

在电路图中，电路两点间的电压的参考方向通常用参考极性来表示，高电位点用“＋”表示并称之为正极，低电位点用“－”表示并称之为负极，如图 1-12 所示。若计算结果 $U=-3$ V，则说明 a、b 两点电压的实际极性与参考极性相反，实际应当是从 b 指向 a，即 b 点电位高于 a 点电位。

知识点拓展

万用表测交、直流电压的方法（数字万用表型号 DT9205）

根据需要将万用表的量程开关拨至 DCV（直流）或 ACV（交流）的合适量程，红表笔插入“VΩ”孔，黑表笔插入“COM”孔，如图 1-13a 所示，并将表笔与被测电路并联（将红、黑表笔直接接在被测元件或支路两端），读数即可显示，图 1-13b 所示电阻两端电压为 4.92 V。

注意：测量 U_{ab}、U_{ba} 时，红表笔与黑表笔所接位置不同。

电 动 势

在电路中，要维持电流的不断流动，就必须有电源的存在。电源的作用是把从高电位端移到低电位端的正电荷通过非电场力（电源力）的作用，又从低电位端搬回到高电位端。电动势就是用来衡量电源这种将正电荷从电源负极（通过电源内部）搬到正极的能力大小的物理量。图 1-14 所示为几种常见电源。

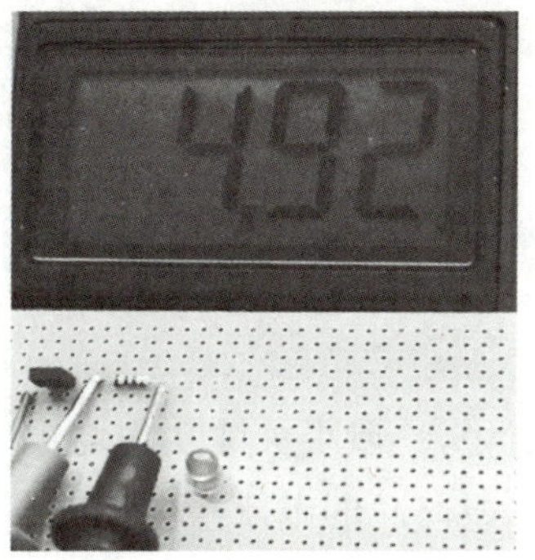

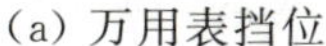

(a) 万用表挡位　　(b) 表笔连接方法

图 1-13　万用表测电压

(a) 电池　　(b) 蓄电池　　(c) 稳压电源

图 1-14　几种常见电源

图 1-15 是电场力与电源力做功示意图，图中蓄电池外部的电路称为外电路，蓄电池内部的电路称为内电路。在外电路上，电场力(F_1)将正电荷从高电位点(a 点)移动到低电位点(b 点)，电场力对正电荷做正功，正电荷将电能传送给了白炽灯而自身失去能量。当正电荷移动到低电位端后又在电源力(F_2)的作用下通过电源内部移动到高电位端，正电荷又获得了能量。如此不断循环，使电路获得源源不断的电流。

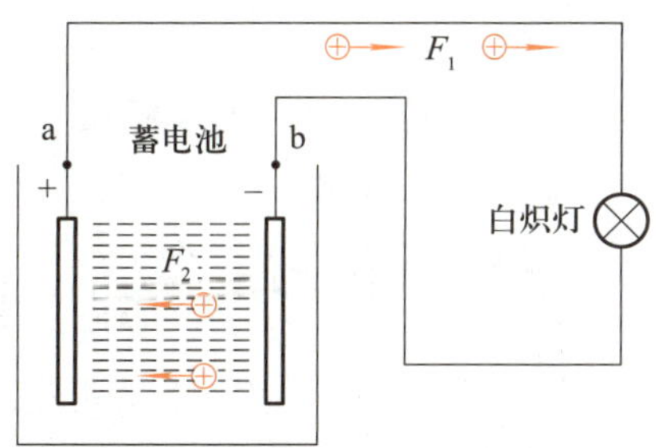

图 1-15　电场力与电源力做功示意图

由此可见，电路系统实际上就是一个能量转化的系统，电荷通过电源内部(内电路)时获得电能，而通过外电路时又将电能输送给外电路中的负载。

电源的电动势在量值上等于电源将单位正电荷从电源的低电位端通过电源内部搬到高电位端所做的功。

结论：电动势的单位和电位、电压的单位完全一致。它们具有相同的量纲，但是却有本质的区别。电动势是一个描述电源的物理量，是针对一个电源而言，它可以离开电路独立存在；而电压是电路中的一个变量，在所处的电路中随电路参数的变化而变化。

3. 功率

一个电路中有电源也有负载，电路能实现特定的能量的转化、信号的转换。为了描述电路中各部分能量的消耗或提供电能的速度，人们引进一个新概念——电功率。

单位时间内电能的变化率称为电功率，简称功率，并用字母 P 或 p 表示，其数学定义可表示为

$$P=\frac{\mathrm{d}W}{\mathrm{d}t} \tag{1-2}$$

在电路分析中，一般更关注功率与电流、电压之间的关系。为了便于分析与计算，往往把一段电路(或一部分)的电流与电压的参考方向取得一致；这样所取的电压、电流参考方向称为参考方向关联。可推导此时这段电路功率

$$p=ui \tag{1-3}$$

直流电路中，由于电路中电压与电流均是恒定的，因此式(1-3)可以写成以下形式：

$$P=UI \tag{1-4}$$

可见，对于一个元件、一段电路、一条支路或者一端口网络，其消耗(或吸收)的功率等于作用在其上电压与电流的乘积。

在电压与电流参考方向关联的条件下，若计算结果 $P>0$，说明这部分电路在吸收功率；若计算结果 $P<0$，这部分电路吸收负功率，说明电路实际在发出功率。

实际上，在电流与电压的参考方向关联的情况下，$P>0$ 说明电流或正电荷的实际移动方向与实际的电压方向是相同的，电流或正电荷是从高电位向低电位移动，电场力做正功，结果是电荷将自身的能量传递给电流通路的电气元件，因此电路在消耗电能。

反之，若 $P<0$，说明电流或正电荷的实际移动方向与实际的电压方向相反，电流或正电荷是从低电位向高电位移动，电源力(非电场力)做正功，其结果电荷自身的能量增加，因此电路在输出能量。

当电压与电流的参考方向不一致时，若计算结果 $P>0$，说明这部分电路实际在发出功率；若计算结果 $P<0$，说明这部分电路实际在吸收功率。

在实际计算时，为了方便记忆和计算，一般总是取电压与电流的参考方向一致，即电压与电流参考方向关联。

在国际单位制中，功率的单位是瓦(W)，1 瓦就是每秒做功或消耗能量 1 焦(J)，即 1 W＝1 J/s。工程上常用的功率单位还有兆瓦(MW)、千瓦(kW)和毫瓦(mW)等，它们之间的换算关系如下：

$$1\ \mathrm{MW}=10^{6}\ \mathrm{W},\ 1\ \mathrm{kW}=10^{3}\ \mathrm{W},\ 1\ \mathrm{mW}=10^{-3}\ \mathrm{W}$$

在配电电路中，经常会看到一种功率的计量装置，即功率表，其记录的就是单位时间的电能(功率)。

有了功率的概念，再来讨论一下实际应用中的电器(元件)的额定值问题。电器的额定值是制造厂家为了保证安全、正常使用电器而给出的对电压、电流或功率的限制数值。

例如，一只灯泡上标明 220 V、60 W，就表示这只灯泡接 220 V 电压时，消耗功率为 60 W，此时灯泡工作正常。若接到 380 V 电压上，则属不安全使用，灯泡将被烧坏。若接到

110 V 电压上，也是不正常工作，此时灯泡消耗功率小于 60 W，只有 15 W，会比较暗。

例 1　试求图 1-16 所示各框图所代表元件的功率。

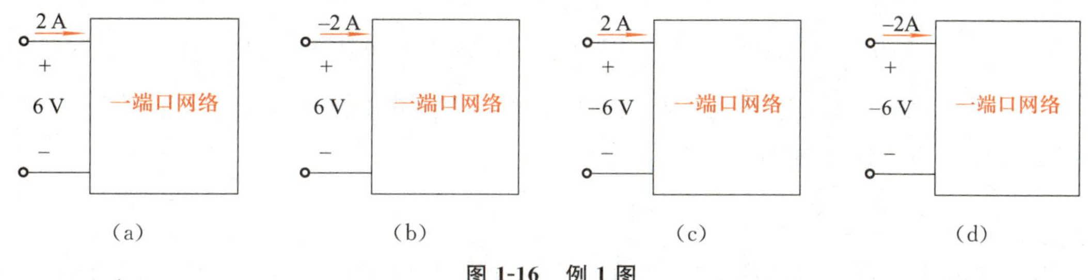

图 1-16　例 1 图

解：图 1-16 电路中电流与电压的参考方向关联。图中方框可以代表一个电气元件，也可以代表一部分电路。

图 1-16a 中，$P=UI=6\times2\ \text{W}=12\ \text{W}>0$，因此方框内电路总体在消耗电能。

图 1-16b 中，$P=UI=6\times(-2)\text{W}=-12\ \text{W}<0$，因此方框内电路总体在释放电能。

图 1-16c 中，$P=UI=(-6)\times2\ \text{W}=-12\ \text{W}<0$，因此方框内电路总体在释放电能。

图 1-16d 中，$P=UI=(-6)\times(-2)\text{W}=12\ \text{W}>0$，因此方框内电路总体在消耗电能。

方框内的电路有可能由较多的元件构成，有的元件在吸收电能，而有的元件则可能在释放电能，这里的“总体”是指元件吸收的电能与释放的电能相互抵消以后的“净”电能。

例 2　试求图 1-17a 所示电路中各元件上的功率与电路的总功率。

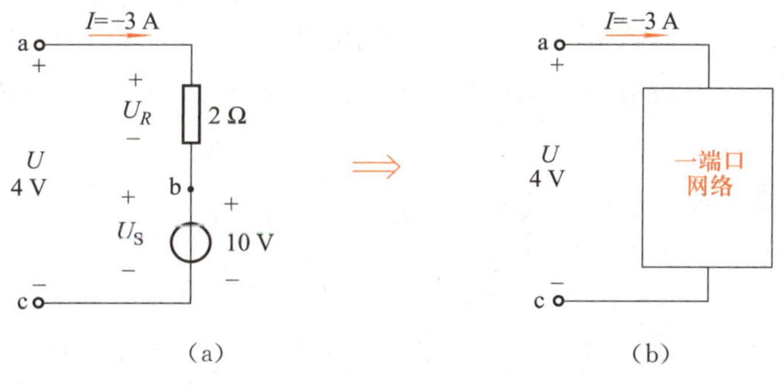

图 1-17　例 2 图

解：图 1-17a 中电路 abc 是一条分支，分支中有两个元件，即一个电阻和一个理想电源。电阻在电路中是消耗电能的元件；而电源一般情况下向外输送电能，个别情况也可以是电流向电源充电，例如蓄电池充电，这种情况下电源消耗电能而成为一个负载。

图 1-17a 中电流参考方向与电压参考方向关联，可以把这条分支看成一个整体，用一个一端口网络来替代，则图 1-17a 可以转化为图 1-17b 所示电路。

该一端口网络的功率为

$$P_{ac}=UI=4\times(-3)\text{W}=-12\ \text{W}<0$$

在电压与电流参考方向关联的前提下，$P_{ac}<0$ 说明该一端口网络实际上在发出电功

率，这一点也可以通过对分支上每一元件功率的计算来说明。

同样使图 1-17a 中每个元件上电压与电流的参考方向关联，此时电路中各元件的功率计算如下：

$$P_R = U_R \times I = I^2 \times R = (-3)^2 \times 2\ \text{W} = 18\ \text{W} > 0$$

$P_R > 0$ 说明电阻在消耗电能。事实上电路中的电阻在电流不等于 0 的情况下，都要消耗电能，因此电阻也被称为耗能元件。

$$P_S = U_S \times I = 10 \times (-3)\text{W} = -30\ \text{W} < 0$$

$P_S < 0$ 说明电源没有消耗电能，反而向它以外的电路提供（发出）了 30 W 的功率。

对该一端口网络中的两个元件而言，电源在单位时间内输出 30 W 的功率，电阻在单位时间内消耗了 18 W 的功率，总体上该一端口网络还有 12 W 的功率输出，这与对图 1-17b 计算的结果是相符的。

1.1.3 电路元件

1. 电阻

微视频

电阻元件及功率

电荷在导体中定向移动形成电流，电荷在移动过程中相互之间以及与其他微粒发生碰撞，从而阻碍电荷的移动，表现出对电荷移动的“阻碍”作用，这种性质称为“电阻”。通常讲某个元件是电阻，实际上有两层含义，其一是指该元件具有“电阻”的性质，其二则是指元件本身是一个电阻器。

电荷定向移动碰撞其他微粒时要消耗自身的电能，导致其他微粒的热运动加速，使导体本身发热和温度升高。因此电路中电阻的存在往往伴随有能量的损失，这种现象称为电阻的电流热效应。

电阻的英文名为 resistance，通常缩写为 R，它是导体的一种基本性质。不同材料、不同尺寸和不同温度的导体对电流的阻碍作用不相同，可以利用材料的这种性质制成各式各样的“电阻器”。例如，日常生活中使用的电炉，其发热丝就是用导体绕制而成的“电阻器”，电炉直接利用电阻的电流热效应来工作。电阻对电流的阻碍作用是可以量化的，在国际单位制中，它的量化单位是“欧”，用符号“Ω”表示。

一段导体的电阻大小与导体本身的长度成正比，与截面积成反比，并与导体材料性质有关。材质均匀一致的导体，其电阻的数学表达式为

$$R = \rho \frac{L}{A} \tag{1-5}$$

式（1-5）也称电阻定律；若电阻 R 的单位为 Ω，导体长度 L 单位为 m，导体截面积 A 单位为 m^2，那么电阻率 ρ 单位为 Ω·m。

当然，实际的电阻器在工作中还会表现比较微弱的电磁现象，如产生磁场等。突出实际元件对电流的阻碍作用，即突出其内部把电能转化成热能等不可逆过程的主要特征，忽略其一些次要特征，这样就可把实际的电阻器抽象为一种理想的电路元件，即电阻元件，其图形

符号如图 1-18 所示，电阻实物如图 1-19 所示。

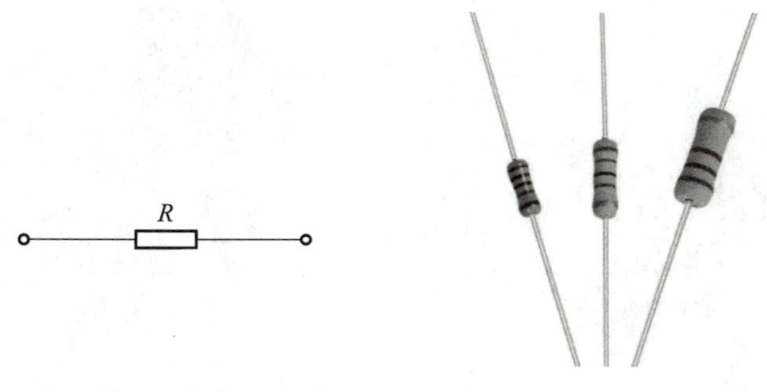

图 1-18　电阻元件的图形符号　　　　图 1-19　电阻实物图

在实际应用中，如白炽灯、电烙铁等电器，它们是以消耗电能而发热或以发光为主要特征的电路器件，在电路模型中都可以用电阻元件来表示。

电阻器的种类有很多，通常分为三大类：固定电阻、可变电阻、特种电阻，在电子产品中，以固定电阻应用最多。部分电阻实物如图 1-20 所示。

(a) 贴片电阻　　(b) 电位器旋钮　　(c) 光敏电阻　　(d) 湿敏电阻

图 1-20　部分电阻实物图

在实际应用中，电阻还用到大一些的单位，如 kΩ(千欧)和 MΩ(兆欧)，它们之间的换算关系为

$$1\ \mathrm{M\Omega}=1\ 000\ \mathrm{k\Omega}=1\ 000\times 10^{3}\ \Omega$$

G 是 R 的倒数，称为电导，单位为西[门子]，单位符号为 S。电导是导体材料对电流阻碍作用的另一种描述方式，与电阻的本质一样，也是由导体的性质决定的。显然，G 越大，导体对电流的阻碍作用越小。在分析电路时，有时采用电导更方便。

2. 电容

电容是电容器的简称，顾名思义，电容器就是“容纳电荷的容器”，它是一种储存能量的元件，简称储能元件，电容符号如图 1-21 所示。电容器品种繁多，但它们的基本结构和原理是相同的。不同的电容器储存电荷的能力不相同，在电路中的作用也不相同。图 1-22 展示了两种电容器实物。

(a) 无极性电容符号　　　　(b) 有极性电容符号

图 1-21　电容符号

(a) 瓷片电容(无极性)

(b) 电解电容(有极性)

图 1-22　电容器实物

电容的英文名 capacitance，通常缩写为 C。同电阻器一样，电容器的电容量是可以量化的，电容量大小与电容器的结构与介电常数有关。两块平行放置的金属板中间填充绝缘介质就构成一个简单的平板电容器，对于平板电容器的电容量计算有以下数学公式：

$$C=\frac{\varepsilon A}{d} \tag{1-6}$$

在式(1-6)中，电容 C 与介电常数 ε 成正比，与正对面积 A 成正比，与两金属板间的距离 d 成反比。若电容 C 的单位取 F，面积 A 单位为 m^2，距离 d 单位为 m，那么介电常数 ε 的单位为 F/m。

C 不但表示电容器，同时也表示电容器的电容量。

电容器容纳的电荷量 q 与极板间电压 u 之间的关系要受到电容量 C 的约束，它们之间的关系为

$$q=Cu \tag{1-7}$$

或

$$C=\frac{q}{u}$$

在国际单位制中，电容的单位为法(F)，在实际电路中通常用毫法(mF)、微法(μF)、纳法(nF)、皮法(pF)来描述电容量，换算关系为

$$1\ \mathrm{F}=10^{3}\ \mathrm{mF}=10^{6}\ \mu\mathrm{F}=10^{9}\ \mathrm{nF}=10^{12}\ \mathrm{pF}$$

当电容两极板间的电压发生变化时，根据电容器的特点可知，电容器上存储的电荷量也发生变化，而电荷量的变化必定伴随着电荷的定向移动，这就形成了电流，即

$$i=\frac{\mathrm{d}q}{\mathrm{d}t} \tag{1-8}$$

在电容两端电压 u 与流过电流 i 为关联参考方向的前提下，式(1-8)可以写成

$$i=C\frac{\mathrm{d}u_C}{\mathrm{d}t}$$

上式表明，只有当电容元件两端电压发生变化时，电容元件中才有电流通过，因此，电容元件称为“动态”元件。当 $i>0$ 时，电容上的电荷量和电压都将增加，这是电容的充电过程；当 $i<0$ 时，电容上的电荷量和电压都将减小，这是电容的放电过程。

微视频
电容、电感对直流稳态电路的影响

在直流电路中，当电路达到稳定状态，即电路中电流与电压不再发生变化时，电容两端电压保持不变，因而通过电容的电流为零，相当于电容所在的支路断开，这种情况也叫“开路”。可见，电容在直流稳态电路中有“隔直”作用，即隔断直流的作用。

3. 电感

电感器简称电感，英文名是 inductance，但通常缩写为 L。电感器和电容器一样，也是一种储能元件，它能把电能转化为磁场能，并在磁场中储存能量。

收音机上就有不少电感线圈，如图 1-23 所示，几乎都是用漆包线绕成的空心线圈或在骨架磁芯、铁芯上绕制而成的，如天线线圈（它是用漆包线在磁棒上绕制而成的）、中频变压器（俗称中周）、输入输出变压器等。

工矿企业中大量使用的电动机、发电机等电机，它们的主要部件是用导线绕制而成的，因此它们在电路中表现出电感器的性质。在电路模型中，电感符号如图 1-24 所示。与电容相同，L 不但表示电感器，同时也表示电感器的电感量。图 1-25 是两种电感器实物。

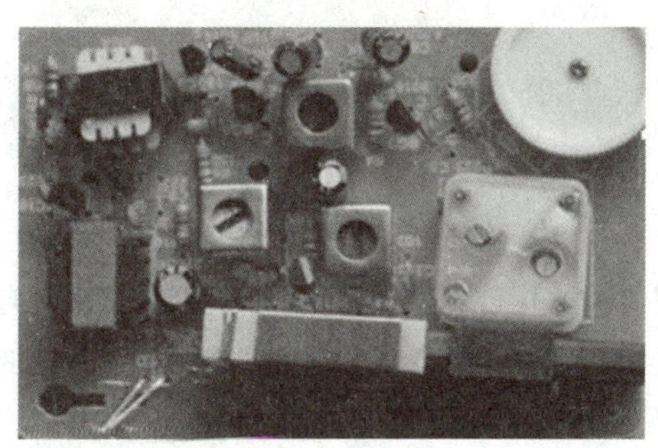

图 1-23　收音机电感

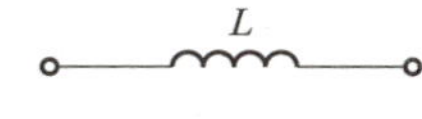

图 1-24　电感符号

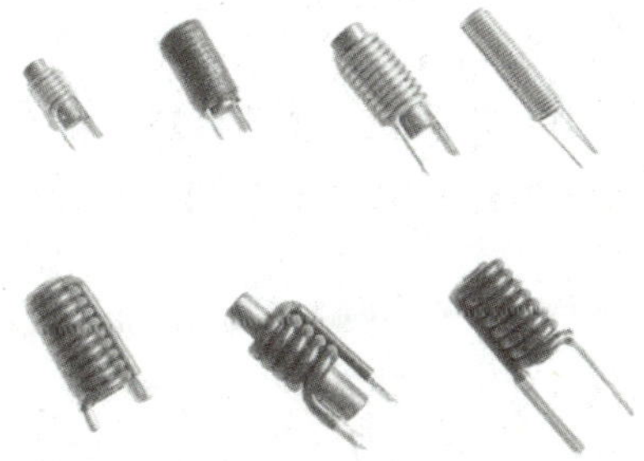

(a) 磁棒绕线电感

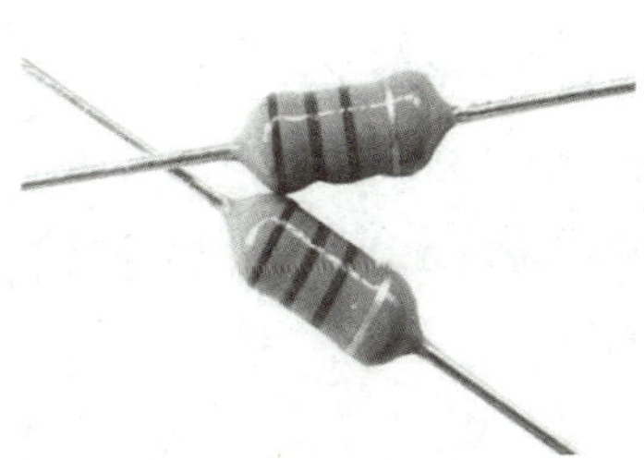

(b) 色环电感

图 1-25　电感器实物

实验表明，当线圈的结构确定后，通过线圈的磁通链（简称磁链）ψ 正比于通过线圈的电流 i；磁链 ψ 与电流 i 的比值称为电感线圈的电感量（简称电感），用符号 L 表示，即

$$L=\frac{\psi}{i}=\frac{N\Phi}{i} \tag{1-9}$$

式(1-9)中,Φ 为通过电感线圈的磁通量。磁通量简称磁通。在国际单位制中,电感的单位是亨(H),此外还有毫亨(mH)和微亨(μH),它们之间的换算关系为

$$1\ \mathrm{H}=10^{3}\ \mathrm{mH}=10^{6}\ \mu\mathrm{H}$$

根据电磁感应定律知,当通过电感线圈的磁通量(Φ)或者磁链(ψ)发生变化时,就会在线圈两端感应出感应电动势,感应电动势的大小与磁通或磁链的变化率成正比,方向则始终要阻碍原磁通或原磁链的变化,感应电压的参考方向与磁通的参考方向符合右手螺旋定则,如图 1-26 所示。

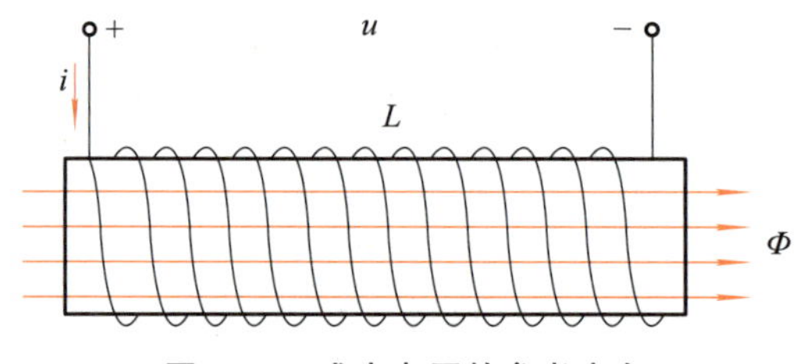

图 1-26　感应电压的参考方向

$$u=\frac{\mathrm{d}\psi}{\mathrm{d}t}=N\frac{\mathrm{d}\Phi}{\mathrm{d}t} \tag{1-10}$$

当通过电感线圈的电压、电流取关联参考方向时,$\psi=Li$,有

$$u=L\frac{\mathrm{d}i}{\mathrm{d}t} \tag{1-11}$$

电感的这种特性说明,在任一瞬间,电感元件两端的电压大小与该瞬间电流的变化率成正比,而与该瞬间的电流大小无关;即使电流很大,但不变化,则两端的电压依然为零;反之,电流为零时,电压不一定为零。

由于只有通过电感的电流发生变化时,电感元件两端才会出现电压,因此电感元件也称为“动态”元件,这一点与电容元件是类似的(只有当电容两端电压发生变化时才会有电流通过电容)。

在直流电路中,当电路稳定后,由于电流的大小是恒定的,所以电感两端产生的感应电压等于零,若忽略电感线圈本身的内阻的话,则电感在直流电路中相当于短路。电感在直流稳态电路中相当于一条导线,即电感具有“通直”特性。

1.1.4 电源

任何一个电路都离不开电源,电源是电路中产生电流的动力。在生活中,我们接触过各种各样的电源,如干电池、稳压电源、各种信号源以及日常生活中的交流电源等。

1. 独立电压源

所谓独立电源是指其对外特性由电源本身的参数决定,而不

受电源之外的其他参数的控制。

小提示

干电池新的时候，手电筒很亮，用了一段时间后就慢慢地变暗了，这是为什么呢？原因在于干电池内部存在内电阻，随着使用时间的增加，其内电阻不断增大，使得流过整个电路的电流下降了，灯泡也就随之变暗。

任何一种电源的内部都存在电阻，由于这种电阻存在于电源的内部，因此也称之为内阻；有的电源内阻大，有的电源内阻则相对较小。在日常生活中经常会遇到一些情况，正是电源内部存在内阻的表现。

现象一：电源工作一段时间后，各种充电器、变压器、稳压电源等表面就变热发烫。因为电源在向外输送电能的同时，电源内阻也在不断消耗电能而使电源发热。

现象二：在日常生活中，当晚上的用电高峰期时，家庭中使用的照明电器（特别是白炽灯）的亮度会下降。原因就是随着电源输出电流的增加，在电源内部电阻和线路上损失的电压过大而导致输出电压下降。

(1) 实际电压源模型

电源存在内阻，电源的输出电压随着输出电流的增加而减小。电源的这种特点可以通过对图1-27所示电路的分析来理解。

图1-27是一个实际电源等效后的电压源模型，图中 U_S 是一个定值电压，其大小等于实际电源的电动势；r 表示电源的内阻；I 表示电源输出的电流；而ab间电压 U 则表示该电源的实际输出电压，其大小可以用以下数学公式表示：

$$U = U_S - Ir \tag{1-12}$$

在图1-28中所示的电路中，将开关S拨至“1”位置，即实际电源不接负载，这种情况称为“开路”（或称为断路），电路开路时，输出电流 $I=0$，此时电源内阻上的电压损失为零，实际电源的输出电压等于电源电动势，即

$$U = U_S$$

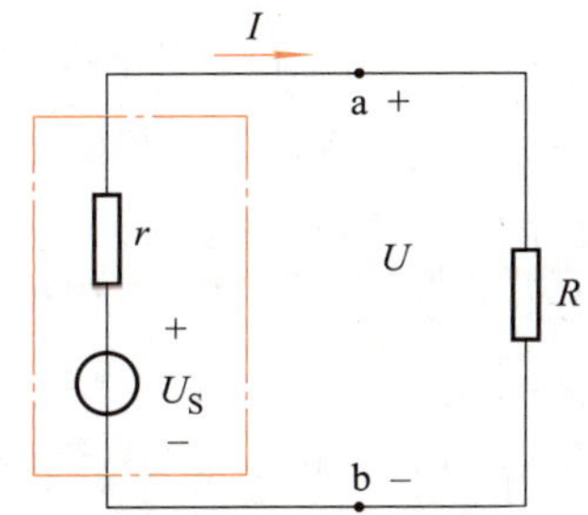

图1-27 电压源模型及电压源外特性

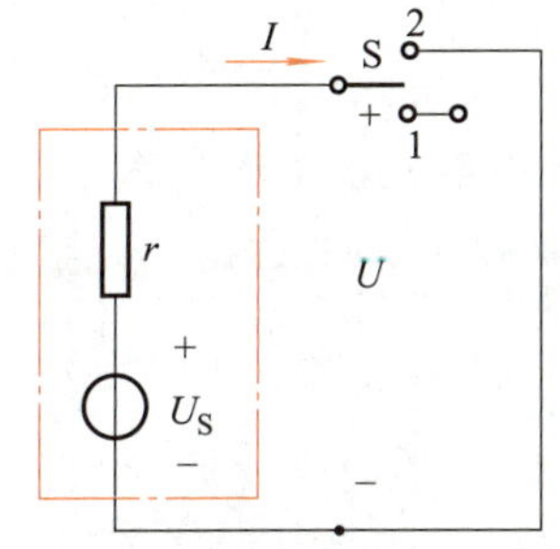

图1-28 电压源的开路与短路

当开关S拨到“2”位置，即实际电源被短路时，输出电压等于零，输出电流达到了最大值，此时的电流称为短路电流，其大小为

$$I_S=\frac{U_S}{r}$$

(2) 理想电压源模型

电源内阻的存在会造成电源工作时内部发热(消耗电能)和输出电压下降,因此希望电源的内阻越小越好。事实上电源内阻也是衡量电源性能的重要指标之一。

所谓理想电压源是指电源内阻等于零(即 $r=0$)的电压源。理想电压源的电路模型如图1-29a 所示。

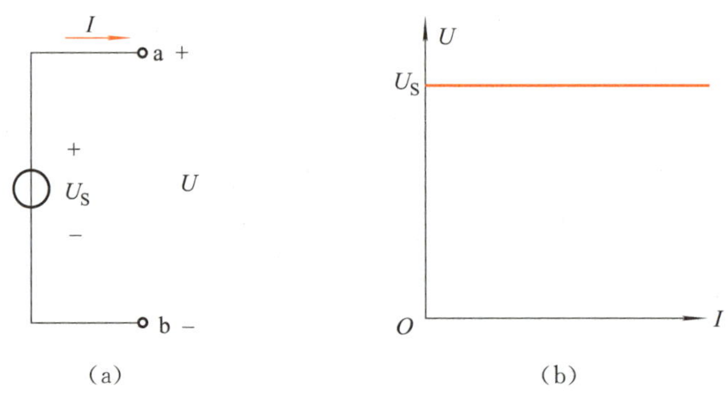

图 1-29 理想电压源与其外特性曲线

实际电源的输出电压 U 与输出电流 I 之间关系称为电源的外特性。理想电压源外特性表达如下:

$$U=U_S$$

可见,输出电压 U 是一个与输出电流 I 和外接负载无关的定值,大小等于电源的电动势。由于理想电压源输出电压是一个常量,因此也称之为恒压源。其外特性曲线如图 1-29b 所示,是一条与电流轴平行的水平线。实际电源外特性曲线是什么样的?

在实际生活中理想电压源是不存在的,电压源或多或少存在一定的内阻。讨论恒压源的意义在于现实生活中有些电源的内阻相对负载电阻要小得多,在这种情况下,往往将这样的实际电源近似地看成恒压源而忽略其内阻的存在,这样做有时可以大大简化电路的分析过程,同时又不影响分析计算的精度要求。

实验室经常使用稳压电源,它的电路模型就可以认为是理想电压源模型。干电池不是恒压源,但当干电池外接的电阻 $R \gg r$(干电池内阻)时,也可以近似地把它当作恒压源来处理。当实际电源的内阻不能忽略时,它的电路模型可以看成恒压源与电阻的串联。

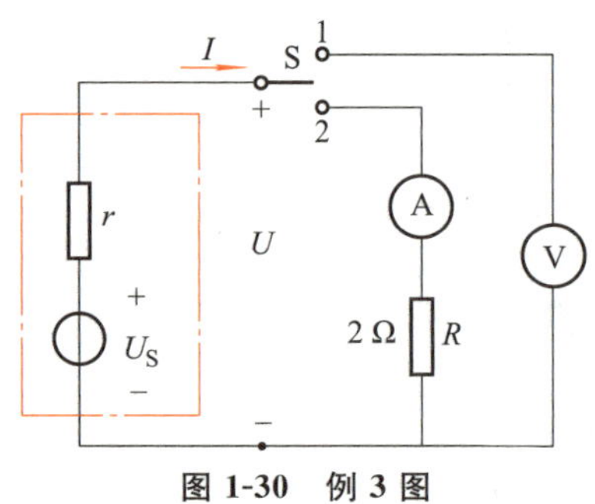

图 1-30 例 3 图

例 3 在图 1-30 所示电路中,当开关 S 置于位置“1”时,测得电压为 12 V;当开关 S 置于位置“2”时,测得电流为 4 A,试求实际电源的电动势 U_S 和内阻 r。

解: 电压表的内阻可以看成是无穷大,因此开关置于位置“1”时,电路处在开路状态,此时电压表的读数就是电源的电动势,即

$$U_S = 12\ \text{V}$$

根据电源的外特性公式(1-12)，也可以证明以上结果：

$$U = U_S - Ir = U_S - \frac{U_S}{r + \infty} \times r = U_S - 0 = 12\ \text{V}$$

电流表的内阻很小，可以近似看成是零，因此在计算时可以忽略电流表的存在，即

$$I = \frac{U_S}{r + R} = \frac{12\ \text{V}}{r + 2\ \Omega} = 4\ \text{A}$$

所以有

$$r = \left(\frac{12 - 8}{4}\right)\Omega = 1\ \Omega$$

(3) 电源的功率

电源作为电路中的一个元件，一般情况下总是充当电路的能量源，即电源输出功率；但是在一定的条件下电源也会成为一个吸收电能的“负载”，日常生活中对各种蓄电池进行充电就是一个典型例子。

当电源两端电压与电流参考方向相关联时，它与其他元件一样，当其功率 $P > 0$ 则表示电源在吸收电能，当其功率 $P < 0$ 则表示电源在输出电能。

例 4　试求图 1-31 所示电路中各电源上的功率。

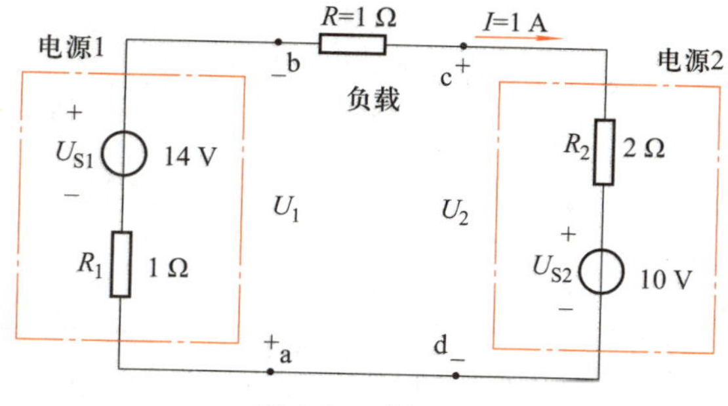

图 1-31　例 4 图

解：图 1-31 所示电路中有两个实际电源，图中各电源的电压与电流参考方向相关联。

对电源 1 的功率 P_1 计算如下：

$$P_1 = I \times U_1 = I \times (I \times R_1 - U_{S1}) = 1 \times (1 \times 1 - 14)\text{W} = -13\ \text{W} < 0$$

对电源 2 的功率 P_2 计算如下：

$$P_2 = I \times U_2 = I \times (I \times R_2 + U_{S2}) = 1 \times (1 \times 2 + 10)\text{W} = 12\ \text{W} > 0$$

$P_1 < 0$，说明电源 1 在向外输送电能；$P_2 > 0$，说明电源 2 在吸收电能，若实际电源 2 是蓄电池，则说明该蓄电池正在进行充电，这时该蓄电池实际上成为电路中的一个负载。

2. 独立电流源

在电路分析中，除通常用电压源模型来表示实际电源以外，还可以将实际电源表示为另外一种模型，即电流源模型。

将电压源的输出电压与输出电流之间存在的关系重写如下：

$$U = U_S - Ir$$

从上式可以得出电压源的输出电流为

$$I = \frac{U_S - U}{r}$$

令 $I_S = U_S / r$，则上式可以写成

$$I = I_S - \frac{U}{r} \tag{1-13}$$

可以用一个等效电路来表示式(1-13)这种关系，如图 1-32 所示。

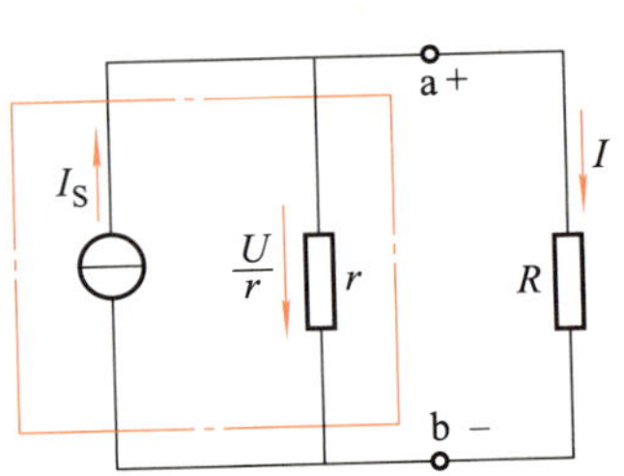

图 1-32 实际电流源模型

对电阻 R 而言，还可以把电源看成一个电流为 I_S 的恒流源和一个内阻 r 并联的电路，这就是实际电源的电流源模型，I_S 上的箭头方向表示电流的方向。

当负载开路，即输出电流 $I=0$ 时，端口电压 $U=I_S r$；当负载短路，即 $U=0$ 时，$I=I_S$。

当内阻 $r=\infty$ 时，$I=I_S$，是一恒定值，此时 $U=I_S R$，U 只与恒流源电流和负载有关。这种电流源称为理想电流源，也称恒流源，当 $r \gg R$ 时，电源也可当作恒流源处理，电路模型如图 1-33a 所示。图 1-33b 为理想电流源的外特性曲线。

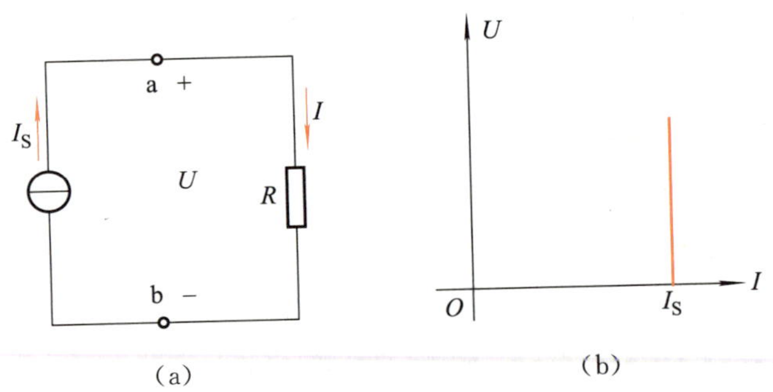

图 1-33 理想电流源与其外特性曲线

3. 负载获取最大功率的条件

在电子技术和信息系统里，常常会遇到负载如何从电源获得最大功率的问题。如果负载要想获得最大的功率，就必须同时获得比较大的电压与电流。

电压源与负载的连接电路如图 1-34 所示。电源的电动势为 U_S，内阻为 R_S，负载为可调电阻 R，则负载 R 获得的功率为

$$P = I^2 R = \frac{U_S^2 R}{(R + R_S)^2} \tag{1-14}$$

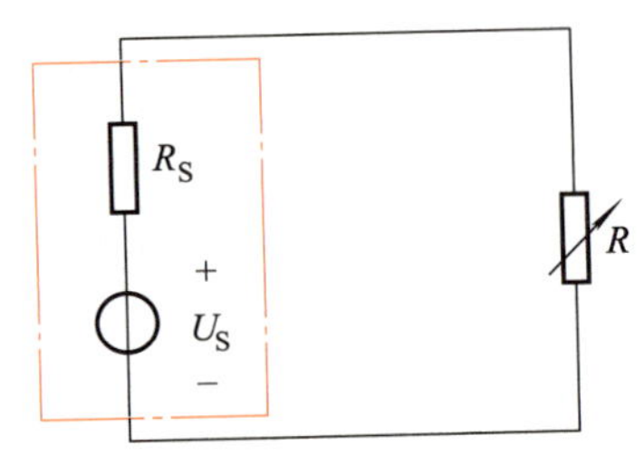

图 1-34 电压源与负载的连接电路

可以用数学中求极大值的方法对式(1-14)进行求解（推导过程省略），可得负载获得最大功率时的条件和功率计算

公式。

负载获得最大功率时的条件为

$$R = R_S$$

负载获得最大功率时的功率计算公式为

$$P = P_{max} = \frac{U_S^2}{4R} \tag{1-15}$$

可见，当负载电阻等于电源内阻时，负载上获得最大功率。在工程上，把满足最大功率的条件称为阻抗匹配。

小提示

当负载获得最大功率时，电源内阻也消耗了同样多的功率，这种在供电系统中是不允许的。也就是说，发电机、电池等本身的内阻不能在与负载电阻相近的情况下工作，负载电阻应远远大于电源内阻。

阻抗匹配的概念在实际应用中比较常见。如在有线电视接收系统中，由于同轴电缆的阻抗为 75 Ω，为了保证能获得最大功率传输，就要求电视机的输入阻抗也为 75 Ω。有时很难保证负载电阻与电源内阻相等，为实现阻抗匹配就必须进行阻抗变换，常用的有变压器、射极输出器等。

例 5　一电源的开路电压为 15 V，内阻为 2 Ω，求负载分别为 1 Ω、2 Ω、3 Ω、4 Ω 时，负载所获得的功率。

解：负载功率的计算公式如下

$$P = I^2R = \frac{U_S^2 R}{(R + R_S)^2}$$

当负载 $R = 1\ \Omega$ 时，得

$$P = 25\ \text{W}$$

当负载 $R = 2\ \Omega$ 时，得

$$P = 28.125\ \text{W}$$

当负载 $R = 3\ \Omega$ 时，得

$$P = 27\ \text{W}$$

当负载 $R = 4\ \Omega$ 时，得

$$P = 25\ \text{W}$$

可见，当电阻等于 2 Ω 时负载上消耗的功率最大，小于或大于 2 Ω 时负载上消耗的功率都有所减小。

1.2 电路的基本定律

电路理论主要研究电路中发生的电磁现象，用电流 i、电压 u 和功率 P 等物理量来描述其中的过程。因为电路是由电路元件构成的，因而整个电路的表现如何既要看元件的连接方式，又要看每个元件的特性，这就决定了电路中各支路电流、电压要受到两种基本规律的约束，即：

① 电路元件性质的约束。也称电路元件的伏安特性，它仅与元件性质有关，与元件在电路中的连接方式无关。

② 电路连接方式的约束（亦称拓扑约束）。这种约束关系与构成电路的元件性质无关。基尔霍夫电流定律（KCL）和基尔霍夫电压定律（KVL）是概括这种约束关系的基本定律。掌握电路的基本规律是分析电路的基础，下面分别介绍电路分析中的两类基本定律。

1.2.1 欧姆定律

欧姆定律是描述电阻上电压与电流约束关系的一条最重要的定律，它是电路分析中很重要的工具之一。欧姆定律揭示了电阻元件的伏安特性，伏安特性与元件本身的性质有关，仅取决于元件本身。

欧姆定律表述如下：在电路中，流过电阻的电流与电阻两端的电压成正比而与电阻的阻值成反比。

在实际电路中，当电阻 R 上的电压 U、电流 I 的参考方向一致时，欧姆定律的数学表示式为

$$I=\frac{U}{R}=UG \tag{1-16}$$

当电压、电流参考方向不一致时，欧姆定律的数学表示式为

$$I=-\frac{U}{R}=-UG \tag{1-17}$$

做一做

列出图 1-35 所示电路的欧姆定律的数学表达式，并求电阻 R 的值。

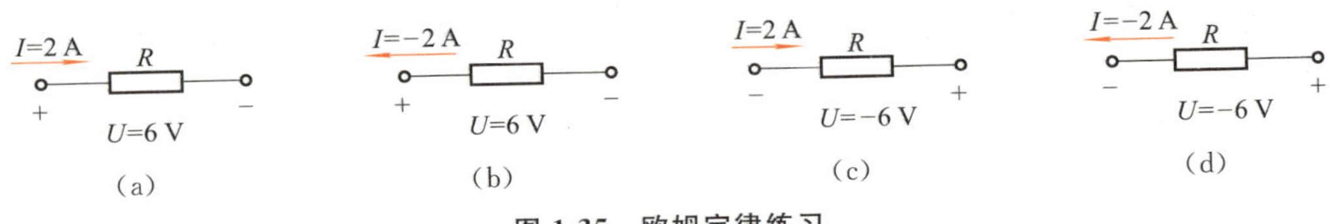

图 1-35 欧姆定律练习

1.2.2 基尔霍夫定律

微视频
基尔霍夫定律

1. 电路结构的相关术语

支路：一般来讲，电路中流过同一电流的通路称为支路。接有电源的支路称为含源支路，没有电源的支路称为无源支路。

节点：三条或三条以上支路的连接点称为节点。

回路：电路中的任何闭合路径都称为回路。只有一个回路的电路称为单回路电路。

网孔：内部不含支路的回路称为网孔回路，简称网孔。

网络：原指支路较多的电路，现与电路互称，含义相同。

2. 基尔霍夫电流定律

基尔霍夫电流定律(简写为 KCL)是指：在电路中，对任何节点或闭合面来说，流入节点或闭合面的电流恒等于流出节点或闭合面的电流。

在电路中，如果将流入节点的电流取正，流出节点的电流取负，则基尔霍夫电流定律的数学表达式为

$$\sum I = 0 \text{ 或 } \sum I_{\text{in}} = \sum I_{\text{out}} \tag{1-18}$$

式(1-18)称为节点电流方程或 KCL 方程。

求如图 1-36 所示电路中，节点 a、c 的 KCL 方程。

对于节点 a 有

$$I_1 + I_3 - I_2 = 0 \text{ 或 } I_1 + I_3 = I_2$$

对于节点 c 有

$$I_2 - I_1 - I_3 = 0 \text{ 或 } I_2 = I_1 + I_3$$

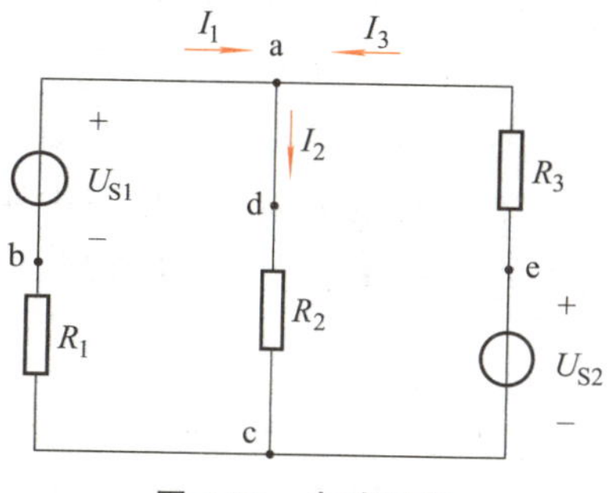

图 1-36　电路网络

小提示

基尔霍夫电流定律是针对任一瞬间电流而言的，瞬间电流就是电流的瞬时值。

显然，无论是直流还是交流，甚至对动态电路的瞬时值，基尔霍夫电流定律都是成立的。但是对非瞬时值就不一定成立了，例如对交流电流的有效值就不成立。

电流是由于电荷的定向移动而产生的，对电路中任何一个节点或一个闭合面，电荷在任何情况下都不会堆积，因此有多少电荷(电流)流入一个节点(或一个闭合面)就会有多少电荷(电流)流出；这实际上是体现了电流的连续性。

KCL 推广：对任意闭合面而言，流入该闭合面电流恒等于流出该闭合面电流。

在图 1-37 所示的电路中，对于由 R_1、R_2、R_3 构成的闭合面，其 KCL 方程为

$$I_1 + I_3 - I_2 = 0$$

KCL 应用：在图 1-38 所示电路闭合面中，与此闭合面相交的支路只有一条，若该支路的电流不为零则意味着电路中出现了电荷的堆积，这与电路的特性是相违背的，因此该支路电

定为零。

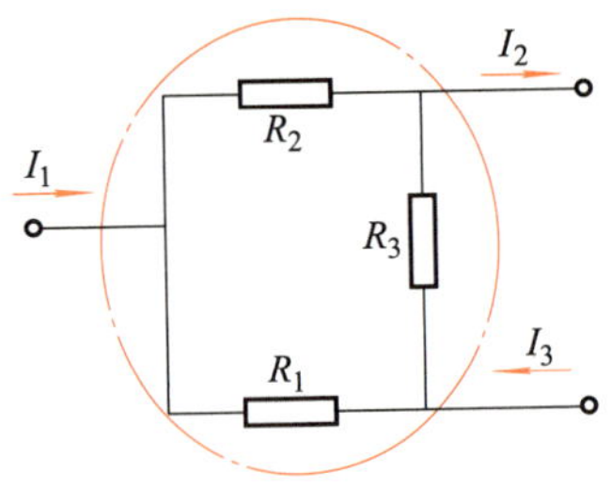

图 1-37 KCL 推广

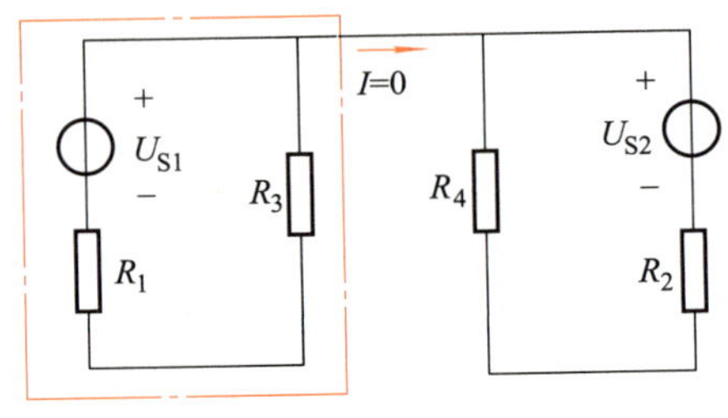

图 1-38 KCL 应用

3. 基尔霍夫电压定律

基尔霍夫电压定律(简写为 KVL)是指:在任意时刻,在任意闭合回路中,沿任意环形方向,回路中电压的代数和恒等于零。

基尔霍夫电压定律的数学表达式为

$$\sum U=0 \tag{1-19}$$

式(1-19)称为回路电压方程或 KVL 方程。要建立 KVL 方程,可参照如下步骤:

① 确定回路的绕行方向(顺时针或逆时针);

② 确定每条支路电流的参考方向;

③ 沿绕行方向确定回路中元件(除电源外)两端电压的参考方向,一般情况下可取电压参考方向与电流参考方向关联。

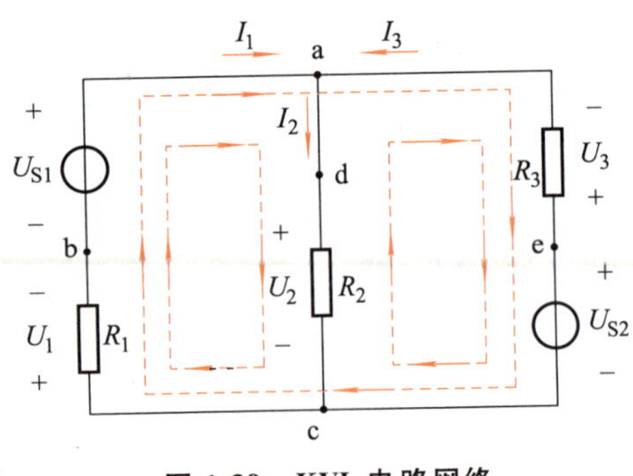

图 1-39 KVL 电路网络

④ 确定电源电压的方向。如果电源电压的方向与回路绕行方向一致,则取正号,相反则取负号。也可以沿绕行方向,如果先碰到电源的正极就取正,先碰到负极就取负。

将图 1-39 所示电路中各电阻上电压的参考方向与电流参考方向取得一致,电压源的电压方向直接取得与实际方向相同,各回路的绕行方向为顺时针方向。

图 1-39 中的 U_{S1}、U_{S2} 是电压源,可以列出 KVL 方程如下:

对回路 adcba 有

$$U_2+U_1-U_{S1}=0 \tag{1-20}$$

或

$$I_2R_2+I_1R_1-U_{S1}=0$$

对回路 aecda 有

$$-U_3+U_{S2}-U_2=0 \tag{1-21}$$

或

$$-I_3R_3+U_{S2}-I_2R_2=0$$

对回路 aecba 有

$$-U_3+U_{S2}+U_1-U_{S1}=0 \tag{1-22}$$

或

$$-I_3R_3+U_{S2}+I_1R_1-U_{S1}=0$$

KVL 推广：对任意假想的闭合回路或部分电路成立。

例如在图 1-40 所示电路中，U_S 为电源电压，r 为电源内阻，a、b 为与电源相连的外部电路的两点。不管外电路是怎样连接，都能列出 KVL 方程。

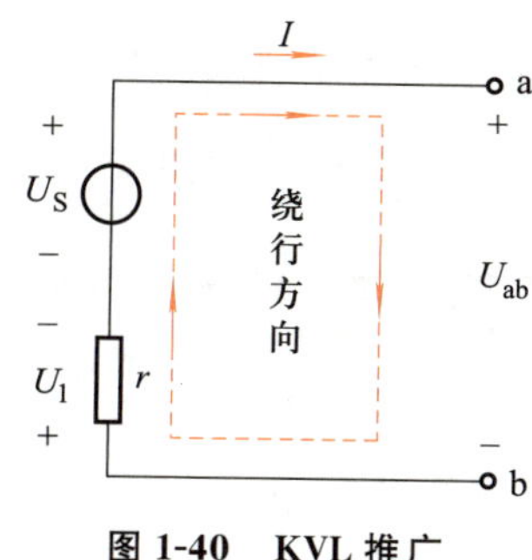

图 1-40　KVL 推广

设 U_S、r 支路与 a、b 两点右边电路构成如虚线所示假想回路，a、b 两点间的电压为 U_{ab}，取回路绕行方向为顺时针方向，则 KVL 方程为

$$U_{ab}+Ir-U_S=0$$

或

$$U_{ab}=U_S-Ir$$

KVL 定律是电路能量守恒的一种体现，正电荷从电路中的某一点开始，经过电路又回到同一位置时正电荷的能量不会发生变化。

小提示

基尔霍夫两个定律在电路分析中有着很重要的意义。与欧姆定律一样，基尔霍夫定律也具有普遍意义，适合任何元件组成的电路，适合任何变化的电流与电压。

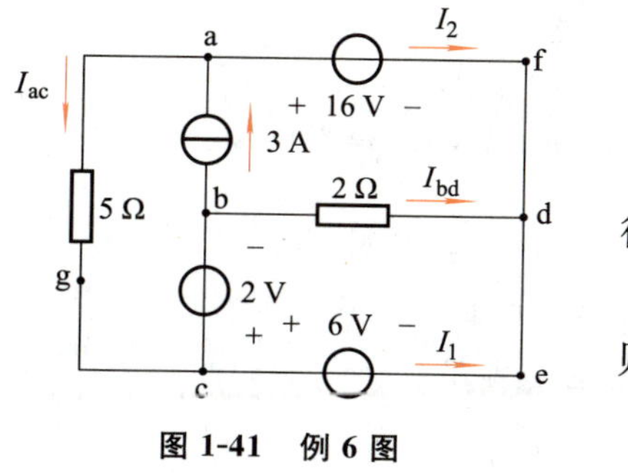

图 1-41　例 6 图

例 6　在图 1-41 所示电路中，试求电流 I_1 和 I_2。

解：对 agcedfa 回路（逆时针方向）列 KVL 方程，有

$$U_{ac}+6\ \text{V}-16\ \text{V}=0$$

得

$$U_{ac}=10\ \text{V}$$

则

$$I_{ac}=\frac{U_{ac}}{5}=\frac{10}{5}\ \text{A}=2\ \text{A}$$

对点 a 列 KCL 方程，有

$$3\ \text{A}=I_{ac}+I_2$$

得电流 I_2 为

$$I_2=3\ \text{A}-I_{ac}=1\ \text{A}$$

对 bdecb 回路（顺时针方向）列 KVL 方程，有

$$U_{bd}-6\ \text{V}+2\ \text{V}=0$$

得 U_{bd} 为

$$U_{bd}=6\ \text{V}-2\ \text{V}=4\ \text{V}$$

得电流 I_{bd}

$$I_{bd}=\frac{U_{bd}}{2}=\frac{4}{2}\ \text{A}=2\ \text{A}$$

对点 d 列 KCL 方程，有

$$I_2+I_{bd}+I_1=0$$

得电流 I_1 为

$$I_1=-I_2-I_{bd}=-1\ \text{A}-2\ \text{A}=-3\ \text{A}$$

1.3 电路的分析方法

指针式万用表常用型号 MF-47 实物如图 1-42 所示，可供测量直流电流、交直流电压、直流电阻等，具有 26 个基本量程和电平、电容、电感、晶体管直流参数等 7 个附加参考量程，是适合于电子仪器、无线电通信、电工等广泛使用的万用表。

图 1-42　指针式万用表 MF-47 实物图

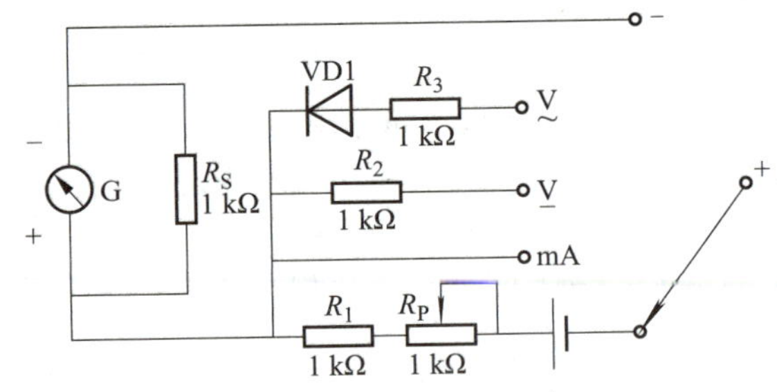

图 1-43　万用表测量原理等效电路

MF-47 型万用表测量原理可等效为图 1-43，图中“＋”为红表笔插孔，“－”为黑表笔插孔，根据并联电阻分流、串联电阻分压的原理，可以改变电流、电压的测量范围，测量直流电流和电压。那么，电阻并联和串联是什么样？分流和分压的原理是什么？能否自己制作一个简易电流表或电压表？

微视频
电阻的串、并联

1.3.1 电阻的串联、并联及等效

1. 电阻的串联

几个电阻首尾相连，各电阻流过同一电流的连接方式，称为电阻的串联。电阻串联电路如图 1-44a 所示，R_1、R_2、R_3 构成串联电阻，其等效电路如图 1-44b 所示。

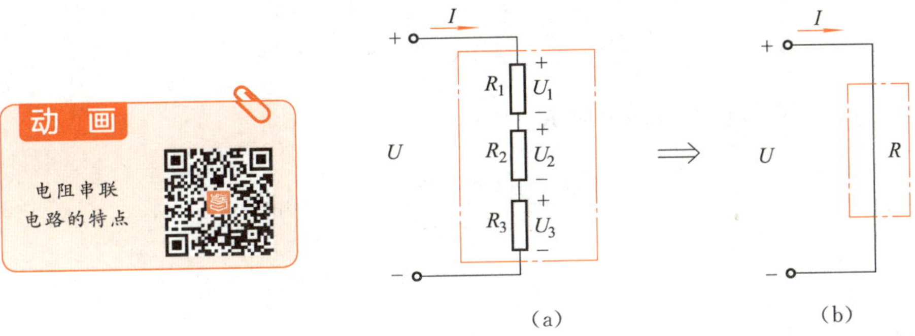

图 1-44 电阻串联电路及其等效电路

小提示

等效是对外电路的等效，即等效前后的电路的外部特性不发生任何变化。

电阻串联电路的特点如下：

① 串联电路中，流过支路的电流处处相等，即

$$I_1 = I_2 = \cdots = I_n \tag{1-23}$$

② 串联电路两端的等效电阻，等于各电阻之和，即

$$R = R_1 + R_2 + \cdots \tag{1-24}$$

③ 串联电路的端口电压，等于各电阻上电压之和，即

$$U = U_1 + U_2 + \cdots \tag{1-25}$$

④ 串联电路中各电阻上电压与其阻值成正比，即

$$U_1 = \frac{R_1}{R}U,\ U_2 = \frac{R_2}{R}U,\ \cdots \tag{1-26}$$

⑤ 串联电路中电阻吸收的总功率等各电阻吸收功率之和，即

$$P = P_1 + P_2 + \cdots = R_1 I^2 + R_2 I^2 + \cdots = RI^2 \tag{1-27}$$

例 7 电路如图 1-45 所示，欲将量程为 5 V、内阻为 10 kΩ 电压表改装成 5 V、25 V、100 V 的多量程电压表，求所需串联电阻的阻值。

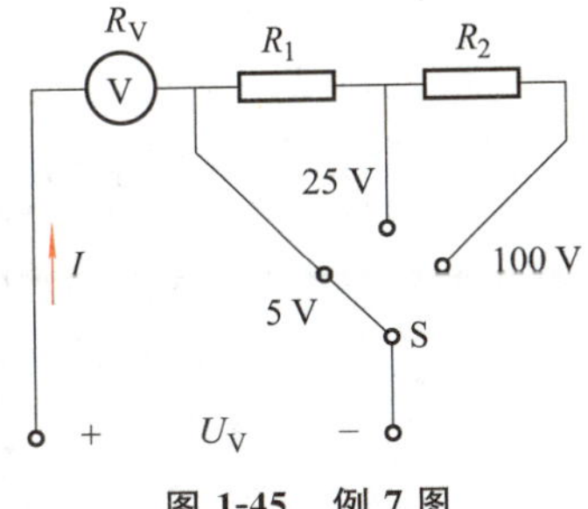

图 1-45 例 7 图

解：由原量程为 5 V、内阻为 10 kΩ 可知，表头中允许通过的电流为

$$I = \frac{U_V}{R_V} = \frac{5}{10 \times 10^3}\ \text{A} = 0.5\ \text{mA}$$

设 25 V 量程需串联电阻 R_1，100 V 量程需再串联电阻 R_2。那么，对 25 V 量程来说分压电阻 R_1 有

$$R_1=\frac{U_{R_1}}{I}=\frac{25-5}{0.5\times10^{-3}}\ \Omega=40\ \text{k}\Omega$$

同理，对 100 V 量程的分压电阻 R_2 有

$$R_2=\frac{U_{R_2}}{I}=\frac{100-25}{0.5\times10^{-3}}\ \Omega=150\ \text{k}\Omega$$

做一做

图 1-46 是一个电热毯实物图和电路图，R_0 是电热毯中的电阻丝，R 是电热毯中与电阻丝串联的电阻，S 是控制电热毯处于加热状态或保温状态的开关。当开关 S 断开时，电热毯是处于加热状态还是保温状态？

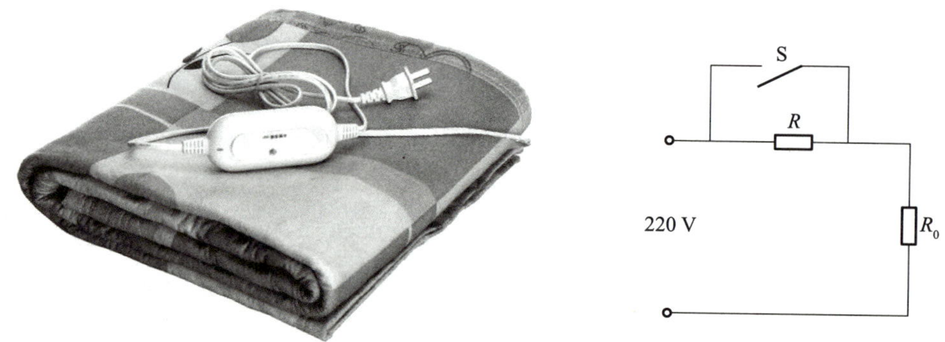

图 1-46 电热毯实物图和电路图

2. 电阻的并联

几个电阻首尾分别相连，而且各电阻处于同一电压下的连接方式，称为电阻的并联。电阻并联电路如图 1-47a 所示，R_1、R_2、R_3 构成并联电阻，其等效电路如图 1-47b 所示。

电阻并联电路的特点：

① 并联电路中，各支路的端电压相等，即

$$U_1=U_2=\cdots \tag{1-28}$$

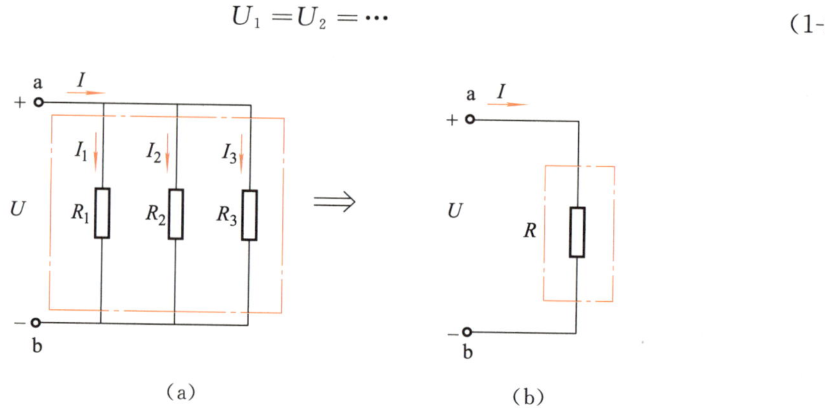

图 1-47 电阻并联电路及其等效电路

② 并联电路的等效电导，等于各支路电导之和，即

$$G=G_1+G_2+\cdots \tag{1-29}$$

或

$$\frac{1}{R}=\frac{1}{R_1}+\frac{1}{R_2}+\cdots$$

③ 并联电路的总电流，等于各支路电流之和，即

$$I=I_1+I_2+\cdots \tag{1-30}$$

④ 并联电路各电阻流过的电流与其电导值成正比，而与电阻成反比，即

$$I_1=\frac{G_1}{G}I,\ I_2=\frac{G_2}{G}I,\ \cdots \tag{1-31}$$

则

$$\frac{I_1}{I_2}=\frac{R_2}{R_1}$$

⑤ 并联电路中电导吸收的总功率等于各电导吸收功率之和，即

$$P=P_1+P_2+\cdots=G_1U^2+G_2U^2+\cdots=GU^2 \tag{1-32}$$

或

$$P=P_1+P_2+\cdots=\frac{U^2}{R_1}+\frac{U^2}{R_2}+\cdots=\frac{U^2}{R}$$

例 8　电路如图 1-48 所示，电阻为 1 800 Ω、满偏电流为 100 μA 的表头，改装成量程为 1 mA 的电流表，求并联的分流电阻值应当是多少？

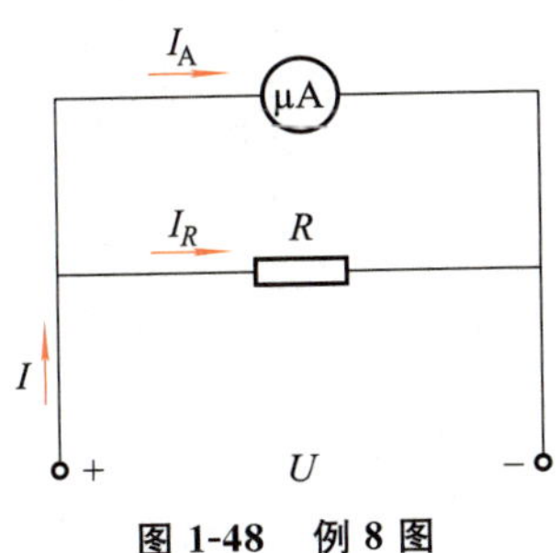

图 1-48　例 8 图

解：因为表头满偏电流为 $I_A=100\ \mu A$，内阻为 $R_A=1\,800\ \Omega$，要求改装后量程为 1 mA，则流过分流电阻 R 的电流为

$$\begin{aligned}I_R&=I-I_A=1\ \text{mA}-0.1\ \text{mA}\\&=0.9\ \text{mA}=900\ \mu\text{A}\end{aligned}$$

由于并联电阻两端电压相同，因此有

$$I_A\times R_A=I_R\times R$$

因此，并联分流电阻为

$$R=\frac{I_A}{I_R}\times R_A=\frac{100}{900}\times 1\,800\ \Omega=200\ \Omega$$

此题说明一个原来量程只有 0.1 mA 的表头，在并联一个 200 Ω 的电阻后就可以用来测

量最大不超过 1 mA 的电流，即表头量程扩大了 10 倍。

3. 电阻的混联

当一个电路中的电阻既有串联又有并联时，这个电路应该如何简化？

电阻既有串联又有并联的电路称为混联电路。对此类电路简化的方法是将串联部分、并联部分分别求其等效电阻，直到将原电路简化为一个电阻元件。在熟悉了串联、并联电路特点的基础上，就能比较方便分析这类复杂的混联电路。

例 9 求图 1-49a 所示电路中的总电流 I。

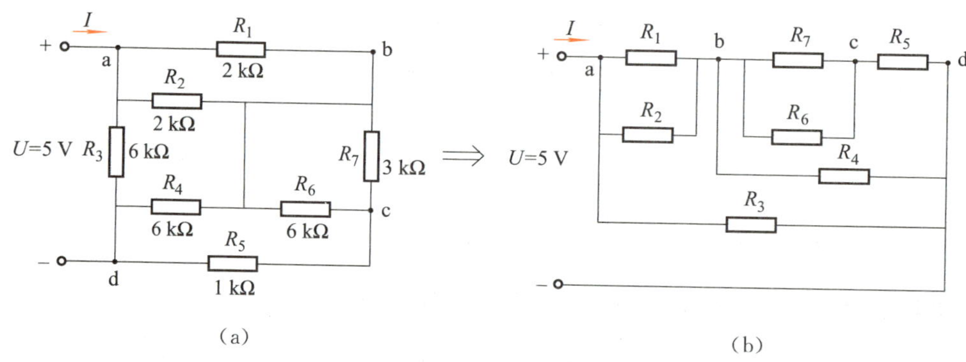

图 1-49 例 9 图

解：在图 1-49a 所示电路中，电阻之间的连接关系不能一目了然，因此根据各电阻连接的特点将其改画为图 1-49b 所示电路。图 1-49b 比较明显地反映了各电阻之间的连接关系。

回路总电阻为

$$R=[R_1 \,/\!/\, R_2+(R_7 \,/\!/\, R_6+R_5) \,/\!/\, R_4] \,/\!/\, R_3$$

其中

$$R_1 \,/\!/\, R_2=\frac{R_1R_2}{R_1+R_2}=\frac{2\times 2}{2+2}\ \text{k}\Omega=1\ \text{k}\Omega$$

$$R_7 \,/\!/\, R_6=\frac{R_7R_6}{R_7+R_6}=\frac{3\times 6}{3+6}\ \text{k}\Omega=2\ \text{k}\Omega$$

$$(R_7 \,/\!/\, R_6+R_5) \,/\!/\, R_4=\frac{(2+1)\times 6}{(2+1)+6}\ \text{k}\Omega=2\ \text{k}\Omega$$

因此有

$$\begin{aligned}R&=[R_1 \,/\!/\, R_2+(R_7 \,/\!/\, R_6+R_5) \,/\!/\, R_4] \,/\!/\, R_3\\&=\frac{(2+1)\times 6}{(2+1)+6}\ \text{k}\Omega=2\ \text{k}\Omega\end{aligned}$$

总电流为 I 为

$$I=\frac{U}{R}=\frac{5}{2}\ \text{mA}=2.5\ \text{mA}$$

总结：在分析电阻混联电路时，如果电阻之间的连接关系不是很清楚，可以先标出电路中各个节点，弄清各电阻与节点之间的关系，再将电路改画成串联、并联关系相对比较清楚的电路，这样分析时就不容易出错。

知识点拓展

直流单臂电桥的使用与分析

直流单臂电桥又称惠斯通电桥，用于精确测量 1～10 MΩ 的中阻值电阻，内附指零仪和电池盒，其实物如图 1-50 所示。直流单臂电桥简易原理图如图 1-51 所示，由电阻 R_1、R_2、R_3 和待测电阻 R 构成四个桥臂，a、c 两端接电源，b、d 两端接检流计，当电桥检流计指示值为零时，即意味着 b、d 两点同电位，R_1 与 R 串联，R_2 与 R_3 串联，然后两者再并联，此时根据其中三个臂的电阻，就可以计算出另一个桥臂的未知电阻 R。

图 1-50　直流单臂电桥实物图

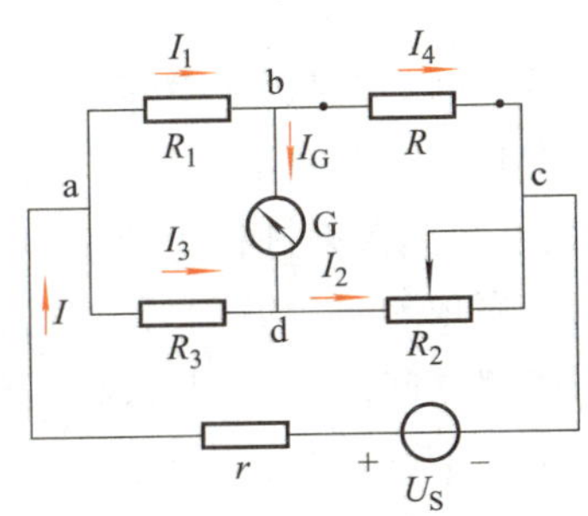

图 1-51　直流单臂电桥简易原理图

1.3.2 电阻的星形联结、三角形联结及其等效变换

电阻元件的连接形式常见的还有星形联结(图 1-52)和三角形联结(图 1-53)。这两种形式广泛应用于供电系统和电子技术中。如在电力系统中，三相交流电中的三相负载常采用星形或三角形联结，供给市民和工厂用电的低压供电系统中采用的是星形联结；在通信电路中用于滤掉干扰信号的 π 形滤波电路就采用三角形联结。

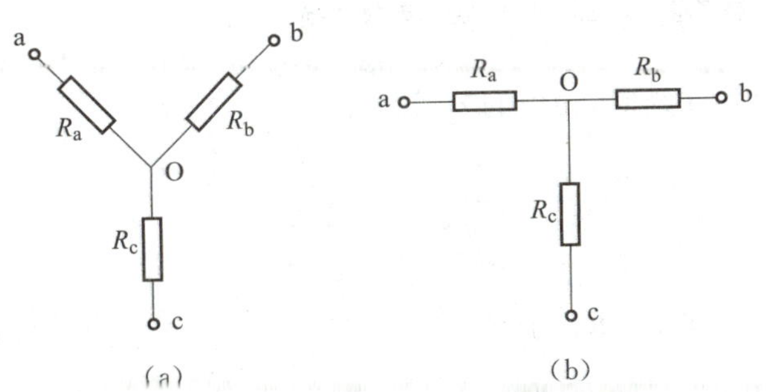

图 1-52　电阻的星形联结

微视频
电阻的星形联结、三角形联结及其等效变换

图 1-52a 和 b 中，三个电阻 R_a、R_b、R_c 的一端共同连接到点 O 上，另一端分别与外电路的三个端点 a、b、c(此三点电位可能不同)相连，这种连接方式称为星形联结。星形联结也可写成 Y 联结或 T 联结。

而三角形联结则是把三个电阻 R_{ab}、R_{bc}、R_{ca} 依次连成一个闭合回路，然后三个连接点再分别与外电路连接于三个端点 a、b、c(此三点电位不同)，如图 1-53a 和 b 所示。三角形联结也可写成△联结或 π 联结。

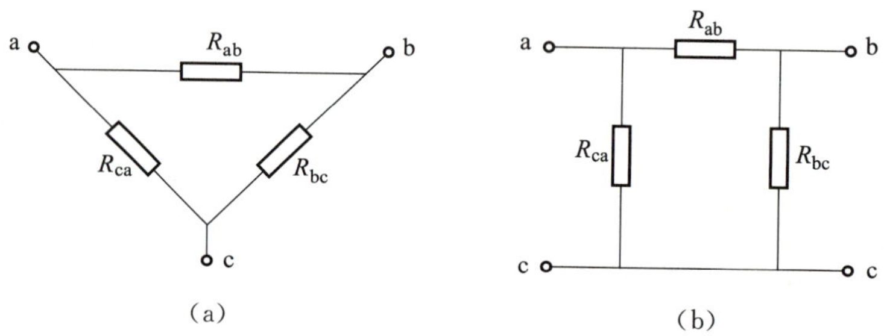

图 1-53 电阻的三角形联结

在电路分析时，有时为了分析和计算的方便，需要将星形联结的电阻和三角形联结的电阻进行等效变换，如图 1-54 所示。这种电路的电阻之间既非串联又非并联，显然不能采用简单的串联、并联关系来进行等效变换。

等效的原则依然是等效前后对外部电路不发生任何影响。将这一原则用于星形联结、三角形联结电路之间的等效变换时，具体的内容应当是：在两种不同的连接方式中对应一个端点悬空的情况下，若剩余两个端点间的电阻值相等，则它们就等效。根据以上原则，可以推导出等效变换的公式。

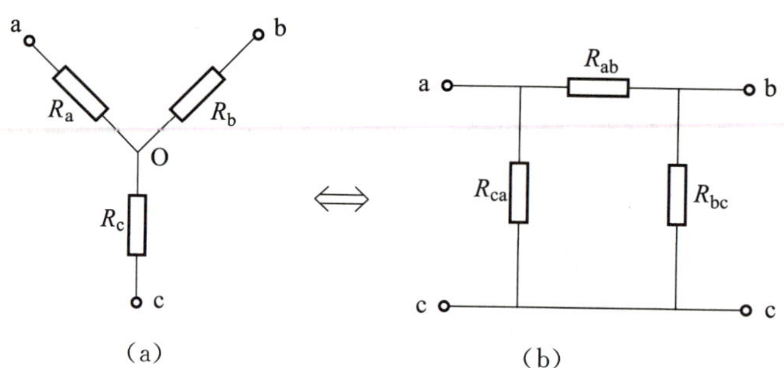

图 1-54 电阻星形联结和三角形联结的等效变换

电阻的三角形联结等效变换为星形联结时，相应的公式为

$$
\begin{aligned}
R_a &= \frac{R_{ab}R_{ca}}{R_{ab}+R_{bc}+R_{ca}} \\
R_b &= \frac{R_{ab}R_{bc}}{R_{ab}+R_{bc}+R_{ca}} \\
R_c &= \frac{R_{bc}R_{ca}}{R_{ab}+R_{bc}+R_{ca}}
\end{aligned}
\tag{1-33}
$$

小提示

(1) 若三角形联结的三个电阻阻值相等，用 $R_{\triangle}$ 表示，则变换后的星形联结的三个电阻也相等，用 R_Y 表示，它们之间的关系为

$$R_Y = \frac{R_{\triangle}}{3}$$

反之，电阻的星形联结等效变换为三角形联结，其变换公式为

$$R_{ab} = R_a + R_b + \frac{R_a R_b}{R_c}$$

$$R_{bc} = R_b + R_c + \frac{R_b R_c}{R_a}$$

$$R_{ca} = R_c + R_a + \frac{R_c R_a}{R_b}$$

(2) 若星形联结的三个电阻阻值相等，则变换后的三角形联结的三个电阻也相等，它们之间的关系为

$$R_{\triangle} = 3R_Y$$

(3) 在进行星形联结、三角形联结等效变换时，与外部电路相连的三个端点之间的对应位置绝对不能改变，否则变换是不等效的。

例 10　如图 1-55a 所示桥式电路，试求电流 I。

解：图 1-55a 所示桥式电路中的电阻并非串联或并联，而是由两个三角形网络组成，可以将图 1-55a 中的一个三角形网络(abc)变换为星形联结，这样电路就可以简化为如图 1-55b 所示的串并联形式。

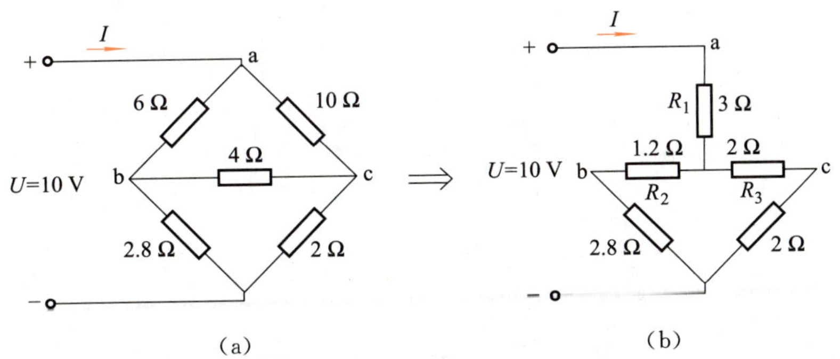

图 1-55　例 10 图

将图 1-55a 中的 6 Ω、10 Ω、4 Ω 三个电阻组成的三角形网络等效变换为星形网络，其等效电阻为

$$R_1 = \frac{6 \times 10}{6 + 4 + 10}\ \Omega = 3\ \Omega$$

$$R_2=\frac{6\times4}{6+4+10}\ \Omega=1.2\ \Omega$$

$$R_3=\frac{4\times10}{6+4+10}\ \Omega=2\ \Omega$$

利用电阻的串并联关系，可求得所有电阻构成的网络的等效电阻 R 为

$$R=\left[3+\frac{(1.2+2.8)\times(2+2)}{(1.2+2.8)+(2+2)}\right]\Omega=5\ \Omega$$

可得电路电流为

$$I=\frac{U}{R}=\frac{10}{5}\ \text{A}=2\ \text{A}$$

电路的等效变换是很重要和很有意义的工作，例如当分析某个工厂的总体负荷情况时，一般将其等效为电网中的一个负载，而不是去分析每个负载的情况。

1.3.3 独立电源的等效变换

微视频

独立电源的等效变换

1. 独立电压源与独立电流源的等效变换

同一负载电阻 R 接在两个电源模型上，若电阻 R 上的所有效应（电流、电压等）都相同，那么对电阻而言，这两个电源模型是等效的，如图 1-56 所示。根据 $I_a=I_b$ 可得到实际电源的两种模型等效变换的条件

$$R_a=R_b=R_S,\ I_S=\frac{U_S}{R_S}$$

或

$$R_a=R_b=R_S,\ U_S=I_SR_S$$

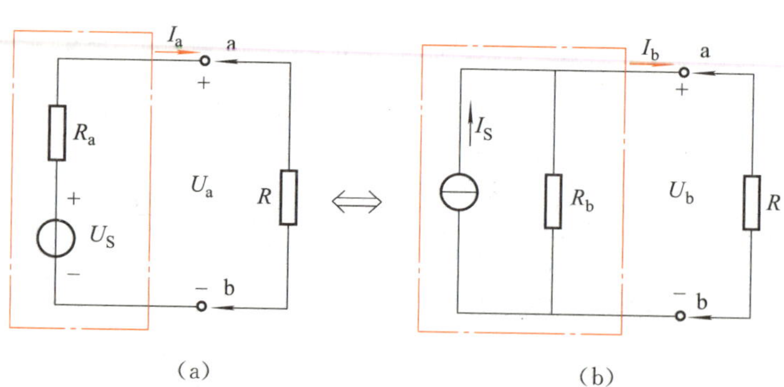

图 1-56 电压源与电流源等效变换

等效变换关系：将一个电动势为 U_S、内阻为 R_S 的实际电压源等效变换为一个实际电流源时，该实际电流源的内阻依然为 R_S，但其电流为 $I_S=U_S/R_S$。电流源方向与电压源的电动势方向一致。

将一个实际电流源等效为一个实际电压源时，该实际电压源的内阻依然为 R_S，但电动势为 $U_S=I_SR_S$。电压源电动势的方向与电流源电流方向一致。

小提示

电压源与电流源之间的等效，其前提条件是电源的内阻 R_S 不为零。理想电流源与理想电压源不能互换，因为理想电压源的内阻为零，而理想电流源的内阻为无限大，两种电源的定义本身就是相互矛盾的。

电源的等效是对外电路而言的，并不是说这两个电源本身是相同的，即对内电路并不等效。

例 11 试求图 1-57a 所示电流源的等效电压源和图 1-57c 所示电压源的等效电流源。

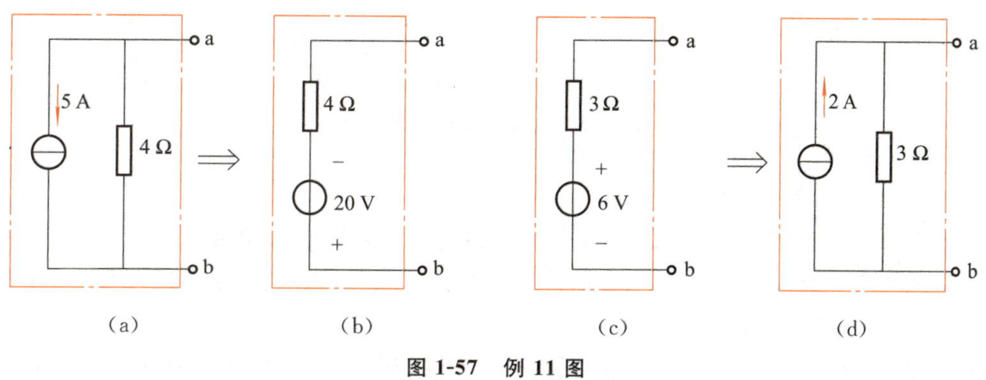

图 1-57 例 11 图

解：图 1-57a 所示为电流源变为电压源时，根据等效变换的原则，电压源的电动势 U_S 和内阻 R_S 分别为

$$U_S = 5 \times 4\ \text{V} = 20\ \text{V}$$
$$R_S = 4\ \Omega$$

可得其等效电压源如图 1-57b 所示。

图 1-57c 所示为电压源，将其等效为电流源，则电流源的电流 I_S 和内阻 R_S 分别为

$$I_S = \frac{6}{3}\text{A} = 2\ \text{A}$$
$$R_S = 3\ \Omega$$

可得其等效电流源如图 1-57d 所示。

当外电路开路时，电压源消耗的电能等于零，而与之等效的电流源内阻上消耗的电能则不等于零。

一般情况下，分析一个电路时并不关心电源的表达方式，而是关心如何使分析过程变得简单高效；而选择一种合适的电源的表达方式通常可以简化电路的分析计算过程，从这个角度来说，掌握电源的等效变换是很有意义的。

电源的等效互换可推广应用到一般电路。例如，当电压源与其他电阻串联组合时，可以将其看成一个电压源并进行电流源的等效。同样，当一个电流源与其他电阻的并联组合时，可视其为一个电流源而进行电压源等效。

例如在图 1-58a 所示电路中，框内是一个实际电压源与电阻($R_1 // R_2$)串联，当计算电阻 R 上电流时，那么图 1-58a 框内部分就可以看成一个电压源，而将电阻($R_S + R_1 // R_2$)看成该电压源内阻，如图 1-58b 所示；若有需要还可以将其等效为电流源，如图 1-58c 所示。

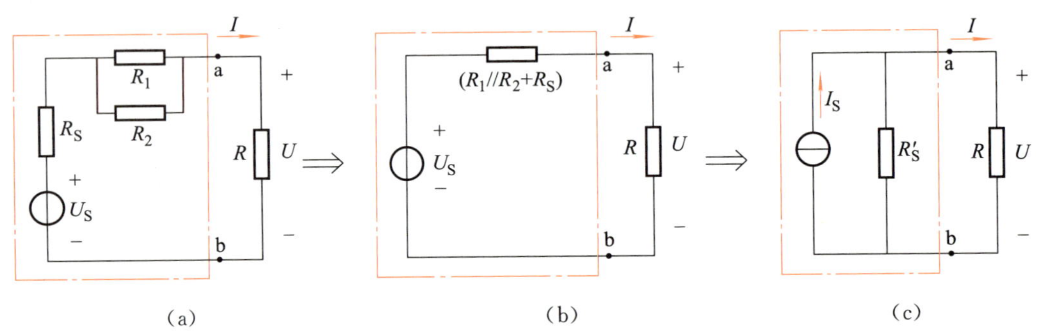

(a) (b) (c)

图 1-58　含源电路的等效变换

2. 独立电源的连接组合

在电路分析时，经常会碰到几个电源的连接组合，就如同电路中电阻串联、并联一样。若分析的是这些电源以外部分电路的情况，那么此时就可以将这些电源等效或简化为一个电源。

(1) 电压源串联的等效

如图 1-59a 所示为三个电压源串联的电路，图 1-59b 是它们等效后的电压源。

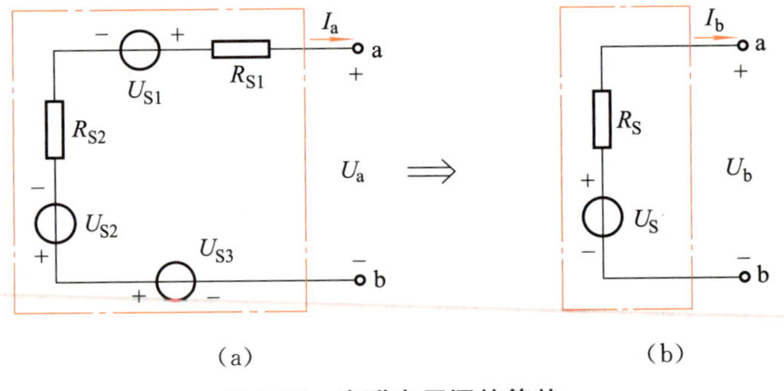

(a) (b)

图 1-59　串联电压源的等效

根据等效的原则，即等效前后不影响外部特性，有

$$U_a = U_b = U,\ I_a = I_b = I$$

根据 KVL 定律，图 1-59a 与图 1-59b 所示电路的端电压应为

$$U_{S1} - U_{S2} + U_{S3} - I(R_{S1} + R_{S2}) = U_S - IR_S$$

得

$$U_S = U_{S1} - U_{S2} + U_{S3},\ R_S = R_{S1} + R_{S2}$$

可见，当多个电压源串联时，其等效电压源的电动势和内阻有以下关系：

① 等效电压源的电动势为各电压源电压的代数和，即

$$U_S = U_{S1} - U_{S2} + U_{S3} + \cdots \tag{1-34}$$

② 等效电压源的内阻等于各电压源的内阻相加，即

$$R_S = R_{S1} + R_{S2} + \cdots \tag{1-35}$$

(2) 电流源并联的等效

如图 1-60a 所示为三个电流源并联的电路，图 1-60b 是它们等效后的电流源。

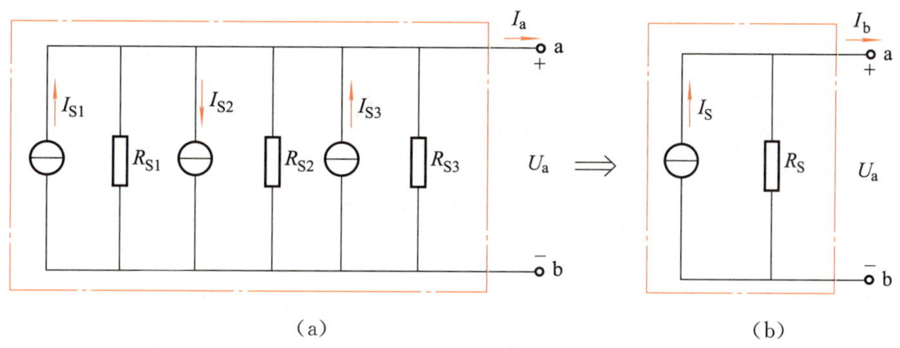

图 1-60　并联电流源的等效

根据等效的原则和基尔霍夫定律，同样可以得到多个电流源并联时，等效电流源的电流与内阻之间的关系：

① 等效电流源的电流为各电流源电流的代数和，即

$$I_S = I_{S1} - I_{S2} + I_{S3} + \cdots \tag{1-36}$$

② 等效电流源的电导等于各电流源电导相加，即

$$\frac{1}{R_S} = \frac{1}{R_{S1}} + \frac{1}{R_{S2}} + \frac{1}{R_{S3}} \cdots \tag{1-37}$$

(3) 电压源并联的等效

当几个电压源并联时，可先将电压源等效为电流源，然后再进行电流源合并化简，若需要时再将电流源等效为电压源。

图 1-61 所示就反映了这种转化过程。图 1-61a 所示为三个电压源的并联，图 1-61b 所示是将电压源转化为电流源以后的电路，图 1-61c 所示是将并联的电流源合并后的等效电源，而图 1-61d 所示为相应的等效电压源。

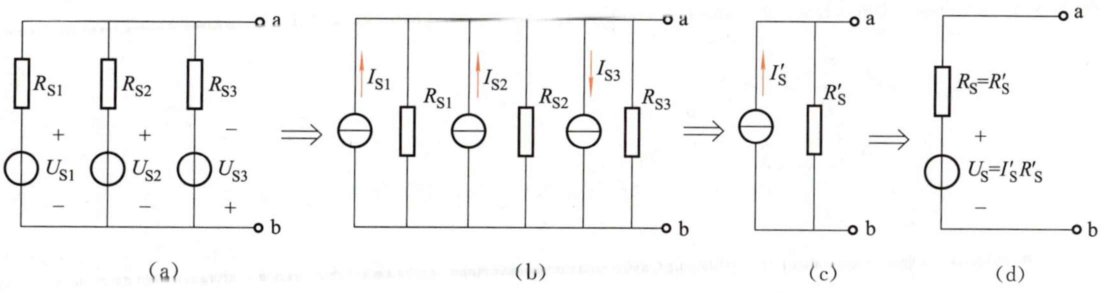

图 1-61　实际电压源并联的等效

图 1-61c 所示电路中电流源的电流与内阻分别为

$$I'_S = I_{S1} + I_{S2} - I_{S3} \tag{1-38}$$

$$R'_S = R_{S1} \mathbin{/\!/} R_{S2} \mathbin{/\!/} R_{S3} \tag{1-39}$$

必须指出的是，理想电压源只有电压相等、极性相同的才允许并联，并且这种并联对外电路不会产生影响。

(4) 电流源串联的等效

当几个电流源串联时，可先将电流源等效为电压源，然后再进行电压源合并，化简为一个电压源，若需要时再将电压源等效为电流源。

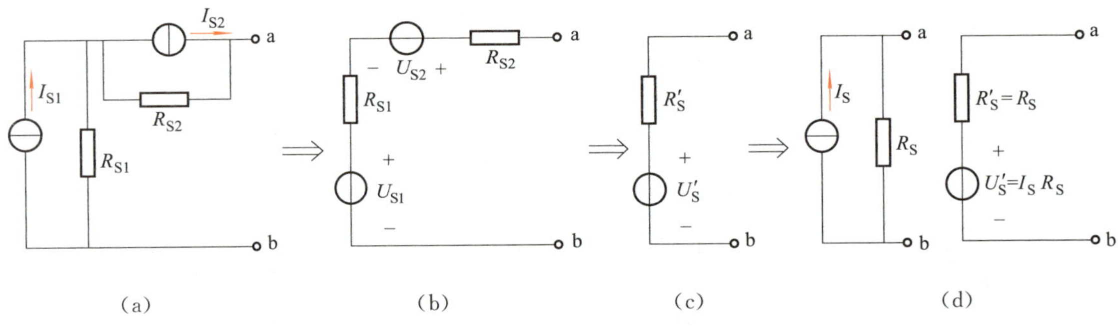

图 1-62　实际电流源串联的等效

图 1-62 是两个实际串联电流源转化为一个电压源或电流源的过程示意图。

同样需要指出的是，理想电流源只有电流相等、方向一致时才允许串联，并且这种串联对外电路不会产生影响。

(5) 电源其他特殊连接的等效

① 理想电压源与任何二端网络(包括元件)并联，对外电路而言，这部分电路可以等效为相同的理想电压源，如图 1-63 所示，框内部分电路对外电路而言是等效的。

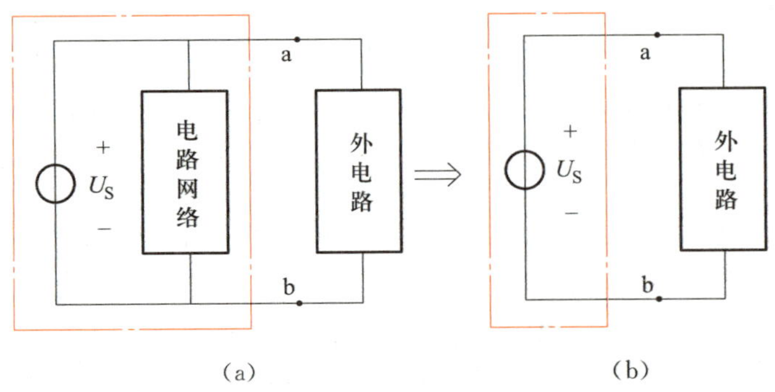

图 1-63　理想电压源与电路网络并联的等效

② 理想电流源与任何二端网络(包括元件)串联，对外电路而言，这部分电路可以等效为相同的理想电流源，在图 1-64 中，框内部分电路对外电路而言是等效的。

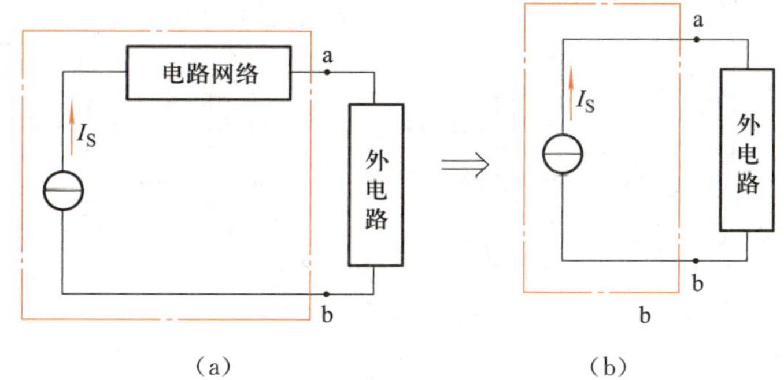

图 1-64　理想电流源与电路网络串联的等效

③ 理想电压源与理想电流源串联，串联电路的电流等于理想电流源的电流，端口电压由外电路决定。

④ 理想电压源与理想电流源并联，并联电路的端口电压等于理想电压源的电动势，输出电流由外电路决定。

利用电压源与电流源的等效变换，可以简化电路的结构，为分析和计算电路带来很大的方便。

例 12　图 1-65a 所示是一个电压源与一个理想电流源并联的电路，试将该电路简化成一个电流源。

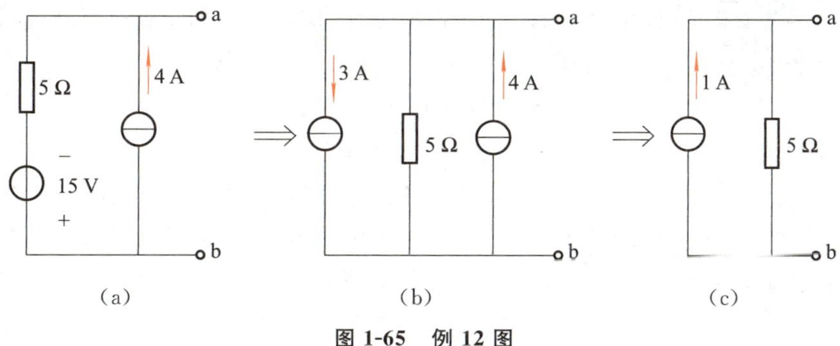

图 1-65　例 12 图

解：电路由两个电源构成，为了将这两个电源合并，需要将实际电压源等效为电流源后再与原电流源合并。

简化过程如下：先将电压源等效变换为一个电流为 15 V/5 Ω＝3 A、内阻为 5 Ω 的电流源，如图 1-65b 所示；再将两个理想电流源并联，就得到电流为 1 A、内阻为 5 Ω 的电流源，如图 1-65c 所示。

例 13　在图 1-66a 所示电路中，试求电路中流过电阻 R 的电流 I。

解：求电路中流过电阻 R 的电流，可以将除 R 以外的其他电路通过电源的等效变换合并为一个电源，这样就可以大大简化电路的计算。

将电路中两个电流源先等效变换为电压源，如图 1-66b 所示；然后再将电压源等效为电流源，此时出现两个 4 Ω 并联的电阻，合并这两个电阻后再将此电流源等效为电压源，则得到图 1-66c 所示电路。

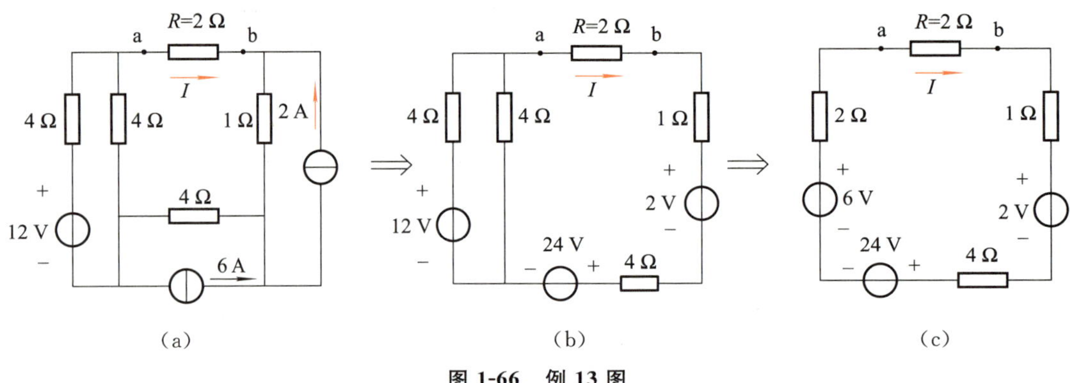

图 1-66　例 13 图

求解图 1-66c 所示电路，根据 KVL 可得

$$2I+2I+I+2+4I+24-6=0$$

得

$$I=-2.22\text{ A}$$

1.3.4　叠加定理

当电路电源的数目不再是一个时，这种电路称为复杂直流电路，此时简单地应用欧姆定律和各类电阻连接规律已经无法分析该电路，因此引入叠加定理、戴维宁定理、诺顿定理、支路电流法、节点电压法等方法分析复杂直流电路。

叠加定理可表述为：在线性电路中，当有多个独立电源同时作用时，在任何一条支路上产生电流或电压，等于各个独立电源单独作用时在该支路上产生的电流或电压的叠加（即代数和）。某一电源单独对电路作用时，其他电源对电路的作用则应视为零。具体的处理办法是：对理想电压源视为短路，对理想电流源视为开路。

应用叠加定理求图 1-67a 所示电路流过 R_1 的电流 I_1。

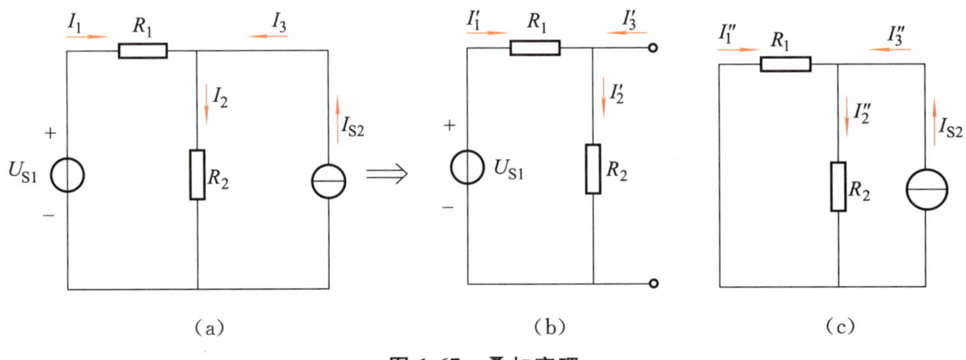

图 1-67　叠加定理

对如图 1-67b 所示电路求解，可得到电压源单独作用时通过 R_1 的电流 I_1'，即

$$I_1'=\frac{U_{S1}}{R_1+R_2}$$

对如图 1-67c 所示电路求解，可得到电流源单独作用时通过 R_1 的电流 I_1''，即

$$I_1''=-\frac{I_{S2}R_2}{R_1+R_2}$$

根据叠加定理可知，通过 R_1 的电流 I_1 应为 I_1' 和 I_1'' 的叠加，即代数和

$$I_1=I_1'+I_1''=\frac{U_{S1}}{R_1+R_2}-\frac{I_{S2}R_2}{R_1+R_2}$$

小提示

用叠加定理分析电路的步骤实际上就是将单个独立电源作用于电路中，求支路电流或电压的步骤的重复，故不赘述。应用叠加定理时应注意以下几点：

(1) 用叠加定理时，应保持电路结构及元件参数不变。当一个独立电源单独作用时，其他独立电源应为零值，即独立电压源应短路，而独立电流源应开路，但均应保留其内阻。

(2) 在叠加时，必须注意总响应是各个响应分量的代数和，因此要考虑总响应与各个分响应的参考方向或参考极性。凡与总响应的取向一致，叠加时取“+”号，反之取“−”号。

(3) 用叠加定理分析含受控源的电路时，不能把受控源和独立电源同样对待。因为受控源不是激励，只能当成一般元件将其保留。

(4) 叠加定理只适用于求解线性电路中的电压和电流，而不能用来计算电路的功率，因为功率与电流或电压之间不是线性关系，而是平方关系。

例 14　用叠加定理求图 1-68a 所示电路中的 I_1 和 U。

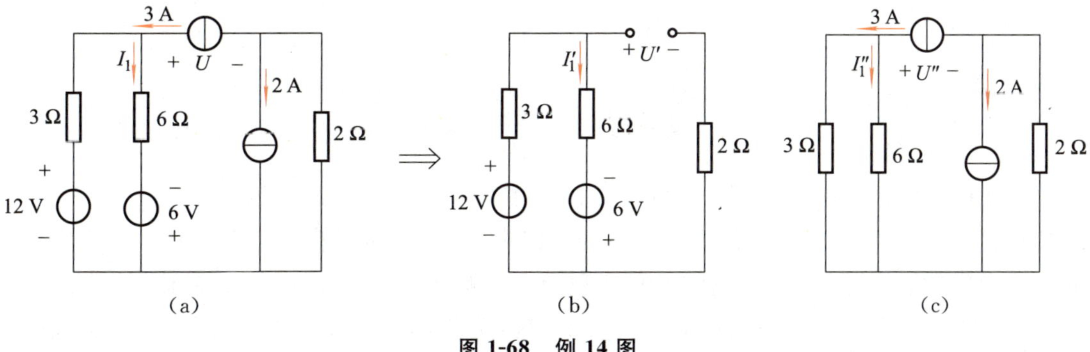

图 1-68　例 14 图

解：因电路中独立电源数目较多，每一独立电源单独作用一次，需要做 4 次计算，比较麻烦。故可采用独立电源“分组”作用的办法求解。

两个电压源同时作用时，可将两电流源开路，如图 1-68b 所示。

有

$$I_1'=\frac{12+6}{3+6}\text{ A}=2\text{ A}$$

$$U'=I_1'\times 6-6\text{ V}=(2\times 6-6)\text{V}=6\text{ V}$$

两个电流源同时作用时，可将两电压源短路，如图 1-68c 所示。由于 2 A 电流源单独作用时，3 A 电流源开路，使得中间回路断开，故 I''_1 仅由 3 A 电流源决定，所以

$$I''_1=\frac{3\times 3}{3+6}\text{ A}=1\text{ A}$$

$$U''=[6I''_1+2(3+2)]\text{V}=16\text{ V}$$

所以电源共同作用时的电流与电压分别为

$$I_1=I'_1+I''_1=(2+1)\text{A}=3\text{ A}$$

$$U=U'+U''=(6+16)\text{V}=22\text{ V}$$

1.3.5 戴维宁定理和诺顿定理

1. 戴维宁定理

任何一个线性含源网络，如果仅研究其中一条支路的电压和电流，则可将电路的其余部分看作一个有源二端网络（或称为含源一端口网络）。被测有源二端网络如图 1-69a 所示，用开路电压、短路电流法测定戴维宁等效电路的 U_{OC} 和 R_0，可将图 1-69a 所示的二端网络等效为图 1-69b 所示电路。

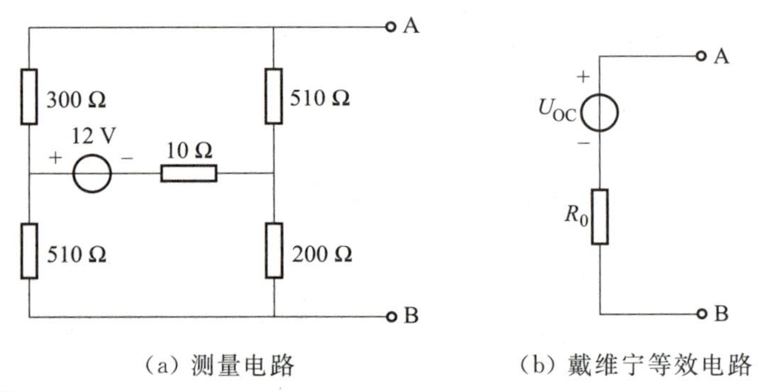

（a）测量电路　　（b）戴维宁等效电路

图 1-69　戴维宁定理电路

戴维宁定理指出：任何一个线性有源二端网络，总可以用一个等效电压源来代替，此电压源的电动势 E_S 等于这个有源二端网络的开路电压 U_{OC}，其等效内阻 R_0 等于该网络中所有独立电源均置零（理想电压源视为短接，理想电流源视为开路）时的等效电阻。

在有源二端网络输出端开路时，用电压表直接测其输出端的开路电压 U_{OC}，然后再将其输出端短路，用电流表测其短路电流 I_{SC}，则内阻为

$$R_0=\frac{U_{OC}}{I_{SC}} \tag{1-40}$$

在独立电源的连接组合中，一个含有电源的一端口网络，从对外部电路而言，通过电源的等效变换与组合，最终可以将该一端口网络等效为一个实际电压源或者电流源。戴维宁定理和诺顿定理要描述的正是这种等效关系。

（1）戴维宁定理的等效过程

戴维宁定理可以表述为：在一线性含有独立电源的一端口网络中对外电路而言，总是可

以用一个理想电压源与电阻串联构成的实际电压源模型来等效替代，该实际电压源模型的电压等于该电路端口处的开路电压，其串联的电阻（内阻）等于电路去掉内部独立电源后，从端口处得到的等效电阻（该电阻也称戴维宁电阻）。

小提示

去掉内部独立电源的含义是指将一端口网络内部的电压源短路，电流源开路，但须保留它们的内阻。

图 1-70a 是一个含源一端口网络通过两个端子 a 和 b 与一个外电路（电阻）相连的电路。这里的外电路指的是一端口网络以外的电路。图 1-70b 框中部分是一端口网络的等效电压源，等效后对外电路（电阻）上的电流与电压等电路变量而言不会发生任何变化。等效电压源的电压与电阻可以通过戴维宁定理求取，下面通过例题来说明等效电压源的求取方法。

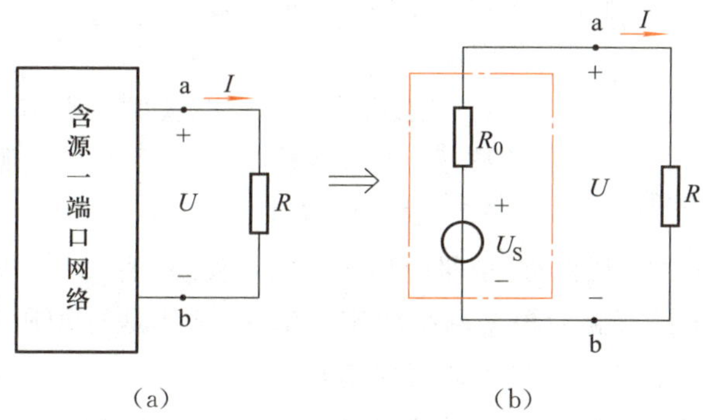

图 1-70　戴维宁定理

例 15　用戴维宁定理求图 1-71a 所示电路中的电流 I。已知：$U_{S1}=4\ \text{V}$，$R_1=4\ \Omega$，$R_2=8\ \Omega$，$R=4\ \Omega$，$I_{S2}=4\ \text{A}$。

解：根据戴维宁定理可知，等效电压源的电压等丁一端口网络的开路电压，电阻等于一端口网络去掉电源后的等效电阻。因此需要画出图 1-71b 和 c 所示电路以便求解。

① 对图 1-71b 所示电路求开路电压 U_{OC}，有（具体求解过程略）

$$U_{OC}=13.33\ \text{V}$$

(a)

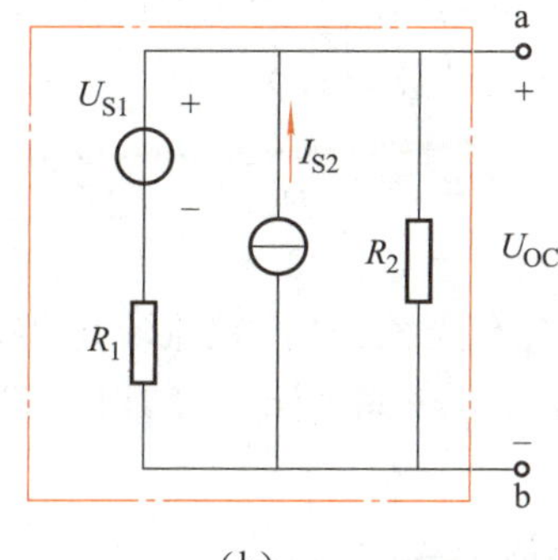

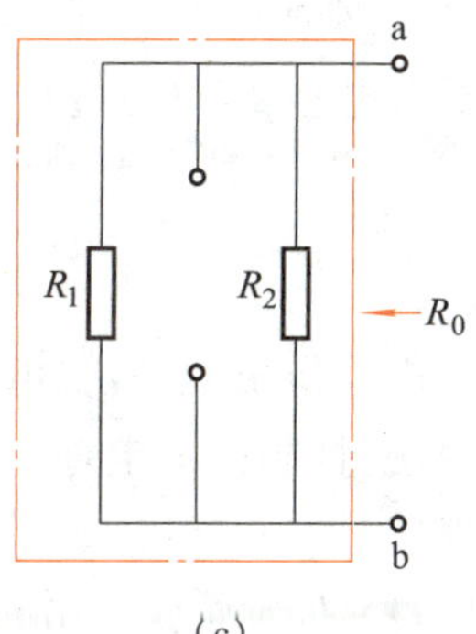

图 1-71　例 15 图

② 对图 1-71c 求一端口网络去掉电源后的等效电阻 R_0，有

$$R_0=\frac{R_1R_2}{R_1+R_2}=2.67\ \Omega$$

因此，图 1-71a 框中部分的含源一端口网络最终可以等效为一个电压是 13.33 V、内阻等于 2.67 Ω 的电压源，如图 1-72 所示。

因此，电流 I 可以直接求解获得，即为

$$I=\frac{13.33\ \text{V}}{2.67\ \Omega+R}=\frac{13.33}{2.67+4}\ \text{A}=2\ \text{A}$$

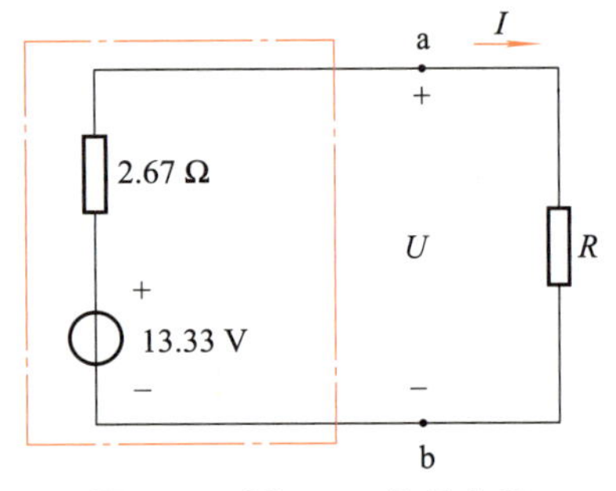

图 1-72　图 1-71a 等效电路

在电路分析中，经常会碰到计算电路网络中的某条支路或某个元件上电量的问题，此时可考虑采用戴维宁定理，将被求支路或者元件看成外电路，其余部分看成内电路，从而将其简化为一个电压源，这样可以大大提高计算的效率。

应用戴维宁定理的关键是获取含源一端口网络的开路电压(U_{OC})和戴维宁电阻(R_0)。现将参数 U_{OC} 和 R_0 的计算方法总结如下：

开路电压的求取方法一般有两种，即计算法与实验测量法。

① 计算法是将外电路开路后根据网络的实际情况，适当地选用所学的电阻性网络分析的方法、电源等效变换及叠加定理等求取开路电压。

② 实验测量法是将外电路开路后直接用仪表测量端口处的开路电压。

戴维宁电阻的求取方法一般有三种，即计算法、开路/短路法和外加电源法。

① 计算法是去掉网络内部独立电源(转化为无源网络)后，用电阻串并联简化和 Y-△变换等方法求取端口的等效电阻。

② 开路/短路法则是首先通过求取开路电压 U_{OC}，然后将端口短路求取短路电流 I_{OC}，再通过计算求得。求解公式为

$$R_0=\frac{U_{OC}}{I_{OC}}\tag{1-41}$$

③ 外加电源法则是将含源电路网络变为无源电路网络后，在端口处外加电压 U，然后求取端口电流 I，再通过计算求取。计算公式为

$$R_0=\frac{U}{I}\tag{1-42}$$

应当指出的是，当电路中含有受控源时，戴维宁电阻的求取只能用开路/短路法和外加电源法，且同叠加定理一样，受控源要同电阻一样对待，即去掉独立电源时，受控源与电阻一样保留。

(2) 戴维宁定理分析电路的步骤

经过以上分析，用戴维宁定理分析电路的步骤归纳总结如下：

① 根据题意选择合适的电路为内电路和外电路，将外电路从电路中移开，保留一端口网络；选择合适的方法求取有源一端口网络的开路电压。

② 将含源一端口网络转化为无源一端口网络，选择合适的方法求取该网络的戴维宁电阻。

③ 画出等效电路，求解待求电量。

下面通过具体例题说明戴维宁定理的使用。

例 16　图 1-73a 所示电路中，已知 $R=2\ \Omega$，求通过电阻 R 的电流 I。

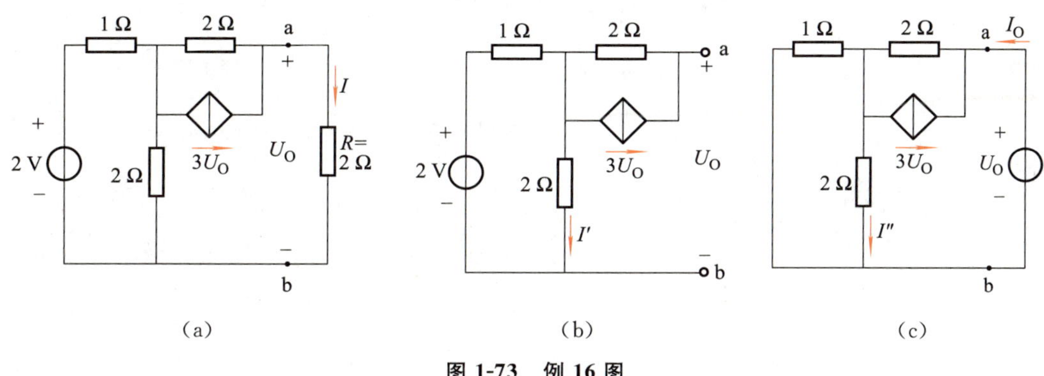

图 1-73　例 16 图

解： 当 ab 端口开路时，如图 1-73b 所示，求取开路电压 $U_O(U_{OC})$。

根据 KVL 定律有

$$U_O=U_{OC}=2\times 3U_O+2I'=6U_O+2\times\frac{2}{1+2}=6U_O+\frac{4}{3}\ \mathrm{V}$$

解得 U_O 为

$$U_O=U_{OC}=-\frac{4}{15}\ \mathrm{V}=-0.267\ \mathrm{V}$$

由于电路中含有受控电流源，因此采用外加电源法求其戴维宁电阻 R_0。设外加电源电压为 U_O，其引起的电流为 I_O，电路如图 1-73c 所示。为了方便分析，将图 1-73c 所示电路重画，并将电路中的受控电流源等效为受控电压源，如图 1-74a 和 b 所示。

根据 KVL 定律，有

$$U_O=6U_O+2I_O+2I''=6U_O+2I_O+\frac{2}{3}I_O$$

解得

$$R_0=\frac{U_O}{I_O}=-\frac{8}{15}\ \Omega=-0.53\ \Omega$$

最终得到戴维宁等效电路如图 1-74c 所示，电路中出现了负电阻，这是含受控源电路可能出现的现象，属于正常情况。电路中电流 I 为

$$I=-0.182\ \mathrm{A}$$

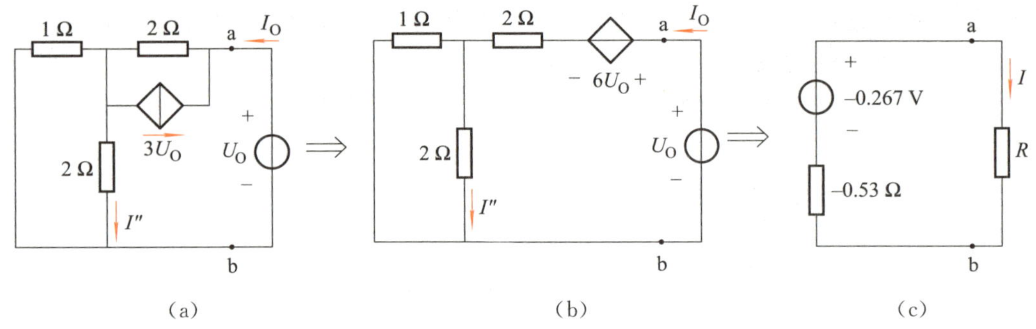

(a) (b) (c)

图 1-74　例 16 戴维宁电阻和等效电路

2. 诺顿定理

诺顿定理可以表述为：对于任意一个如图 1-75a 所示的线性含源一端口网络，可用一个电流源 I_S 及内阻为 R_0 的并联组合来代替，如图 1-75b 所示。电流源的电流为该网络的短路电流 I_{SC}，如图 1-75c 所示，内阻等于该网络中所有理想电源置零时从网络看进去的电阻，如图 1-75d 所示。

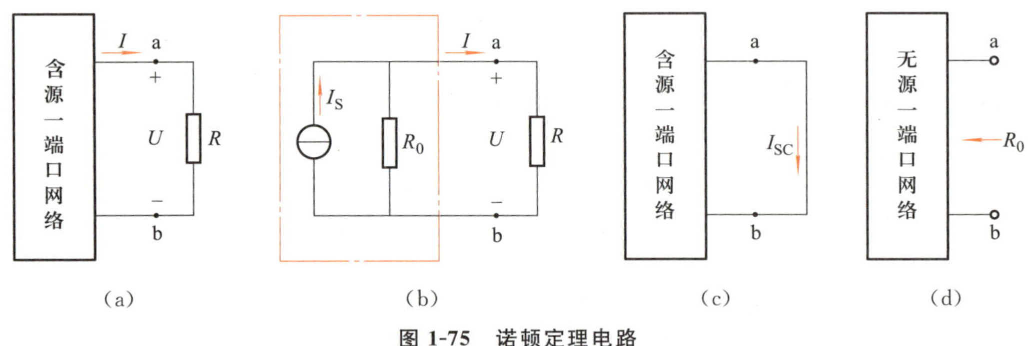

(a) (b) (c) (d)

图 1-75　诺顿定理电路

可见，线性含源一端口网络，既可以用戴维宁定理转变为一个电压源，也可以用诺顿定理转变为一个电流源。

例 17　图 1-76a 所示电路中，若 $R=6\ \Omega$，试用诺顿定理计算支路电流 I。

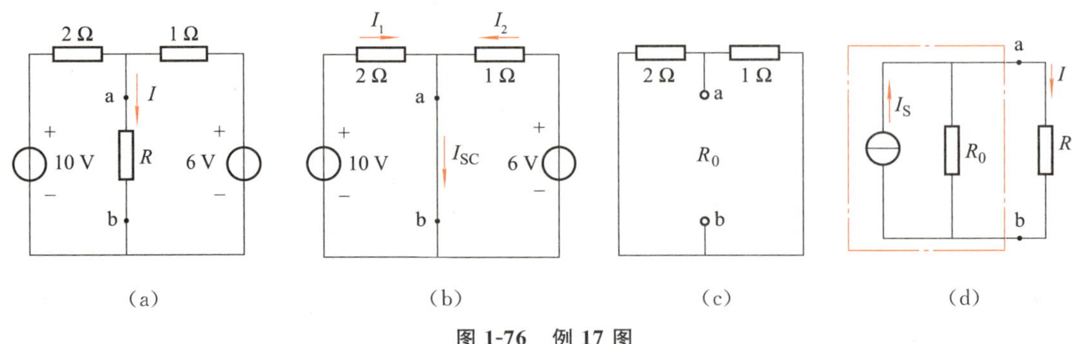

(a) (b) (c) (d)

图 1-76　例 17 图

解：将待求支路 R 看成外电路，其余部分则是一个一端口网络。根据诺顿定理求解的要求，画出求短路电流 I_{SC} 和电阻 R_0 的电路，分别如图 1-76b 和 1-76c 所示。

(1) 求短路电流 I_{SC}，电路如图 1-76b 所示。

由于 U_{ab} 之间的电压为零，因此电流 I_1 和 I_2 分别为

$$I_1=\frac{10}{2}\text{ A}=5\text{ A}$$

$$I_2=\frac{6}{1}\text{ A}=6\text{ A}$$

所以短路电流 I_{SC} 为

$$I_{SC}=I_S=I_1+I_2=(5+6)\text{A}=11\text{ A}$$

(2) 求等效电阻 R_0，电路如图 1-76c 所示。

$$R_0=\frac{2\times 1}{2+1}\ \Omega=\frac{2}{3}\ \Omega$$

(3) 画出诺顿等效电路，求电流 I，电路如图 1-76d 所示。

$$I=\frac{R_0}{R_0+R}I_S=\frac{2/3}{2/3+6}\times 11\text{ A}=1.1\text{ A}$$

做一做

电路中某两端开路时，测得这两端的电压为 5 V；当这两端短接时，通过短路线上的电流是 5 A，当此两端接上 4 Ω 电阻时，通过电阻中的电流应为多少？

1.3.6 支路电流法

以各支路电流为未知量，应用基尔霍夫定律列出节点电流方程和回路电压方程，解出各支路电流，从而可确定各支路（或各元件）的电压及功率，这种解决电路问题的方法称为支路电流法。对于具有 b 条支路、n 个节点的电路，可列出 $(n-1)$ 个独立的电流方程和 $b-(n-1)$ 个独立的电压方程。

例 18　如图 1-77 所示电路，已知 $E_1=42$ V，$E_2=21$ V，$R_1=12\ \Omega$，$R_2=3\ \Omega$，$R_3=6\ \Omega$，试求各支路电流 I_1、I_2、I_3。

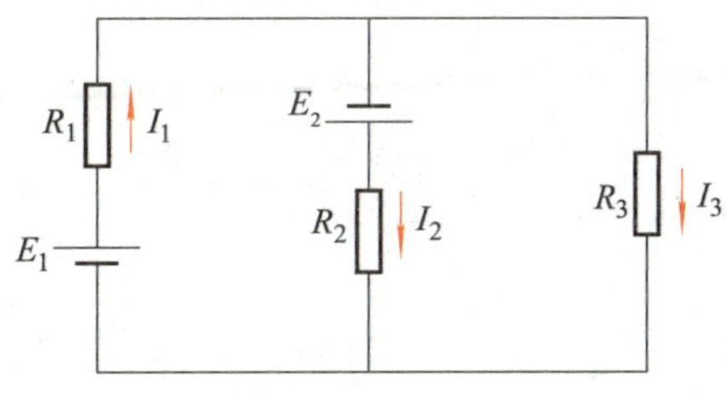

图 1-77　例 18 图

解：该电路支路数 $b=3$、节点数 $n=2$，所以应列出 1 个节点电流方程和 2 个回路电压方

程，并按照 $\sum RI=\sum E$ 列回路电压方程。

$$I_1=I_2+I_3 \qquad \text{（任一节点）}$$

$$R_1I_1+R_2I_2=E_1+E_2 \qquad \text{（网孔 1）}$$

$$R_3I_3-R_2I_2=-E_2 \qquad \text{（网孔 2）}$$

代入已知数据，解得 $I_1=4$ A，$I_2=5$ A，$I_3=-1$ A。

电流 I_1 与 I_2 均为正数，表明它们的实际方向与图中所标定的参考方向相同，I_3 为负数，表明它的实际方向与图中所标定的参考方向相反。

1.3.7 节点电压法

节点电压法是在电路中，当选取任一节点作为参考节点时，其余节点与此参考节点之间的电压称为对应节点的节点电压。在图 1-78 所示电路中，当选择 c 点作为参考节点时，a 点与 c 点间的电压 U_{ac} 称为 a 点的节点电压，同理 b 点的节点电压为 U_{bc}，常简写为 U_a、U_b。

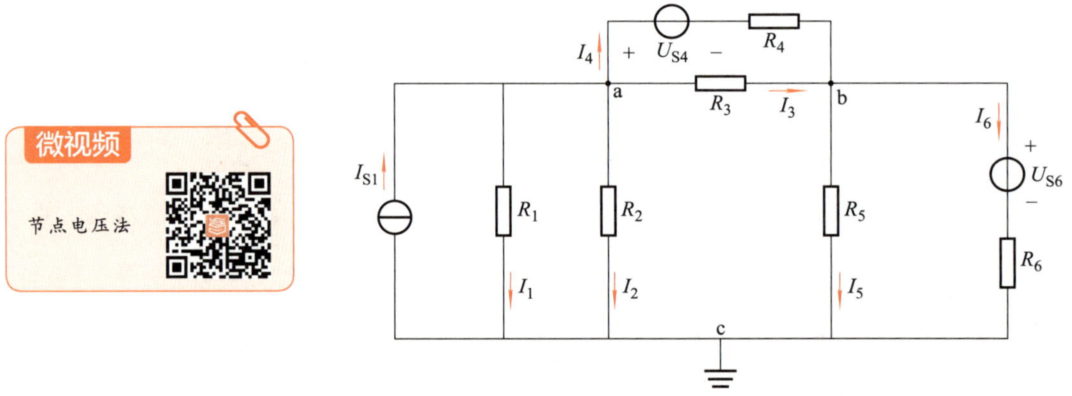

图 1-78　节点电压法电路

以节点电压作为未知量，对 $n-1$ 个独立节点列写 KCL 方程，从而求出各节点电压，继而进一步求解其他电量，这种电路分析方法，称为节点电压法。

下面以图 1-78 所示电路为例，推导节点电压方程。假设已知 R_1、R_2、R_3、R_4、R_5、R_6、I_{S1}、U_{S4}、U_{S6}，以节点 c 为参考节点，选择各支路电流参考方向如图 1-78 所示，对独立节点 a、b 列写 KCL 方程，得

$$I_1+I_2+I_3+I_4-I_{S1}=0 \tag{1-43}$$

$$-I_3-I_4+I_5+I_6=0 \tag{1-44}$$

其中：

$$I_1=\frac{U_a}{R_1}=G_1U_a \tag{1-45}$$

$$I_2=\frac{U_a}{R_2}=G_2U_a \tag{1-46}$$

$$I_3=\frac{U_a-U_b}{R_3}=G_3(U_a-U_b) \tag{1-47}$$

$$I_4=\frac{U_a-U_b-U_{S4}}{R_4}=G_4(U_a-U_b-U_{S4}) \tag{1-48}$$

$$I_5=\frac{U_b}{R_5}=G_5U_b \tag{1-49}$$

$$I_6=\frac{U_b-U_{S6}}{R_6}=G_6(U_b-U_{S6}) \tag{1-50}$$

将式(1-45)～式(1-50)代入式(1-43)、式(1-44)中，整理得

$$(G_1+G_2+G_3+G_4)U_a-(G_3+G_4)U_b=G_4U_{S4}+I_{S1} \tag{1-51}$$

$$-(G_3+G_4)U_a+(G_3+G_4+G_5+G_6)U_b=-G_4U_{S4}+G_6U_{S6} \tag{1-52}$$

联立式(1-51)、式(1-52)求解可得 U_a、U_b，再代入式(1-45)～式(1-50)即得到各支路电流。式(1-51)、式(1-52)可写成如下形式：

$$G_{aa}U_a+G_{ab}U_b=\sum_a GU_S+\sum_a I_S \tag{1-53}$$

$$G_{ba}U_a+G_{bb}U_b=\sum_b GU_S+\sum_b I_S \tag{1-54}$$

式中：G_{aa}称为节点 a 的自电导，它等于与节点 a 相连的各支路导纳之和，总取正；

G_{bb}称为节点 b 的自电导，它等于与节点 b 相连的各支路导纳之和，总取正；

$G_{ab}(G_{ba})$称为节点 a、b 之间(b、a 之间)的互电导，它等于 a、b 两节点间各支路电导之和，总取负。

当电路只含两个节点时，选择一个节点作为参考节点，只剩下一个独立节点，因而只有一个节点电压方程：

$$U_1=\frac{\sum_{(1)} GU_S+\sum_{(1)} I_S}{G_{11}} \tag{1-55}$$

式(1-55)就是弥尔曼定理，也称弥尔曼公式。

例 19　在图 1-79 所示电路中，已知 $U_{S1}=6$ V，$U_{S4}=8$ V，$I_{S5}=3$ A，$R_1=3\ \Omega$，$R_2=2\ \Omega$，$R_3=6\ \Omega$，$R_4=4\ \Omega$，$R_5=7\ \Omega$，利用节点电压法求电路中各支路电流。

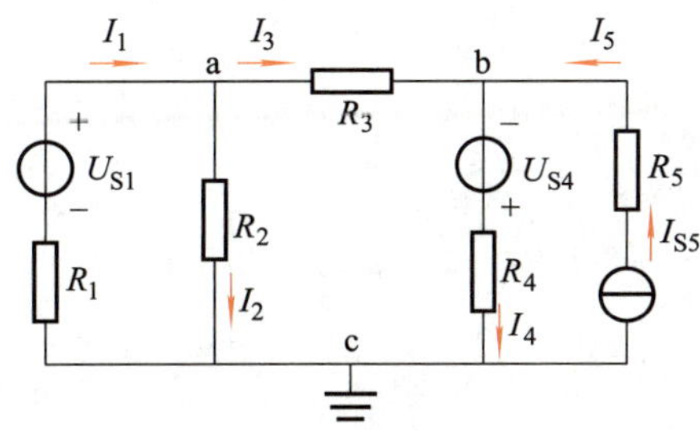

图 1-79　例 19 图

解：以 c 点作为参考节点，对独立节点 a、b 列写节点电压方程。

节点 a：

$$\left(\frac{1}{R_1}+\frac{1}{R_2}+\frac{1}{R_3}\right)U_a-\frac{1}{R_3}U_b=\frac{1}{R_1}U_{S1}$$

节点 b：

$$\left(\frac{1}{R_3}+\frac{1}{R_4}\right)U_b-\frac{1}{R_3}U_a=-\frac{U_{S4}}{R_4}+I_{S5}$$

代入数据得

$$U_a=2.57\ \text{V},\ U_b=3.43\ \text{V}$$

$$I_1=\frac{U_{S1}-U_a}{R_1}=1.14\ \text{A},\ I_2=\frac{U_a}{R_2}=1.29\ \text{A}$$

$$I_3=\frac{U_a-U_b}{R_3}=-0.14\ \text{A},\ I_4=\frac{U_b+U_{S4}}{R_4}=2.86\ \text{A},\ I_5=I_{S5}=3\ \text{A}$$

1.3.8 含受控源电路的分析

在电子电路中广泛使用各种晶体管、运算放大器等多端器件。这些多端器件的某些端钮的电压或电流受到另一些端钮电压或电流的控制。为了模拟多端器件各电压、电流间的这种耦合关系，需要定义一些多端电路元件（模型）。本节介绍的受控源是一种非常有用的电路元件，常用来模拟含晶体管、运算放大器等多端器件的电子电路。从事电子、通信类专业的工作人员，应掌握含受控源电路的分析。

独立电源：其输出电压或电流是由电源本身决定的，不受电源外部电路的控制。从能量关系上看，独立电源是电路的输入，它表示了外界对电路的物理作用，是电路的能量来源。

受控源：是由电子器件抽象而来的一种模型，如晶体管、真空管等，它们具有输入端的电压（或电流）能控制输出端的电压（或电流）的特点。如图 1-80 所示，NPN 型三极管的等效电路模型就是一个受控源。

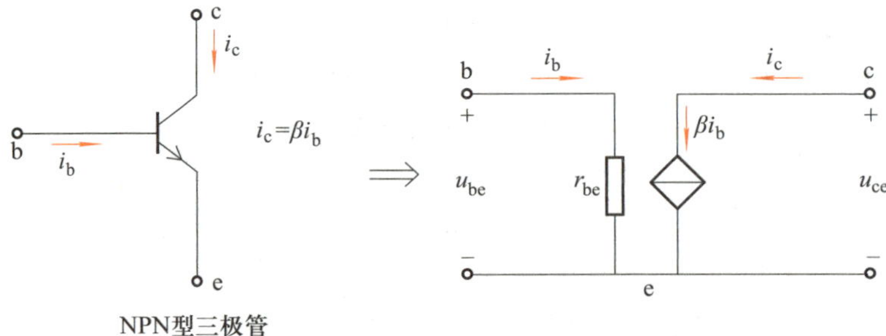

图 1-80　三极管的受控源等效

小提示

受控源是不代表外部对电路施加的影响，只表明电路内部电子器件中所发生的物理现象的一种模型，以表明电子器件的电流、电压的转移关系。

1. 受控源的电路符号与分类

受控源又称非独立电源。一般来说，支路的电压或电流受本支路以外的其他因素控制时统称为受控源。受控源由两条支路组成，其第一条支路是控制支路，呈开路或短路状态；第二条支路是受控支路，它是一个电压源或电流源，其电压或电流的量值受第一条支路电压或电流的控制。

受控源包括受控电压源和受控电流源，电路符号如图 1-81 所示。

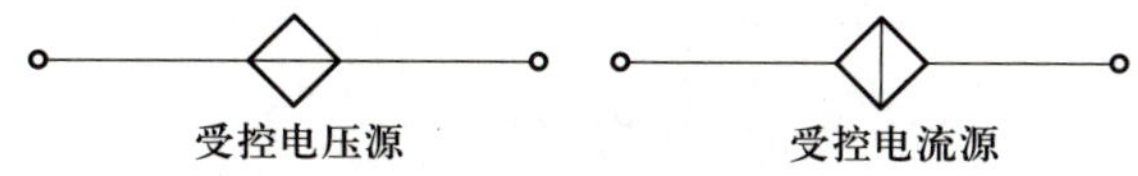

图 1-81　受控源的电路符号

受控源可以分成 4 种类型，分别称为电流控制的电压源（CCVS），电压控制的电流源（VCCS），电流控制的电流源（CCCS）和电压控制的电压源（VCVS），如图 1-82 所示。

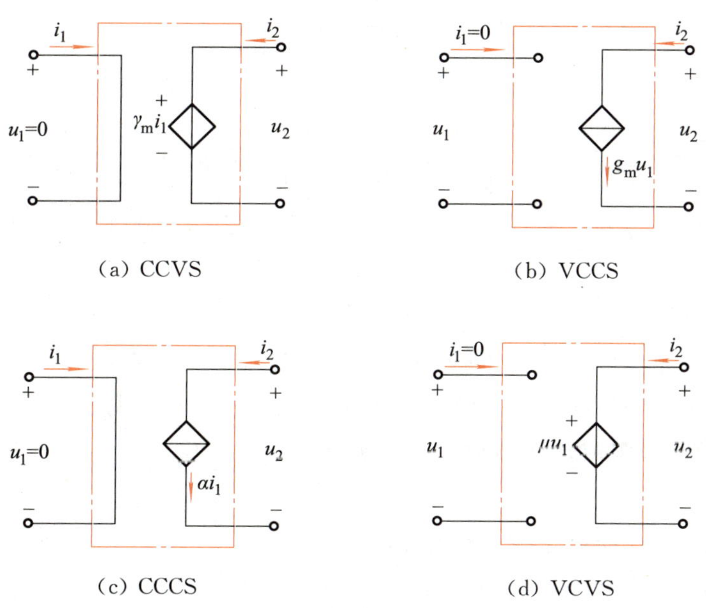

图 1-82　受控源的分类

2. 相关分析

独立电源的电压（或电流）由电源本身决定，与电路中其他电压、电流无关，而受控源电压（或电流）由控制量决定。独立电源在电路中起“激励”作用，在电路中产生电压、电流，而受控源只是反映输出端与输入端的受控关系，在电路中不能作为“激励”。

分析含受控源电路时应注意：

① 将受控源作为独立电源处理。

② 找出控制量与求解量之间的关系。

③ 受控源和独立电源不能等效互换。

例 20 电路如图 1-83 所示，求电压源电压 u_S 的值及受控源的功率。

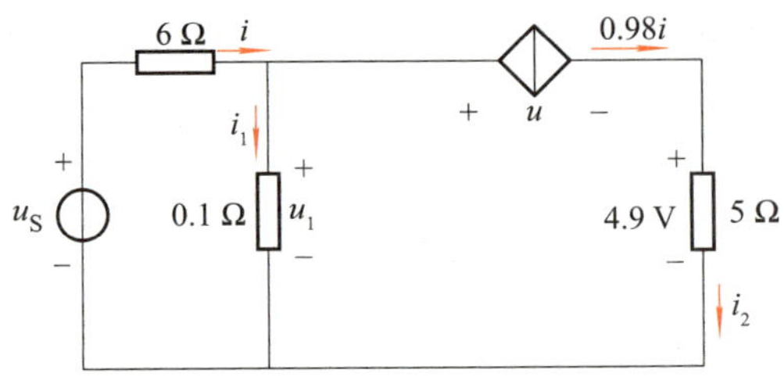

图 1-83 例 20 图

解：

$$i_2 = \frac{4.9}{5}\ \text{A} = 0.98\ \text{A}$$

因为 $i_2 = 0.98i$，所以

$$i = 1\ \text{A}$$

$$u_1 = (i - 0.98i) \times 0.1 = 0.002\ \text{V}$$

根据 KVL，有

$$u_S = u_1 + 6i = 6.002\ \text{V}$$

受控源吸收的功率为

$$p = u \cdot 0.98i = -4.8\ \text{W}$$

受控源属于有源元件，其供出的能量是从独立电源处获得的。

由线性二端电阻和线性受控源构成的电阻单口网络，就端口特性而言，也等效为一个线性二端电阻，其等效电阻值常用外加独立电源计算单口电压电流方程的方法求得。现举例加以说明。

例 21 求图 1-84 所示单口网络的等效电阻。

解：设想在端口外加电流源 i，写出端口电压 u 的表达式

$$u = \mu u_1 + u_1 = (\mu + 1)u_1 = (\mu + 1)Ri = R_0 i$$

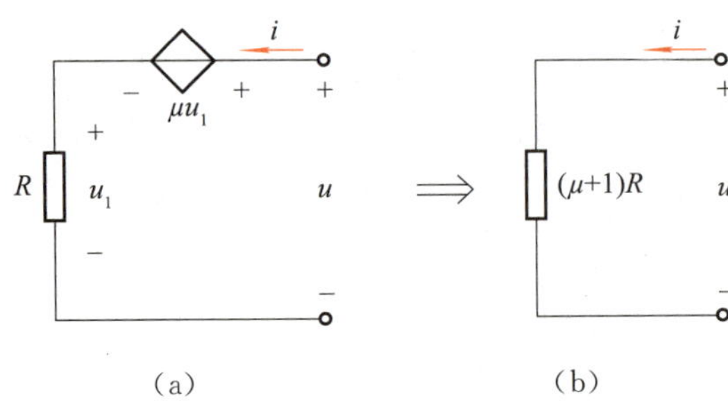

图 1-84 例 21 图

求得单口等效电阻

$$R_0=\frac{u}{i}=(\mu+1)R$$

由于受控电压源的存在，使端口电压增加了 $\mu u_1=\mu Ri$，导致单口等效电阻增大到 $(\mu+1)R$。若控制系数 $\mu=-2$，则单口等效电阻 $R_0=-R$，这表明该电路可将正电阻变换为一个负电阻。

由线性电阻和独立电源构成的单口网络，就端口特性而言，可以等效为一个线性电阻和电压源的串联单口，或等效为一个线性电阻和电流源的并联单口。

由线性受控源、线性电阻和独立电源构成的单口网络，就端口特性而言，可以等效为一个线性电阻和电压源的串联单口，或等效为一个线性电阻和电流源的并联单口。

同样，可用外加电源计算端口电压电流方程的方法，求得含线性受控源电阻单口网络的等效电路。

实训项目

实训1.1　测量实际电源外特性

一、实训目的

1. 了解实际电源在电路中的特点。
2. 掌握实际电源的电路模型。

二、实训分析

本次实训在电路图绘制仿真软件 Multisim 中完成，图1-85a所示为电压源电路，U_1 与 R_1 串联构成实际电压源，其中 U_1(12 V)是理想电压源，R_1(100 Ω)作为电压源内阻，R_2(1 kΩ)是负载电阻，XHH1是电流表，测量电压源输出电流值 I，即电源提供给外电路电流大小，XHH2是电压表，测量电压源实际输出电压值 U，即负载两端电压。图1-85b所示为电流源电路，I_1 与 R_3 并联构成实际电流源，其中 I_1(12 mA)是理想电流源，R_3 作为电流源内阻，其他元件同上。

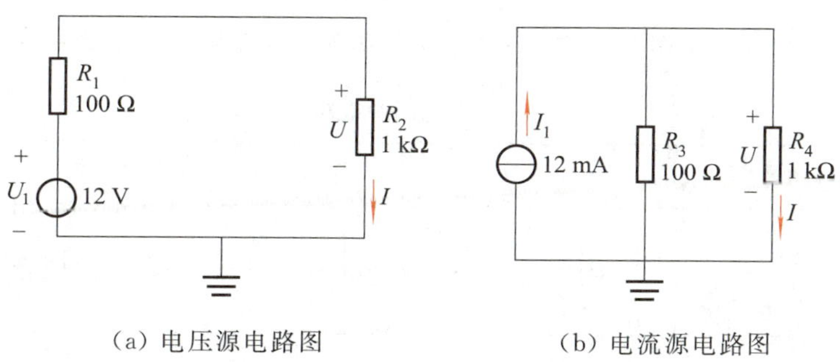

(a) 电压源电路图　　(b) 电流源电路图

图1-85　电源电路原理图

三、实训器材

软硬件清单见表1-2。

表 1-2　软硬件清单

名　称	规格型号	编　号	单　位	数　量	备　注
仿真软件	Multisim		套	1	
电　阻	100 Ω	R_1　R_3	个	2	
电　阻	1 kΩ	R_2　R_4	个	2	
电压源	12 V	U_1	个	1	
电流源	12 mA	I_1	个	1	
电流表		XHH1　XHH3	台	2	
电压表		XHH2　XHH4	台	2	

四、实训步骤

在 Multisim 软件中绘制电路如图 1-86 所示，完成下列训练内容。

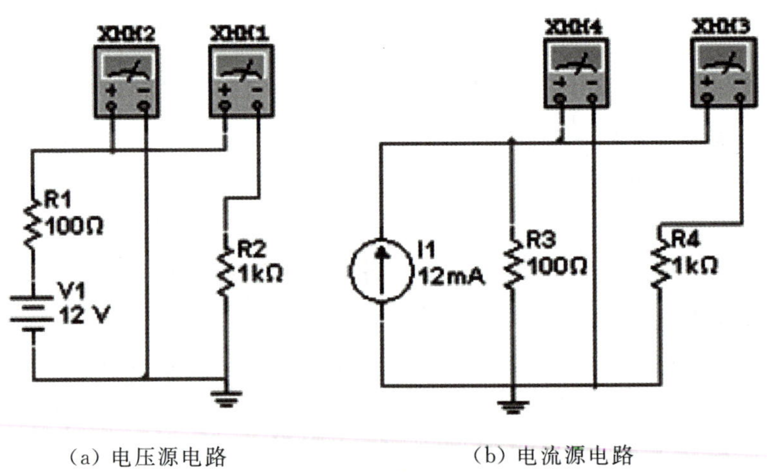

(a) 电压源电路　　(b) 电流源电路

图 1-86　Multisim 环境下电源电路图

1. 改变图 1-86a 所示电路中负载 R_2 值，将电压表、电流表数值记录在表 1-3 中。

表 1-3　电压源电路

R_2/Ω	5×10^3	2×10^3	1×10^3	200	100	50	10	∞	0
U/V									
I/mA									
负载功率									

绘制本任务中实际电压源外特性曲线(图 1-87)。

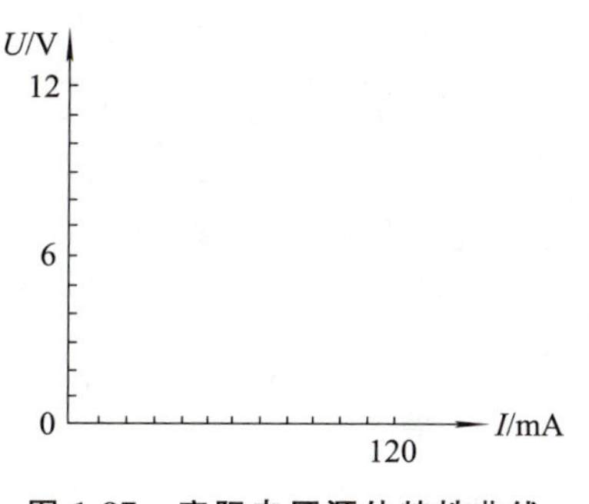

图 1-87　实际电压源外特性曲线

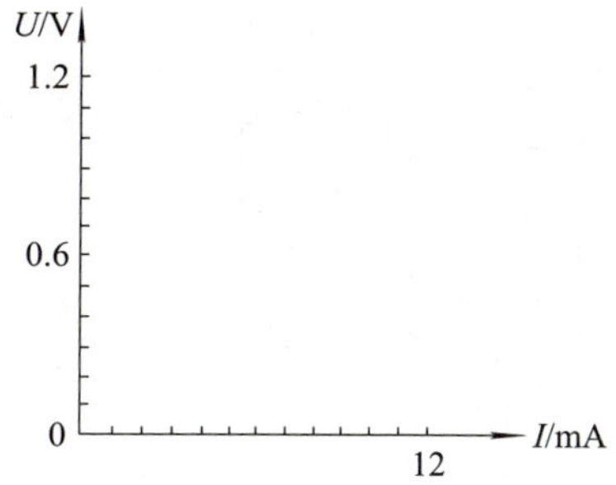

U/V
1.2
0.6
0
12
I/mA

图 1-88　实际电流源外特性曲线

总结：电压源输出电压 U 与电流 I 之间的关系。

输出电压 U 与输出电流 I 之间呈线性关系，当电源电动势和内阻不变的前提下，输出电压是随输出电流的增加而降低的。

思考：本测量任务中负载开路电压、短路电流是多少？理论计算值是多少？

2. 改变图 1-86b 所示电路中负载 R_4 值，将电压表、电流表数值记录在表 1-4 中。

表 1-4　电流源电路

R_4/Ω	5×10^3	2×10^3	1×10^3	200	100	50	10	∞	0
U/V									
I/mA									
负载功率									

绘制本任务中实际电流源外特性曲线（图 1-88）。

总结：电流源输出电压 U 与电流 I 之间的关系。

输出电压 U 与输出电流 I 之间呈线性关系，当电源电流和内阻不变的前提下，输出电压是随输出电流的增加而降低的。

思考：本测量任务中负载开路电压、短路电流是多少？理论计算值是多少？

3. 观察电源功率，本实训中电源功率即负载功率，从表中数据可得负载最大功率是多少？负载获得最大功率的条件是什么？

五、评分标准

评分标准见表 1-5。

表 1-5　测量实际电源外特性评分标准

序号	考核内容	评分要素	配分	评分标准	得分
1	原理图的正确绘制	（1）仿真软件的使用 （2）原理图是否正确	30	原理图绘制错误，每处扣 5 分	
2	元件的选择	正确选择实训所需元件	10	选择错误一项扣 2 分	
3	实训内容	（1）电压源电路 （2）电流源电路	30	根据原理图在仿真软件里面虚拟仿真，仿真错误每处扣 5 分	

续　表

序号	考核内容	评分要素	配分	评分标准	得分
4	实训结果	(1) 正确绘制曲线 (2) 分析实训结果	20	(1) 实际电压源外特性曲线不正确,扣 5 分 (2) 实际电流源外特性曲线不正确,扣 5 分 (3) 改变负载 R_2 值,记录电压表、电流表数值不正确,扣 5 分 (4) 改变负载 R_4 值,记录电压表、电流表数值不正确,扣 5 分	
5	安全生产	(1) 工具使用 (2) 仪表使用 (3) 安全操作规程	10	(1) 工具使用正确,无损坏 (2) 仪表使用正确,无损坏 (3) 按规程操作,无违纪行为 出现以上问题,本项不得分	
日期:		年　月　日	教师签名:		

实训 1.2　制作简易电压表

一、实训目的

1. 理解电阻串联电路特点,并能利用串联分压原理解决实际问题。
2. 学习指针式万用表读数。

二、实训分析

MF-47 型指针式万用表如图 1-89 所示,它实际是一块高灵敏度磁电式直流微安表,它的满刻度偏转电流一般只有几微安至几百微安。满刻度偏转电流越小,表头灵敏度也就越高。MF-47 型指针式万用表表盘上有 6 条刻度线,从上往下依次是:电阻刻度线、电压电流刻度线、三极管 β 值刻度线、电容刻度线、电感刻度线和电平刻度线。在表盘反光镜上方的 3 排数据是电压挡和电流挡刻度线,它们都是比率挡,即指针偏转的格数占全部格数的比率,电压、电流数值由此比率乘以挡位确定。

小提示

确定比率时选择一行刻度为基准计算,选择刻度要根据转换开关挡位,使读数方便为原则。

用图 1-89 所示的指针式万用表测量直流电压、直流电流时,红表笔接高电位,黑表笔接低电位。

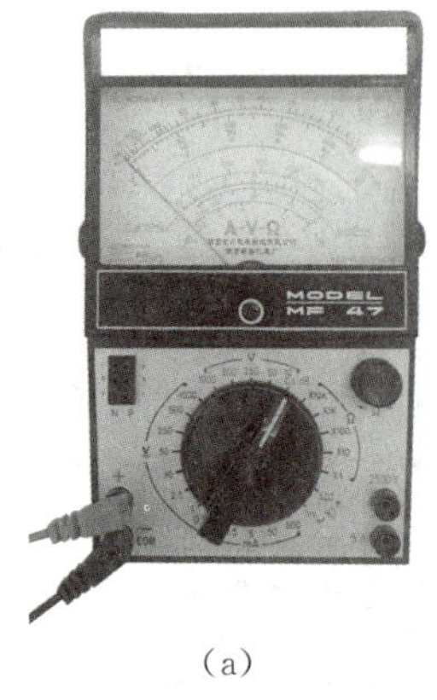

(a)

(b)

图 1-89　MF-47 型指针式万用表

小问答

如图 1-89b 所示指针位置，该电压值是多少？（挡位处于直流电压 50 V 挡）

三、实训器材

软硬件清单见表 1-6。

表 1-6 软硬件清单

名 称	规格型号	编 号	单 位	数 量	备 注
万用表表头	MF-47		台	1	
电 阻	20 kΩ	R_3	个	1	
可调电阻	100 kΩ	R_1 R_2	个	2	
电压源	3 V		个	1	
开 关		S_1 S_2	个	2	

小提示

(1) 操作表头时，不能大幅度振动表头或大电流冲击表头，以防造成表头机械损坏。

(2) 不能用万用表测量表头内阻，否则会烧毁表头线圈。

四、实训步骤

给定 MF-47 万用表表头，确定表头内阻 R_g、量程 U。

按图 1-90 所示测量电路接线，R_1、R_2 可选 100 kΩ 可调电阻。将 S_2 断开，S_1 闭合，接通电路，调节 R_1 使表头满偏，记下此时标准表的读数 I_g，I_g 称为表头的满偏电流。然后接通 S_2，在保持标准表的读数仍为 I_g 的情况下，调节 R_2 的值，使表头恰好为满刻度值的一半（这时若标准表的读数不为 I_g，则应调节 R_1 使标准表回复到原读数 I_g，并再调节 R_2 使表头恰好为满刻度值的一半处），则 $R_g=R_2$。

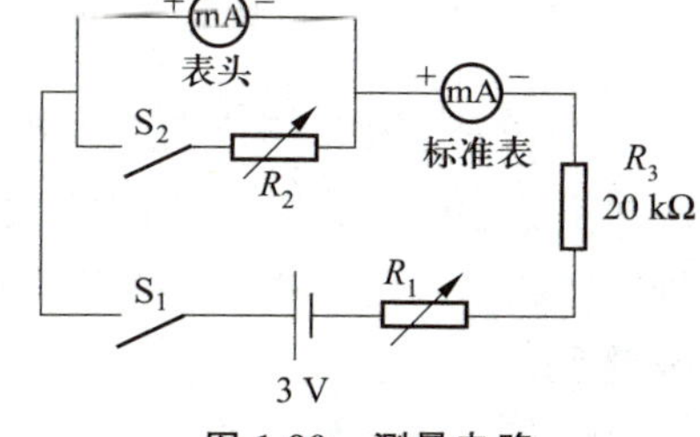

图 1-90 测量电路

① 测得表头满偏电流 $I_g=$__________。

② 表头内阻 $R_g=$__________。

③ 表头量程 $U=$__________。

④ 欲将表头改装成 10 V 电压表，需串联电阻 $R=$__________。

找到合适电阻，自己动手制作 10 V 简易电压表。

五、评分标准

评分标准见表 1-7。

表 1-7 制作简易电压表评分标准

序号	考核内容	评分要素	配分	评分标准	得分
1	原理图的正确绘制	原理图是否正确	30	原理图绘制错误，每处扣 5 分	
2	元件的选择	正确选择实训所需元件	10	选择错误一项扣 2 分	
3	实训内容	给定 MF-47 万用表表头，确定表头内阻 R_g，量程 U	30	根据原理图接线错误，每处扣 5 分	
4	实训结果	实训数据的记录	20	(1) 表头满偏电流 I_g 不正确，扣 5 分 (2) 表头内阻 R_g 不正确，扣 5 分 (3) 表头量程 U 不正确，扣 5 分 (4) 欲将表头改装成 10 V 电压表，需串联电阻 R 不正确，扣 5 分	
5	安全生产	(1) 工具使用 (2) 仪表使用 (3) 安全操作规程	10	(1) 工具使用正确，无损坏 (2) 仪表使用正确，无损坏 (3) 按规程操作，无违纪行为 出现以上问题，本项不得分	
日期： 年 月 日			教师签名：		

本章小结

1. 理想电路元件和由其构成的电路模型是对实际电路的基本电磁属性进行科学抽象的结果。

2. 三种线性无源二端电路元件电阻、电容、电感的定义式分别为

$$R=\frac{u}{i},\ C=\frac{q}{u},\ L=\frac{\psi}{i}$$

3. 任一电流参考方向和电压参考方向可以分别独立地任意指定，参考方向可以任意假定而不会影响计算结果，因为参考方向相反时，计算出的电流、电压值仅相差一负号，最后得到的实际结果仍然相同。参考方向一旦选定，在电路的计算过程中不要再随意更改，以免造成混乱。

4. 计算功率的一般公式 $p=ui$，功率同电流、电压一样，也是代数量，可以对其设定参考方向。

5. 基尔霍夫电流定律 KCL 和基尔霍夫电压定律 KVL 适用于任何集中参数电路，前者来自电流连续性原理而后者是能量守恒定律的一种表现形式。

6. 利用串并联简化和 Y-△等效变换，可求得仅由电阻构成的单口网络的等效电阻。

7. 实际电源的电压源模型与电流源模型可进行等效变换，电源变换同样是简化电路的一个十分有用的工具。

8. 受控源是一种电源参数受其他支路电压或电流控制的电源。

9. 戴维宁定理和诺顿定理表明，任一线性含独立电源的单口网络，就端口特性而言，可

简化为一实际电源。

10. b 条支路、n 个节点的电路，共有 $2b$ 个未知数，独立的 KCL 方程数等于 $(n-1)$，独立的 KVL 方程数等于 $b-(n-1)$，还有 b 个电压电流方程。

11. 节点电压法是以独立节点电压为未知量求解电路的方法。使用该方法，首先要选定参考节点。

习　题　1

一、单选题

1. 在题图 1-91 所示电路中，$U=10$ V，$I=1$ A，电阻值 R 为（　　）。

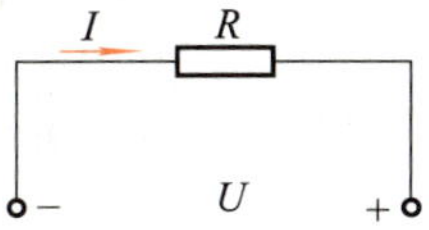

A. 10 Ω　　B. −10 Ω

C. 0.1 Ω　　D. −0.1 Ω

图 1-91　单选题 1 图

2. 电阻是（　　）元件，电感是（　　）的元件，电容是（　　）的元件。

A. 储存电场能量　　B. 储存磁场能量

C. 耗能　　D. 节能

3. 已知空间有 a、b 两点，电压 $U_{ab}=10$ V，a 点电位为 $V_a=4$ V，则 b 点电位 V_b 为（　　）。

A. 6 V　　B. −6 V　　C. 14 V　　D. 8 V

4. 两个电阻串联，$R_1:R_2=1:2$，总电压为 60 V，则 U_1 的大小为（　　）。

A. 10 V　　B. 20 V　　C. 30 V　　D. 25 V

5. 已知 Y 联结的三个电阻都是 30 Ω，则等效△联结的三个电阻阻值为（　　）。

A. 全是 10 Ω

B. 两个 30 Ω 一个 90 Ω

C. 全是 90 Ω

D. 两个 90 Ω 一个 30 Ω

6. 如图 1-92 所示电路中，电流 I 等于（　　）。

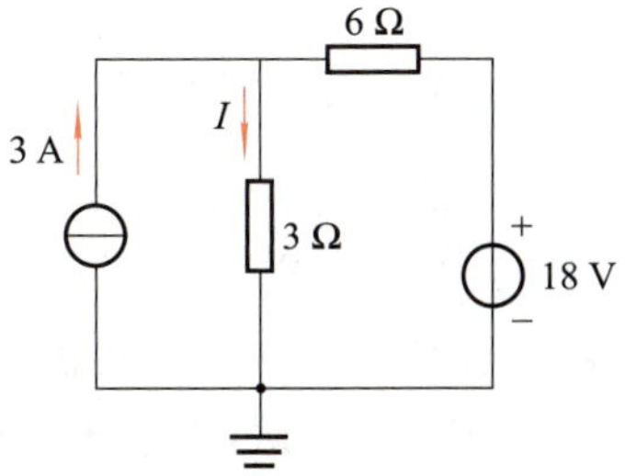

A. −2 A

B. 2 A

C. 4 A

D. −4 A

图 1-92　单选题 6 图

二、填空题

1. 电流所经过的路径叫做________，通常由________、________和________三部分组成。

2. ________是电路中产生电流的根本原因，数值上等于电路中________的差值。衡量电源力做功本领的物理量称为________，它只存在于________内部，规定其参考方向由________电位指向________电位，与________的参考方向相反。

3. ________定律体现了线性电路元件上电压、电流的约束关系，与电路的连接方式无关。

4. ________定律反映了电路的整体规律，其中________定律体现了电路中任意节点上汇集的所有________的约束关系，________定律体现了电路中任意回路上所有________的约束关系，具有普遍性。

5. 电阻均为 9 Ω 的△联结电阻网络，若等效为 Y 联结网络，各电阻的阻值应为________Ω。

6. 一般来讲，电路中流过同一电流的通路称为________，电路中的任何闭合路径都称为________。

三、判断题

1. 电压、电位和电动势定义式形式相同，所以它们的单位一样。（　　）

2. 电流由元件的低电位端流向高电位端的参考方向称为关联方向。（　　）

3. 电压和电流计算结果得负值，说明它们的参考方向假设反了。（　　）

4. 电路中任意两个节点之间连接的电路统称支路。（　　）

5. 网孔都是回路，而回路则不一定是网孔。（　　）

6. 应用基尔霍夫定律列写方程式时，可以不参照参考方向。（　　）

四、简答题

1. 电源电压不变，当电路的频率变化时，通过电感元件的电流发生变化吗？

2. 电感元件和电容元件一定是“动态”元件吗？

3. 什么是电路的等效变换？其基本原则是什么？电路等效变换时，电压为零的支路可以去掉吗？为什么？

4. 额定电压相同、额定功率不等的两个白炽灯，能否串联使用？

五、计算题

1. 如图 1-93 所示电路，开路时测得某直流电源端电压为 24 V，接上外电阻 R 后，用电压表测得 R 两端电压为 20 V，用电流表测得流经 R 的电流 $I=10$ A，求电阻 R 及电源内阻 R_S。

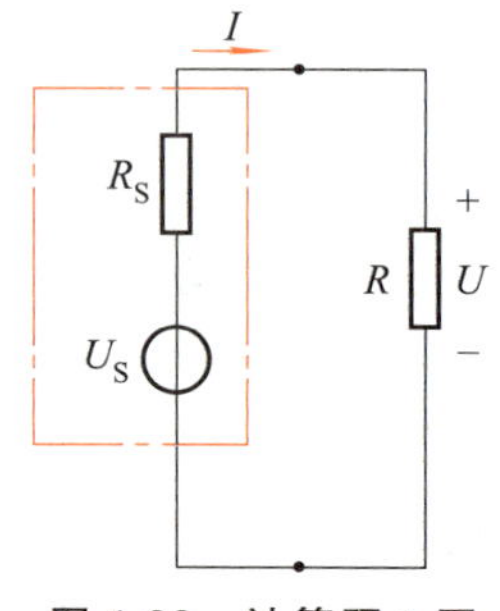

图 1-93　计算题 1 图

2. 计算图 1-94 所示电路的 6 Ω 电阻上的电流和两电源的功率。

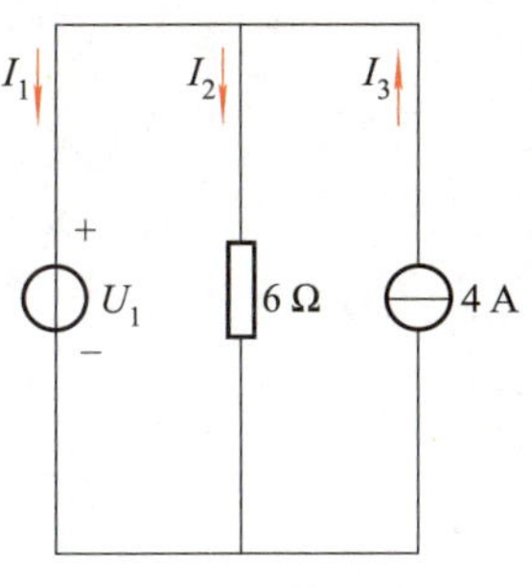

图 1-94　计算题 2 图

3. 求图 1-95a 和 b 所示电路各自的等效电阻。

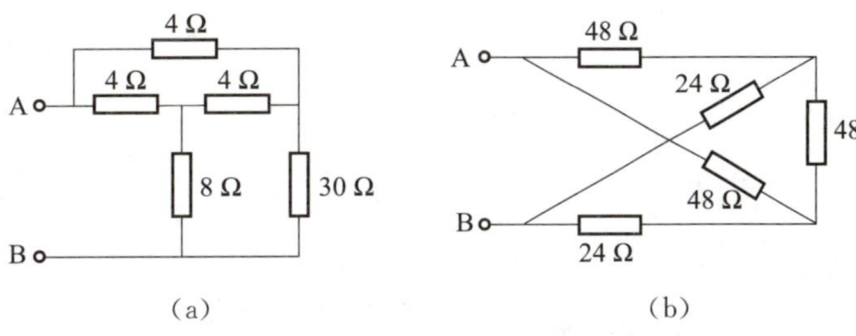

图 1-95　计算题 3 图

4. 如图 1-96 所示电路，求电流 I。

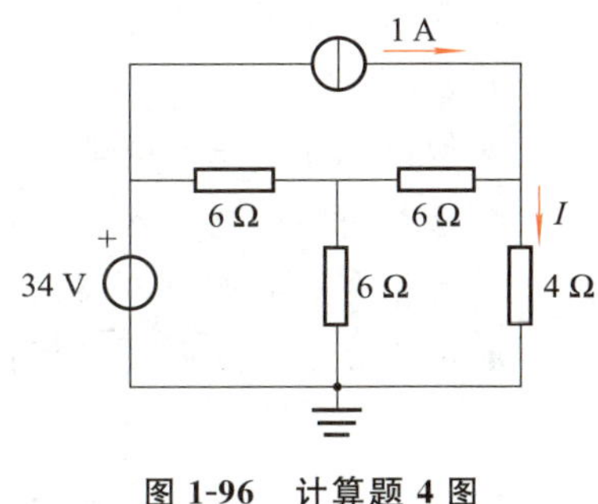

图 1-96　计算题 4 图

5. 求图 1-97 所示电路在 a、b 端口的戴维宁等效电路和诺顿等效电路。

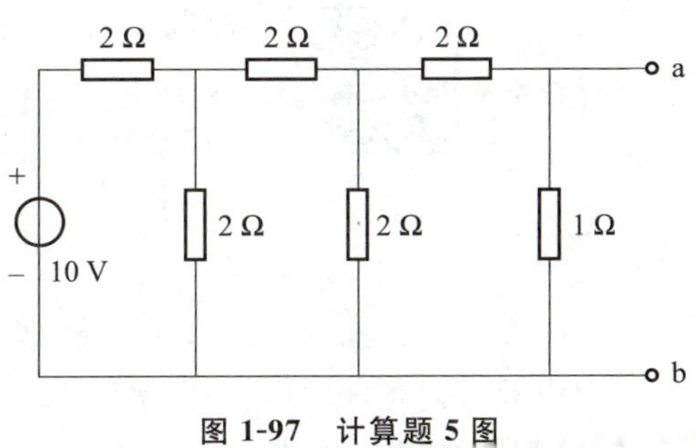

图 1-97　计算题 5 图

DIANGONG JICHU

第 2 章 交流电路

学习目标

文 本

中国特高压输电技术

- 理解正弦交流电的基本概念；
- 掌握正弦交流电的三要素、有效值、相位差及相量；
- 理解正弦交流电路中的电阻、电容、电感的性质；
- 能够进行简单串并联正弦交流电路的分析；
- 理解复阻抗和复导纳的概念；
- 掌握正弦交流电路的有功功率、无功功率和视在功率计算方法及提高功率因数的方法；
- 增强职业意识和职业道德，树立崇尚科学精神，坚定求真、求实创新的科学态度；
- 培养团队合作态度、沟通协调能力；
- 培养良好的学习习惯、严谨认真的学习态度；
- 培养精益求精的大国工匠精神。

2.1 正弦交流电的基本概念

微视频

正弦交流电的基本概念

日常生活中常见的白炽灯、电动机、电视机等用的电都是交流电。交流电(alternating current，AC)，又称交变电流，一般指大小和方向随时间作周期性变化的电压或电流。在实际应用中，交流电用符号“～”表示。它以正弦交流电的应用最为广泛。

2.1.1 正弦量三要素

正弦交流电是指随时间按正弦规律变化的电流或电压。波形图如图 2-1 所示。

大小及方向均随时间按正弦规律做周期性变化的电流、电压、电动势分别称为正弦交流电流、电压、电动势。它们在某一时刻 t 的值称为瞬时值，可用三角函数式(瞬时值表达式)来表示。瞬时值表达式的标准形式为

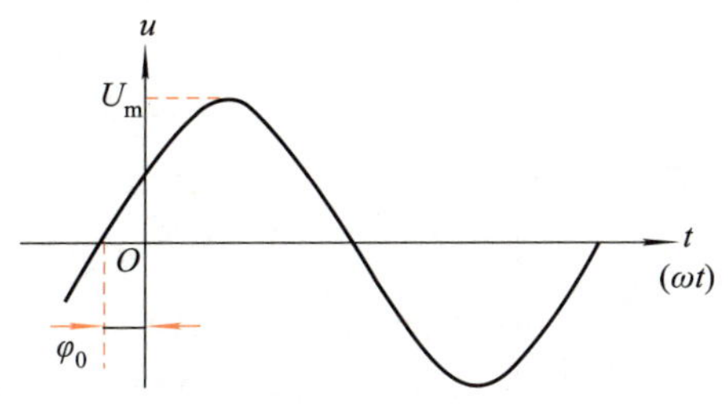

图 2-1　正弦交流电的波形图

$$a(t)=A_m\sin(\omega t+\varphi_0) \tag{2-1}$$

正弦交流电压、电流和电动势的瞬时值表达式分别为

$$\begin{aligned}u(t)&=U_m\sin(\omega t+\varphi_0)\\ i(t)&=I_m\sin(\omega t+\varphi_0)\\ e(t)&=E_m\sin(\omega t+\varphi_0)\end{aligned} \tag{2-2}$$

在三角函数式 $a(t)=A_m\sin(\omega t+\varphi_0)$ 中，A_m，ω，φ_0 决定了 $a(t)$ 的值和波形，而在电路中，把 A_m，ω，φ_0 称为正弦交流电的三要素。

(1) 最大值(A_m)

最大值也称振幅、峰值，它反映了正弦交流电变化的范围或者幅度。

微视频
正弦交流电的三种表示形式

(2) 相位($\omega t+\varphi_0$)与初相(φ_0)

正弦交流电瞬时值表达式中的 $\omega t+\varphi_0$ 称为相位或相角。它反映了正弦交流电在不同时刻的变化趋势和大小。初相 φ_0 是 $t=0$ 时刻的相位，反映了正弦交流电在计时开始时的状态。一般用弧度(rad)表示相位与初相的单位，也可用“°”表示。

动　画
正弦交流电的周期性变化

(3) 角速度(ω)、周期(T)和频率(f)

角速度、周期和频率从不同角度反映正弦交流电交变速度的快慢。

角速度(ω)：角速度也称角频率，角速度的单位一般用弧度/秒(rad/s)；角速度越大说明正弦交流电交变的速度就越快，反之则越慢。

周期(T)：正弦交流电变化一周所需要的时间称为周期，它的单位通常用秒(s)表示；周期越短，说明正弦量变化的速度就越快。

频率(f)：正弦交流电每秒变化的周次数称为频率，频率越高则说明正弦量交变的速度越快。频率的单位通常有赫(Hz)、千赫(kHz)和兆赫(MHz)，它们之间的关系如下：

$$1\ \text{MHz}=10^3\ \text{kHz}=10^6\ \text{Hz}$$

周期、频率和角速度三个物理量之间存在以下关系：

$$f=\frac{1}{T},\ \omega=\frac{2\pi}{T}=2\pi f \tag{2-3}$$

例 1　已知某正弦交流电流的最大值是 2 A，频率为 100 Hz，设初相位为 60°，则该电流的瞬时表达式为多少？

解： $i(t)=I_m\sin(\omega t+\varphi_0)=2\sin(2\pi ft+60^\circ)\mathrm{A}=2\sin(628t+60^\circ)\mathrm{A}$

2.1.2 正弦量的相量表示法

相量：表示正弦交流电的矢量，用大写字母上加上标"·"符号表示，如 $\dot{U}$，$\dot{I}$。

相量图：按照各个正弦量的大小和相位关系用初始位置的有向线段画出的若干个相量的图形。在相量图上能形象地看出各个正弦量的大小和相互间的相位关系。同频率的几个正弦量的相量，可画在同一图上。如图 2-2a 为正弦交流电压和电流的波形图，图 2-2b 为其相量图。

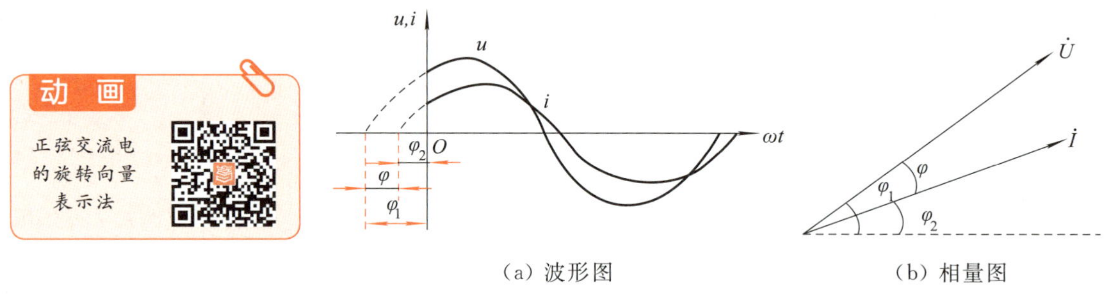

(a) 波形图　　(b) 相量图

图 2-2　波形图与相量图

正弦交流电一般可以用最大值相量或有效值相量表示。

1. 最大值相量表示法

最大值相量表示法用正弦交流电的最大值作为相量的模（长度大小）、初相位作为相量的辐角，如 $\dot{E}_m$，$\dot{U}_m$，$\dot{I}_m$。

例如，正弦交流电动势、电压、电流分别为

$$\begin{aligned}e&=60\sin(\omega t+60^\circ)\mathrm{V}\\u&=30\sin(\omega t+30^\circ)\mathrm{V}\\i&=50\sin(\omega t-30^\circ)\mathrm{A}\end{aligned}\tag{2-4}$$

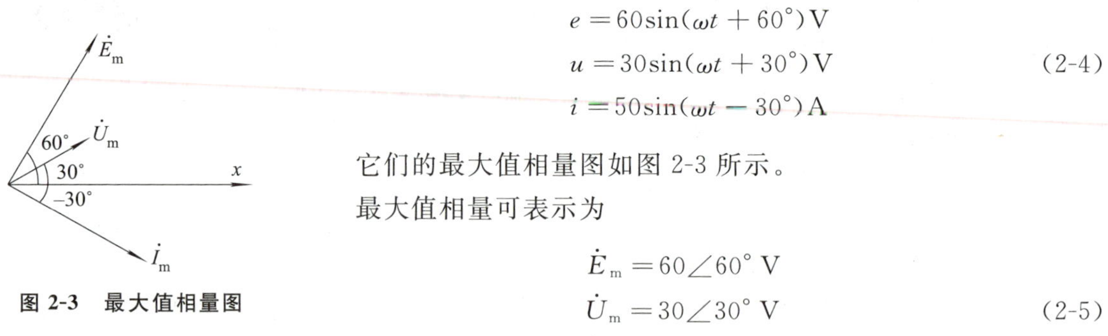

图 2-3　最大值相量图

它们的最大值相量图如图 2-3 所示。

最大值相量可表示为

$$\begin{aligned}\dot{E}_m&=60\angle 60^\circ\ \mathrm{V}\\\dot{U}_m&=30\angle 30^\circ\ \mathrm{V}\\\dot{I}_m&=50\angle -30^\circ\ \mathrm{A}\end{aligned}\tag{2-5}$$

2. 有效值相量表示法

有效值相量表示法是用正弦交流电的有效值作为相量的模（长度大小）、初相位作为相量的辐角，如 $\dot{E}$，$\dot{U}$，$\dot{I}$。

例如，有两个正弦交流电分别为

$$\begin{aligned}u&=220\sqrt{2}\sin(\omega t+53^\circ)\mathrm{V}\\i&=41\sqrt{2}\sin\omega t\ \mathrm{A}\end{aligned}\tag{2-6}$$

它们的有效值相量图如图 2-4 所示。

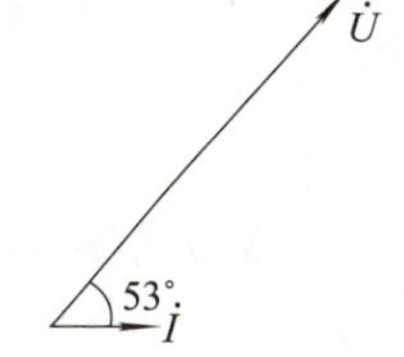

图 2-4 有效值相量图

它们的有效值相量可表示为

$$\begin{aligned}\dot{U} &= 220\angle 53^\circ\ \mathrm{V} \\ \dot{I} &= 41\angle 0^\circ\ \mathrm{A}\end{aligned} \tag{2-7}$$

需要特别注意的是，相量只是表示正弦量，它们之间只是对应关系，而不是等于关系。同一个矢量图中不能出现不同频率的正弦量。

2.2 单一参数的正弦交流电路

在正弦交流电路中，纯电阻、纯电感、纯电容三种基本电路元件电压和电流之间的关系都是同频率正弦量，相关的运算也可以用相量进行。三种基本电路元件的功率也是按正弦规律变化的正弦量。

2.2.1 电阻元件的正弦交流电路

1. 电流与电压的关系

如图 2-5 所示为纯电阻正弦交流电路。取电压与电流参考方向相关联，即电压、电流参考方向相同。其中，图 2-5a 是用瞬时值表示的电路，图 2-5b 是用相量表示的电路。

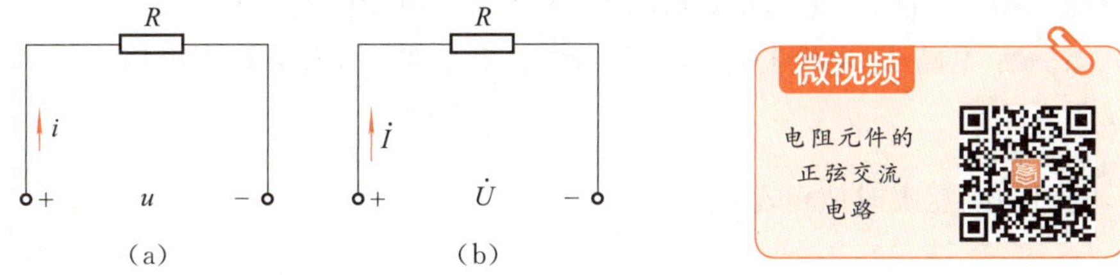

图 2-5 纯电阻正弦交流电路

设加在电阻 R 两端的电压为

$$u = U_{\mathrm{m}}\sin(\omega t+\varphi_0) = \sqrt{2}U\sin(\omega t+\varphi_0) \tag{2-8}$$

有效值相量表达式为

$$\dot{U} = U\angle\varphi_0 \tag{2-9}$$

最大值相量表达式为

$$\dot{U}_{\mathrm{m}} = U_{\mathrm{m}}\angle\varphi_0 \tag{2-10}$$

电阻、电压与电流瞬时值之间满足欧姆定律，因此有

$$\begin{aligned} i &= \frac{u}{R} = \frac{U_{\mathrm{m}}\sin(\omega t+\varphi_0)}{R} = \frac{U_{\mathrm{m}}}{R}\sin(\omega t+\varphi_0) \\ &= I_{\mathrm{m}}\sin(\omega t+\varphi_0) = \sqrt{2}I\sin(\omega t+\varphi_0) \end{aligned} \tag{2-11}$$

电流的有效值相量表示为

$$\dot{I}=I\angle\varphi_0 \tag{2-12}$$

最大值相量为

$$\dot{I}_{\mathrm{m}}=I_{\mathrm{m}}\angle\varphi_0 \tag{2-13}$$

电压有效值(或最大值)、电流有效值(或最大值)和电阻三者之间满足欧姆定律,即

$$I=\frac{U}{R}\ \text{或}\ I_{\mathrm{m}}=\frac{U_{\mathrm{m}}}{R} \tag{2-14}$$

将电压与电流之间的关系用相量表示,则有

$$\dot{I}=\frac{\dot{U}}{R}\ \text{或}\ \dot{I}_{\mathrm{m}}=\frac{\dot{U}_{\mathrm{m}}}{R} \tag{2-15}$$

纯电阻正弦交流电路中电流、电压与电阻三者之间有以下关系:

① 电阻上电压与电流频率相同,相位与初相位相同。

② 电流、电压有效值、瞬时值、最大值与电阻之间满足欧姆定律。

③ 电流、电压有效值或最大值相量与电阻之间满足欧姆定律。

2. 电阻的功率计算

当电流通过电阻时电阻上有电功率损耗,由于正弦交流电流是随时间变化的量,所以电阻上的功率也将是随时间变化的量,即瞬时功率是时间的函数 $p(t)$。

在图 2-5 所示电路中,电流与电压的参考方向相关联时,若电阻上电压为

$$u=U_{\mathrm{m}}\sin\omega t=\sqrt{2}U\sin\omega t \tag{2-16}$$

那么,电阻的电流瞬时值可写成

$$i=\frac{u}{R}=I_{\mathrm{m}}\sin\omega t=\sqrt{2}I\sin\omega t \tag{2-17}$$

于是,电阻 R 上的瞬时功率应为

$$p(t)=iu=I_{\mathrm{m}}U_{\mathrm{m}}\sin^2\omega t=2IU\sin^2\omega t=IU-IU\cos 2\omega t\geqslant 0 \tag{2-18}$$

在电流与电压参考方向一致的情况下,从电阻瞬时功率的表达式 $p(t)\geqslant 0$ 可知,在交流电路中,只有在某些时刻,电阻上电流、电压均为零,此刻不存在功率消耗,即 $p(t)=0$;而在其余的时间内,电阻始终都在消耗电能,即 $p(t)>0$;因此电阻是一个“耗能”元件。图 2-6 是电阻上电压、电流与功率的波形图。

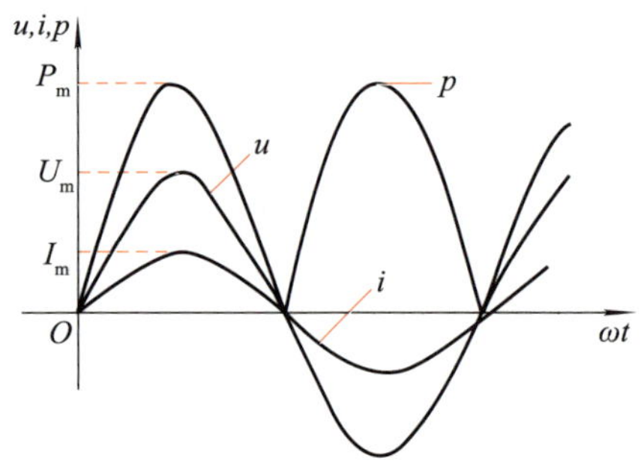

图 2-6　电阻上电压、电流与功率波形图

由于瞬时功率是一个时间的函数,因此用它来描述电阻上的功率损耗时很不方便,也没有多少实际意义。在工程上用有功功率(P)来衡量元件消耗的功率大小。

定义:正弦交流电一个周期内在元件上消耗的平

均功率称为该元件的有功功率(P)。关于功率的部分以后也会详讲。

根据上述定义，电阻的有功功率的计算公式推导如下：

$$P=\frac{1}{T}\int_0^T p\,\mathrm{d}t=\frac{1}{T}\int_0^T(IU-IU\cos 2\omega t)\,\mathrm{d}t=IU=I^2R=\frac{U^2}{R} \tag{2-19}$$

可见，电阻在一个周期消耗的有功功率只跟电压有效值或电流有效值有关，而跟频率、相位无关。

从上面的分析可知，电阻上有功功率的计算方法与直流电路中电阻上的功率计算方法相同，不同之处在于电压或电流应采用有效值。元件的有功功率反映了元件实际所消耗的功率，所以它具有现实意义。通常交流电路中负载的功率(如白炽灯的功率、电动机的功率、电视机的功率等)指的就是有功功率。

例 2　电炉的额定电压 $U_N=220$ V，额定功率 $P_N=1\,000$ W，在 220 V 的交流电源下工作，求电炉的电流和电阻。使用 2 h，消耗电能是多少？

解：电炉可看成纯电阻负载，则

$$I_N=\frac{P_N}{U_N}=\frac{1\,000}{220}\ \mathrm{A}=4.55\ \mathrm{A}$$

电炉的电阻为

$$R=\frac{U}{I}=\frac{220}{4.55}\ \Omega=48.4\ \Omega$$

工作 2 h 消耗的电能为

$$W=P_Nt=1\,000\ \mathrm{W}\times 2\ \mathrm{h}=2\,000\ \mathrm{W\cdot h}=2\ \mathrm{kW\cdot h}$$

2.2.2　电感元件的正弦交流电路

1. 电流与电压的关系

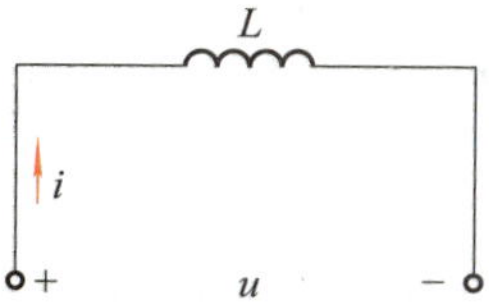

图 2-7　纯电感正弦交流电路

纯电感正弦交流电路是由理想电感元件与交流电源连接所组成的电路，如图 2-7 所示。

在图 2-7 所示纯电感正弦交流电路中，设通过电感的电流为

$$i=I_m\sin(\omega t+\varphi_i)=\sqrt{2}I\sin(\omega t+\varphi_i) \tag{2-20}$$

由于电流与电压参考方向相关联，因此

微视频
纯电感正弦交流电路(一)

$$\begin{aligned}u&=L\frac{\mathrm{d}i}{\mathrm{d}t}=L\frac{\mathrm{d}[\sqrt{2}I\sin(\omega t+\varphi_i)]}{\mathrm{d}t}=\sqrt{2}L\omega I\cos(\omega t+\varphi_i)\\&=\sqrt{2}\omega LI\sin\left(\omega t+\varphi_i+\frac{\pi}{2}\right)=\sqrt{2}U\sin(\omega t+\varphi_u)\end{aligned} \tag{2-21}$$

由式(2-21)可以得到 $\varphi_u=\varphi_i+\frac{\pi}{2}$，$U=\omega LI$。

可见，电感上电压超前电流 90°(或 π/2)，而电压与电流的数量关系有

$$U=\omega LI \text{ 或 } U_m=\omega LI_m \tag{2-22}$$

令 $X_L=\omega L=2\pi fL$，

则

$$I_m=\frac{U_m}{X_L} \text{ 或 } I=\frac{U}{X_L} \tag{2-23}$$

式(2-23)中，X_L 称为感抗，单位是欧(Ω)，感抗的大小体现电感元件对交流电流的阻碍作用。

由上述可得出，电感在正弦交流电路中的特点：

① 电流与电压频率相同，但初相位不同，电压超前电流 π/2(90°)。

② 电压、电流(有效值或最大值)及感抗三者之间在数量上满足欧姆定律。电压与电流之间的相量关系为

$$\dot{I}=\frac{\dot{U}}{jX_L} \text{ 或 } \dot{I}_m=\frac{\dot{U}_m}{jX_L} \tag{2-24}$$

图 2-8 所示为电感上电压与电流的波形图和相量图，从图上也不难看出电压超前电流 π/2(90°)。

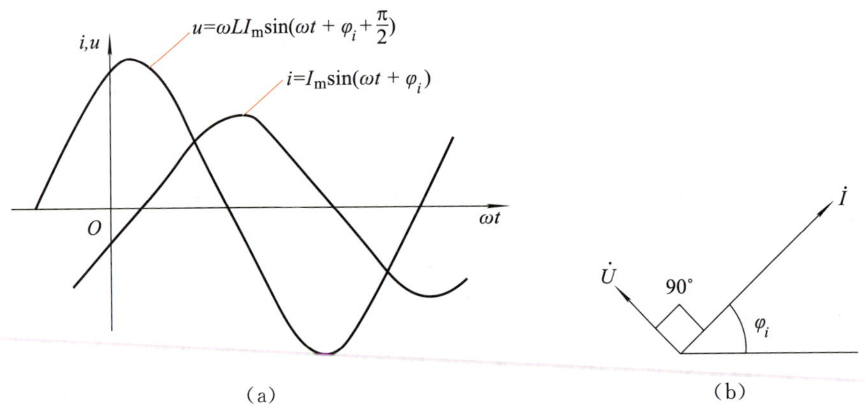

图 2-8　电感上电压、电流波形图与相量图

例 3　把一个 $L=0.5$ H 的纯电感线圈接到 50 Hz、220 V 的正弦交流电源上，求：

(1) 电感的感抗；

(2) 电路中的 I、U 以及电流与电压之间的相位差；

(3) 若外加电压的大小不变，将频率升高到 $f=5\,000$ Hz，求以上各值如何变化。

解：电感的感抗为

$$X_L=\omega L=2\pi fL=2\times 3.14\times 50\times 0.5\ \Omega=157\ \Omega$$

电路中的电压 U 和电流 I 分别为

$$U=220\ \text{V}$$

$$I=\frac{U}{X_L}=\frac{220}{157}\ \text{A}=1.4\ \text{A}$$

根据电感元件电感上电流滞后电压 90°(π/2)的特点，可知电流与电压之间的相位差为

$$\Delta\varphi = \varphi_i - \varphi_u = -90^\circ$$

将频率升高到 $f=5\,000$ Hz 时，感抗与电流分别为

$$X_L = \omega L = 2\pi f L = 2\times 3.14\times 5\,000\times 0.5\ \Omega = 15\,700\ \Omega$$

$$I = \frac{U}{X_L} = \frac{220}{15\,700}\ \text{A} = 0.014\ \text{A}$$

可见，当频率升高时，电感的感抗将上升，而电流将变小。

2. 电感的功率计算

(1) 瞬时功率

在图 2-9 所示波形图中，设通过电感线圈的正弦电流为 $i = I_m \sin \omega t$，则电感上电压的瞬时值表达式为

$$u = I_m X_L \sin(\omega t + 90^\circ) = U_m \sin(\omega t + 90^\circ) \tag{2-25}$$

微视频
纯电感正弦交流电路(二)

电感元件的瞬时功率为

$$p = i \times u = I_m \sin \omega t \times U_m \sin(\omega t + 90^\circ) = IU \sin 2\omega t \tag{2-26}$$

式(2-26)表明，电感上的瞬时功率是一个 2 倍于电源频率的正弦波；根据电压、电流和功率瞬时值表达式画出它们的波形如图 2-9 所示。

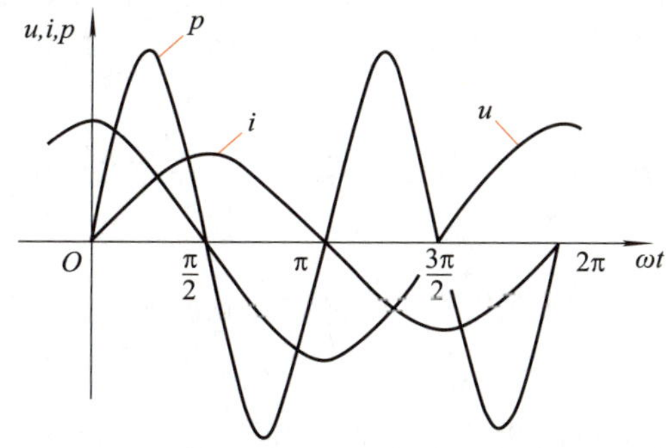

图 2-9　电压、电流和功率瞬时值的波形图

从波形图或功率瞬时值表达式可以看出以下特点：

① 瞬时功率也是按正弦规律变化的正弦量，频率是电源频率的 2 倍。

② 当电感上电流与电压方向相同时，$p(t) > 0$，说明此时电感在吸收电能；而当电压与电流方向相反时，$p(t) < 0$，说明电感在释放电能。

当电感线圈中通以一定的电流 i 时，电感中存储的磁场能可表示为

$$W = \frac{1}{2} L I^2 \tag{2-27}$$

电感的单位用亨(H)，电流的单位用安(A)，则能量的单位就用焦(J)。

由于电感储存的能量与通过电感的电流平方成正比，而能量的变化需要一定的时间积

累,因此电流不能发生“突变”。

总结:通过电感的电流是不能发生“突变”的。

(2) 平均功率

电感元件在一个周期内向电路(或电源)吸取的电能为

$$W=\int_0^T p\,\mathrm{d}t=\int_0^T UI\sin 2\omega t\,\mathrm{d}t=0 \tag{2-28}$$

电感元件在一个周期内的平均功率为

$$P=\frac{W}{T}=0 \tag{2-29}$$

从图 2-9 功率的波形图上可以看出,在一个周期的第一个 $T/4$ 内(此时电流增加),瞬时功率 $p>0$,说明电感从电路吸取电能;而第二个 $T/4$ 内(电流减小),瞬时功率 $p<0$,说明电感向电路释放电能;以此不断交替进行。

电感元件在一个周期内从电路吸取的电能(或平均功率)等于零,说明电感元件在一个周期内从电路吸收的电能恰好等于向电路释放的电能;因此电感是一种“储能”元件而非“耗能”元件。

总结:电感不是一种“耗能”元件,它具有把电能转化为磁场能并且将其储存起来的能力,所以电感是一种“储能”元件。

在正弦交流电路中,由于通过电感线圈的电流不断处在变化当中,因此电感元件存储的“磁场能”也处在不断的变化之中。

(3) 无功功率

电感虽然不会消耗电能,但是能“存储”电能,把电感上电压(有效值)与电流(有效值)的乘积称为电感的无功功率,并用符号 Q_L 表示

$$Q_L=UI=I^2X_L=\frac{U^2}{X_L} \tag{2-30}$$

式(2-30)中,若电压的单位用伏(V),电流的单位用安(A),则无功功率的单位就是“乏”(var)。无功功率并不是电感实际消耗的功率,其大小反映了电感与外部电路能量交换的规模。

例 4 把一个 $L=0.5$ H 的纯电感线圈接到 220 V 的正弦交流电源上,当频率分别是 50 Hz 和 5 000 Hz 时,求电感元件的无功功率各是多少。

解:当 $f=50$ Hz 时

$$X_L=2\pi fL=2\times 3.14\times 50\times 0.5\ \Omega=157\ \Omega$$

$$Q_L=UI=\frac{U^2}{X_L}=\frac{220^2}{157}\ \text{var}=308\ \text{var}$$

当 $f=5\,000$ Hz 时

$$X_L=2\pi fL=2\times 3.14\times 5\,000\times 0.5\ \Omega=15\,700\ \Omega$$

$$Q_L = UI = \frac{U^2}{X_L} = \frac{220^2}{15\ 700}\ \text{var} = 3.08\ \text{var}$$

可见，在交流电路中，电感的感抗越大，则对电流的阻碍作用就越强，其上的无功功率越小。

例 5　流过 0.1 H 电感的电流为 $i = 15\sin(200t + 10°)$ A，试求关联参考方向下电感两端的电压 u 及无功功率，磁场能量的最大值各是多少。

解：用相量关系求取。首先计算出电感的感抗

$$X_L = 2\pi fL = \omega L = 200 \times 0.1\ \Omega = 20\ \Omega$$

因为

$$\dot{I}_m = 15\angle 10°\ \text{A}$$

所以

$$\dot{U}_m = jX_L\dot{I}_m = 20j \times 15\angle 10°\ \text{V} = 20\angle 90° \times 15\angle 10°\ \text{V} = 300\angle 100°\ \text{V}$$

则电压瞬时值表达式为

$$u = 300\sin(200t + 100°)\ \text{V}$$

电感元件上无功功率为

$$Q_L = UI = 2\ 250\ \text{var}$$

当流过电感线圈的电流达到最大值时，磁场能量为最大，即

$$W = \frac{1}{2}LI_m^2 = 11.25\ \text{J}$$

2.2.3　电容元件的正弦交流电路

1. 电流与电压的关系

在正弦交流电路中，由于电压按正弦规律变化，因此电容上就出现了按正弦规律变化的充电电流与放电电流。那么电容上电流与电压之间到底存在着什么关系呢？

在图 2-10 所示电路中，取电容两端电压与通过电容的电流参考方向相关联，设电容两端的电压的瞬时值表达式为

$$u = U_m\sin(\omega t + \varphi_u) \tag{2-31}$$

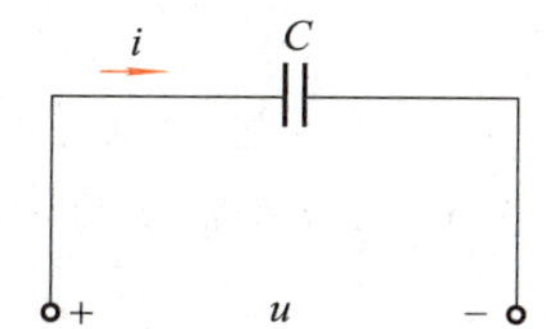

图 2-10　纯电容正弦交流电路

则通过电容的电流为

$$i=C\frac{\mathrm{d}u}{\mathrm{d}t}=C\frac{\mathrm{d}[U_{\mathrm{m}}\sin(\omega t+\varphi_u)]}{\mathrm{d}t}=\omega CU_{\mathrm{m}}\cos(\omega t+\varphi_u)$$

$$=\omega CU_{\mathrm{m}}\sin\left(\omega t+\varphi_u+\frac{\pi}{2}\right)=I_{\mathrm{m}}\sin(\omega t+\varphi_i) \tag{2-32}$$

结论：

① 通过电容的电流超前电压 90°(π/2)，即 $\varphi_i=\varphi_u+\frac{\pi}{2}$。

② 电压与电流之间的数量(有效值和最大值)关系为

$$I_{\mathrm{m}}=\omega CU_{\mathrm{m}} \text{ 或 } I=\omega CU$$

令

$$X_C=\frac{1}{\omega C}=\frac{1}{2\pi fC}$$

则电压与电流之间的数量(有效值和最大值)关系可写成

$$I=\frac{U}{X_C} \text{ 或 } I_{\mathrm{m}}=\frac{U_{\mathrm{m}}}{X_C} \tag{2-33}$$

式(2-33)中，X_C 越大电流就越小，反之则电流就越大，因此它体现了电容对电流的阻碍作用；X_C 称为“容抗”，容抗的单位是欧(Ω)。

若将电容上电压与电流表达式写成相量形式，则有

$$\dot{U}=U\angle\varphi_u,\ \dot{U}_{\mathrm{m}}=U_{\mathrm{m}}\angle\varphi_u \tag{2-34}$$

$$\dot{I}=I\angle\varphi_i,\ \dot{I}_{\mathrm{m}}=I_{\mathrm{m}}\angle\varphi_i \tag{2-35}$$

结合容抗、电流和电压之间的相位关系，可以写出电容上电压与电流的相量关系式，即相量欧姆定律

$$\dot{I}=\frac{\dot{U}}{-\mathrm{j}X_C}=\mathrm{j}\frac{\dot{U}}{X_C} \tag{2-36}$$

或

$$\dot{U}=-\mathrm{j}\dot{I}X_C=\dot{I}X_C\angle(-90^\circ)$$

电容在正弦交流电路中的特点：

① 电容上电流与电压频率相同；初相位不同，电流超前电压 90°(π/2)。

② 电容上电压、电流(有效值或最大值)及容抗三者之间在数量上满足欧姆定律。

③ 在引入“j”后，电流相量、电压相量与复阻抗“$-\mathrm{j}X_C$”三者之间也满足欧姆定律。

例 6 把一个 $C=38.5\ \mu\mathrm{F}$ 的电容接到 $u=220\sin(314t+\varphi_u)$ 的电源上，求：

(1) 电容的容抗；

(2) 电容的电流瞬时值表达式、有效值和初相位；

(3) 画出电容上电压与电流的相量图和波形图；

(4) 若外加电压的大小不变，频率变为 $f=5\ 000$ Hz，以上各值如何变化？

解：先求取电流瞬时值表达式，而后求取其他各值

(1) 电容的容抗

$$X_C=\frac{1}{2\pi fC}=\frac{1}{\omega C}=\frac{1}{314\times 38.5\times 10^{-6}}\ \Omega\approx 80\ \Omega$$

(2) 电容上电流的最大值

$$I_m=\frac{U_m}{X_C}=\frac{220}{80}\ \text{A}=2.75\ \text{A}$$

由于电容上电流超前电压 $\pi/2$，所以电流的瞬时值表达式为

$$i=I_m\sin(314t+\varphi_u+90^\circ)=2.75\sin(314t+\varphi_u+90^\circ)\text{A}$$

电流初相为

$$\varphi_i=\varphi_u+90^\circ$$

(3) 电压最大值相量和电流最大值相量分别为

$$\dot{U}_m=220\angle\varphi_u\text{V},\ \dot{I}_m=2.75\angle(\varphi_u+90^\circ)\text{A}$$

电容上电压与电流的波形图和相量图如图 2-11 所示。

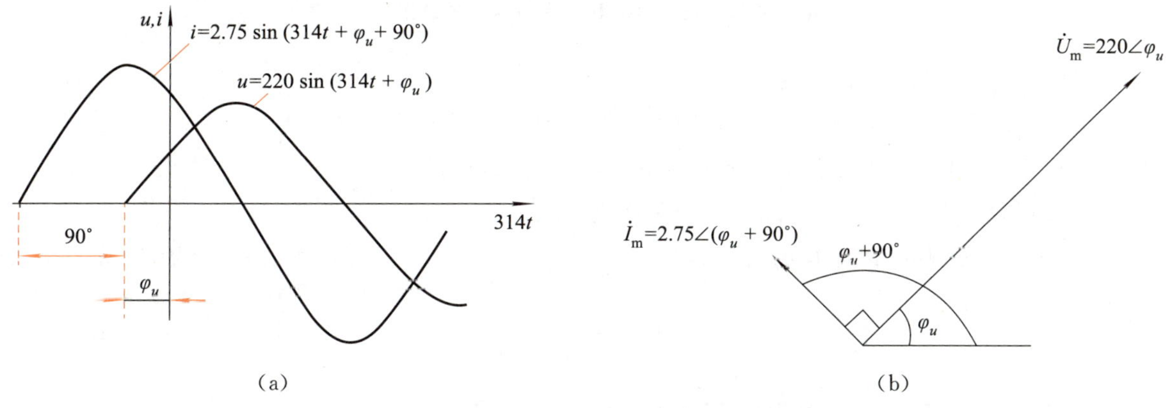

图 2-11　电容上电压、电流波形图与相量图

(4) 若外加电压的大小不变，频率变为 $f=5\ 000$ Hz 时，有

$$X_C=\frac{1}{2\pi fC}=\frac{1}{2\times 3.14\times 5\ 000\times 38.5\times 10^{-6}}\ \Omega\approx 0.8\ \Omega$$

$$I_m=\frac{U_m}{X_C}=220/0.8=275\ \text{A}$$

$$i=I_m\sin(314t+\varphi_u+90^\circ)=275\sin(31\ 400t+\varphi_u+90^\circ)\text{A}$$

电源的频率越高，在电压有效值相同的情况下电流越大，即频率越高，电容对电流的阻碍作用越小。

微视频

纯电容正弦交流电路(二)

2. 电容的功率计算

(1) 瞬时功率

在图 2-10 所示电路中，设电容两端的电压为 $u=U_m\sin\omega t$，则电容上电流的瞬时值为

$$i=I_m\sin(\omega t+90^\circ)$$

那么，电容上的瞬时功率为

$$p=ui=U_mI_m\sin\omega t\cos\omega t=UI\sin 2\omega t$$

上式表明，电容上的瞬时功率是一个 2 倍于电源频率的正弦波；根据电压、电流和功率瞬时值表达式画出它们的波形如图 2-12 所示。

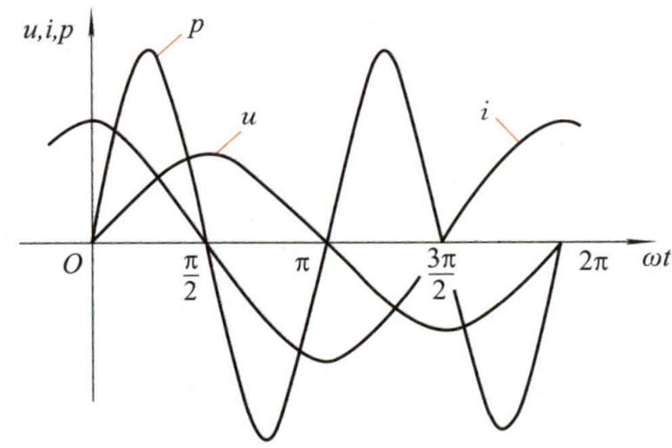

图 2-12　电压、电流和功率瞬时值的波形图

从波形图或功率瞬时值表达式可以看出以下特点：

① 瞬时功率也是按正弦规律变化的正弦量，频率是电源频率的 2 倍。

② 当电容上电流与电压方向相同时，$p(t)>0$，说明此时电容在吸收电能；而当电压与电流方向相反时，$p(t)<0$，说明电容在释放电能。

一个电容量为 C 的电容器，当其两端的电压为 U 时，该电容存储的能量（电场能）为

$$W=\frac{1}{2}CU^2 \tag{2-37}$$

式(2-37)中，电容的单位为 F，电压的单位为 V，功的单位为 J。

电容储存的能量与电容电压的平方成正比，而能量是不能发生“突变”的，能量的变化需要经过一定的时间积累。

电容上电压是不能发生“突变”的，这是电容的一个重要性质。

(2) 平均功率

在正弦交流电路中，电容在一个周期“消耗”的平均功率可表示为

$$P=\frac{1}{T}\int_0^T p\,\mathrm{d}t=\frac{1}{T}\int_0^T UI\sin 2\omega t\,\mathrm{d}t=0 \tag{2-38}$$

从式(2-38)可以看出，电容器在一个周期内消耗的电能为“0”；从图 2-12 也可以看出，电容器在交流电路中不断地与电网之间发生能量交换，在第一个 $T/4$ 内，$p(t)>0$，电容从电

网吸取电能(以电场能的形式存储在电容内),而在第二个 $T/4$ 内,$p(t)<0$,电容将已经存储的电场能转化为电能反送给电网,如此不断地交替进行,电容器并没有“消耗”电能。

总结:电容也是一种“储能”元件,与电感的不同之处在于电容存储的能量是“电场能”而非“磁场能”。

(3) 无功功率

电容虽然不会消耗电能,但是它也能“吸收”电能,与电阻的不同之处在于它把吸收的电能转化成为电场能“存储”在电容内部;把电容上电压(有效值)与电流(有效值)的乘积称为电容的“无功功率”,并用符号“Q_C”表示,它可表示为

$$Q_C=UI=I^2X_C=\frac{U^2}{X_C} \tag{2-39}$$

式(2-39)中,电压的单位为“V”,电流的单位为“A”,容抗的单位为“Ω”,无功功率的单位为“乏”,用符号“var”表示。

无功功率并不是电容实际消耗的功率,其大小实际反映了电容与外部电路能量交换的规模。

例 7 把一个 $C=38.5\ \mu\text{F}$ 的电容接到 $u=220\sin(314t+30^\circ)\text{V}$ 的电源上,求电容的无功功率 Q_C 是多少?

解:要求出电容的无功功率必须首先求出电容的容抗(或者电容上的电流)。

电容的容抗为

$$X_C=\frac{1}{2\pi fC}=\frac{1}{\omega C}=\frac{1}{314\times38.5\times10^{-6}}\ \Omega\approx80\ \Omega$$

电容的无功功率为

$$Q_C=\frac{U^2}{X_C}=\frac{(0.707U_\text{m})^2}{X_C}=\frac{(0.707\times220)^2}{80}\ \text{var}=302\ \text{var}$$

2.3 简单正弦交流电路的分析

在实际电子电路中,元件不再呈现单一特性,而是由电阻、电容、电感多种元件串联、并联组成。本节将对简单的 RLC 串联、并联电路进行分析,并介绍阻抗的求法和功率的计算。

2.3.1 *RLC* 串联交流电路的分析

1. 瞬时值表达法

如图 2-13 所示 RLC 串联电路,设电路中的电流为 $i=I_\text{m}\sin\omega t$,则 R、L、C 两端的瞬时电压分别为

$$u_R=Ri=RI_\text{m}\sin\omega t \tag{2-40}$$

$$u_L=L\frac{\text{d}i}{\text{d}t}=\omega LI_\text{m}\sin\left(\omega t+\frac{\pi}{2}\right)=X_LI_\text{m}\sin\left(\omega t+\frac{\pi}{2}\right) \tag{2-41}$$

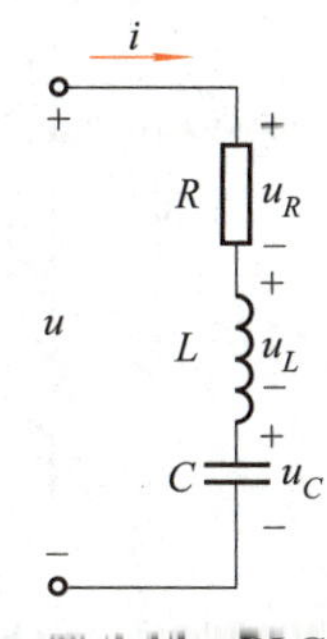

图 2-13 *RLC* 串联电路

$$u_C=\frac{1}{C}\int i\,\mathrm{d}t=\frac{1}{C\omega}I_m\sin\left(\omega t-\frac{\pi}{2}\right)=X_C I_m\sin\left(\omega t-\frac{\pi}{2}\right) \tag{2-42}$$

式中，X_L 称为感抗，X_C 称为容抗，单位均为欧(Ω)。

根据基尔霍夫电压定律(KVL)，有

$$u=u_R+u_L+u_C \tag{2-43}$$

所以

$$\begin{aligned}u&=RI_m\sin\omega t+X_L I_m\sin\left(\omega t+\frac{\pi}{2}\right)+X_C I_m\sin\left(\omega t-\frac{\pi}{2}\right)\\&=U_{Rm}\sin\omega t+U_{Lm}\sin\left(\omega t+\frac{\pi}{2}\right)+U_{Cm}\sin\left(\omega t-\frac{\pi}{2}\right)\end{aligned} \tag{2-44}$$

由式(2-44)可知，在正弦交流电路中采用瞬时值形式进行计算，涉及三角函数的换算，计算过程比较复杂，在电路分析中一般不采用这种方法。由于 u、u_R、u_L、u_C 均可以用相量的形式来表示，因此它们之间可用相量法表示。

2. 相量表达法

用相量形式表示的电路图如图 2-14 所示。

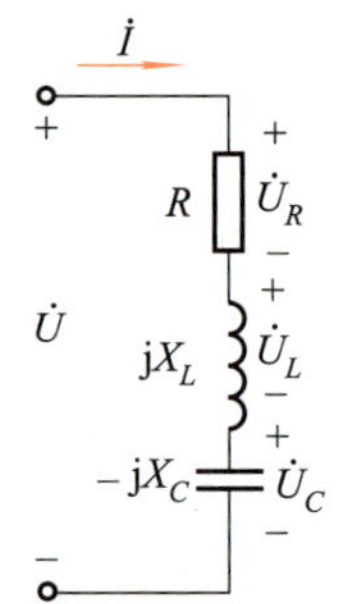

图 2-14　*RLC* 串联电路相量形式电路图

基尔霍夫定律、欧姆定律、戴维宁定理等在正弦交流电路中同样适用。在此，基尔霍夫定律相量形式表示，有

$$\dot{U}=\dot{U}_R+\dot{U}_L+\dot{U}_C \tag{2-45}$$

由于 $\dot{U}_R=\dot{I}R$，$\dot{U}_L=\mathrm{j}X_L\dot{I}$，$\dot{U}_C=-\mathrm{j}X_C\dot{I}$，则

$$\dot{U}=\dot{U}_R+\dot{U}_L+\dot{U}_C=\dot{I}[R+\mathrm{j}(X_L-X_C)] \tag{2-46}$$

式(2-46)为串联交流电路总电压和总电流的相量关系式。从该式也可以看出，*RLC* 串联交流电路的电路参数与电路性质表现如下：

① 当 $X_L>X_C$ 时，$\dot{U}$ 超前于 $\dot{I}$，电路呈感性，如图 2-15a 所示。

② 当 $X_L<X_C$ 时，$\dot{U}$ 滞后于 $\dot{I}$，电路呈容性，如图 2-15b 所示。

③ 当 $X_L=X_C$ 时，$\dot{U}$ 与 $\dot{I}$ 同相，电路呈阻性，如图 2-15c 所示。

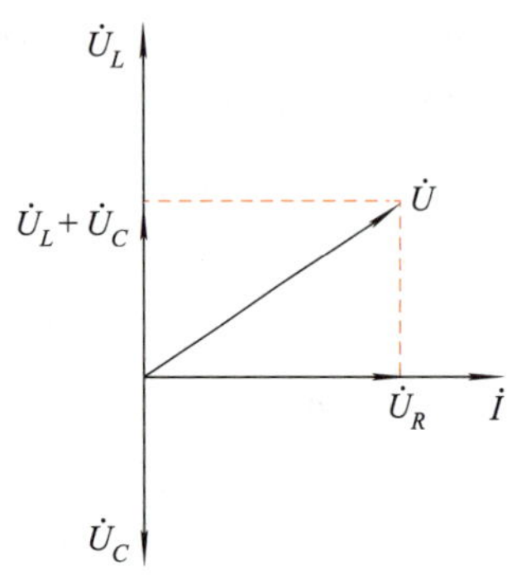

$X_L>X_C$

(a) 串联电路感性相量图

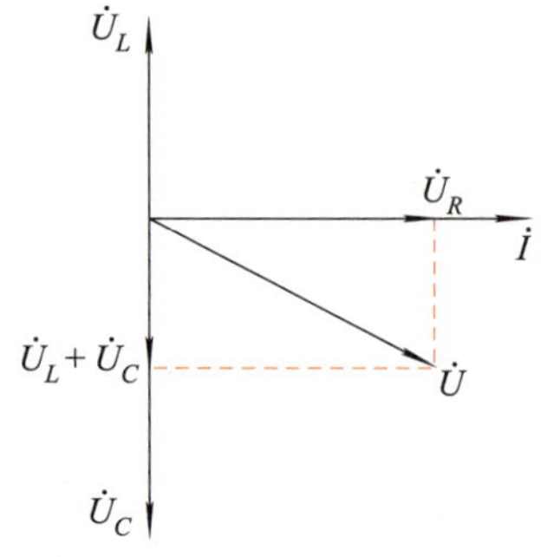

$X_L<X_C$

(b) 串联电路容性相量图

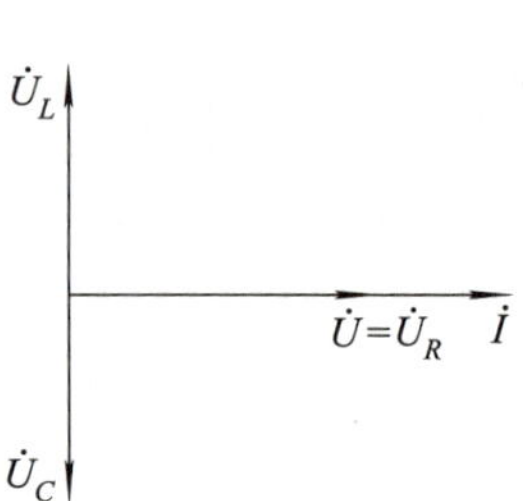

$X_L=X_C$

(c) 串联电路阻性相量图

图 2-15　*RLC* 串联电路相量图

设图 2-15 中 $\dot{U}_L+\dot{U}_C=\dot{U}_X$，那么 $\dot{U}$，$\dot{U}_X$，$\dot{U}_R$ 关系可用电压三角形表示，如图 2-16 所示。

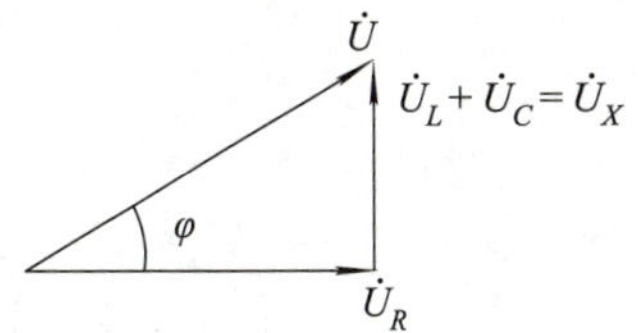

图 2-16　电压三角形（相量形式）

根据图 2-16，可得到

$$\begin{aligned} U &= \sqrt{U_R^2+(U_L-U_C)^2} \\ \varphi &= \arctan\frac{U_L-U_C}{U_R} \end{aligned} \qquad (2\text{-}47)$$

$-90^\circ<\varphi<90^\circ$，当电源频率不变时，改变电路参数 L 或 C 可以改变电路的性质，若电路参数不变，也可以通过改变电源频率来改变电路的性质。

微视频
RLC 串联交流电路的分析

例 8　荧光灯导通后，镇流器与灯管串联，其模型为电阻与电感串联。一个荧光灯电路的电阻为 $R=300\ \Omega$、$L=1.66\ \mathrm{H}$，工频电源的电压为 $u=220\sin 314t\ \mathrm{V}$，试求灯管电流及其与电源电压的相位差、灯管电压、镇流器电压。

解：镇流器的感抗为

$$X_L=\omega L=314\times 1.66\ \Omega=521.5\ \Omega$$

灯管电流为

$$\dot{I}=\frac{\dot{U}}{R+\mathrm{j}X_L}=\frac{220}{300+\mathrm{j}521.5}\ \mathrm{A}=\frac{220\angle 0^\circ}{601.6\angle 60.1^\circ}\ \mathrm{A}$$

$$|\dot{I}|=\frac{220}{601.6}\ \mathrm{A}=0.365\ 7\ \mathrm{A}$$

所以，灯管电压比灯管电流超前 60.1°。

灯管电压为

$$U_R=RI=300\times 0.365\ 7\ \mathrm{V}=109.71\ \mathrm{V}$$

镇流器电压为

$$U_L=X_LI=521.5\times 0.365\ 7\ \mathrm{V}=190.71\ \mathrm{V}$$

例 9　某 *RLC* 串联电路中，已知 $R=3\ \Omega$，$X_L=4\ \Omega$，$X_C=7\ \Omega$，电路两端电流 $i=30\sqrt{2}\sin(314t+30^\circ)\mathrm{A}$，试求电路中各元件的电压和电路的总电压，并判断电路的性质。

解：电阻元件电压为

$$\dot{U}_R=R\dot{I}=90\sqrt{2}\angle 30^\circ\ \mathrm{V}$$

电感元件电压为

$$\dot{U}_L=\mathrm{j}X_L\dot{I}=120\sqrt{2}\angle 120^\circ\ \mathrm{V}$$

电容元件电压为

$$\dot{U}_C = -jX_C\dot{I} = (210\sqrt{2}\angle -60°)\ \text{V}$$

电路的总电压为

$$\dot{U} = \dot{U}_R + \dot{U}_L + \dot{U}_C = [R + j(X_L - X_C)]\dot{I} = 180\angle -15°\ \text{V}$$

所以 $\dot{U}$ 滞后于 $\dot{I}$，电路呈电容性。

2.3.2 *RLC* 并联交流电路的分析

1. 瞬时值表达法

如图 2-17 所示 *RLC* 并联交流电路，设电路中的电压为 $u = U_\text{m}\sin\omega t$，则 R、L、C 两端的瞬时电流分别为

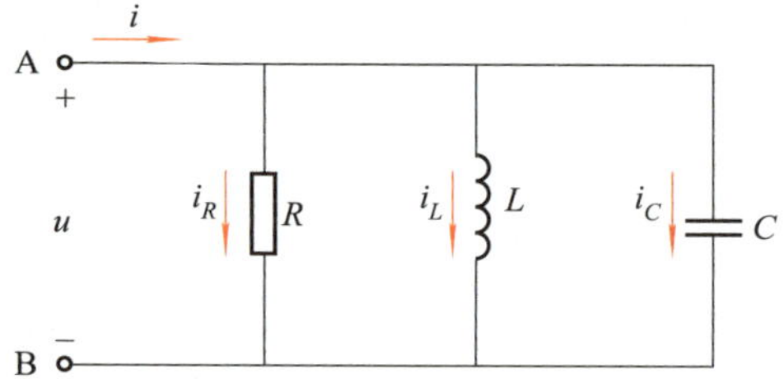

图 2-17 *RLC* 并联交流电路

$$i_R = \frac{u}{R} = \frac{U_\text{m}}{R}\sin\omega t = GU_\text{m}\sin\omega t \tag{2-48}$$

$$i_L = \frac{1}{L}\int u\,\text{d}t = \frac{1}{\omega L}U_\text{m}\sin\left(\omega t - \frac{\pi}{2}\right) = B_L U_\text{m}\sin\left(\omega t - \frac{\pi}{2}\right) \tag{2-49}$$

$$i_C = C\frac{\text{d}u}{\text{d}t} = C\omega U_\text{m}\sin\left(\omega t + \frac{\pi}{2}\right) = B_C U_\text{m}\sin\left(\omega t + \frac{\pi}{2}\right) \tag{2-50}$$

式中，G 称为电导，B_L 称为感纳，B_C 称为容纳，单位均为西(S)。

根据基尔霍夫电流定律(KCL)，有

$$i = i_R + i_L + i_C$$

所以

$$\begin{aligned} i &= GU_\text{m}\sin\omega t + B_L U_\text{m}\sin\left(\omega t - \frac{\pi}{2}\right) + B_C U_\text{m}\sin\left(\omega t + \frac{\pi}{2}\right) \\ &= I_{R\text{m}}\sin\omega t + I_{L\text{m}}\sin\left(\omega t - \frac{\pi}{2}\right) + I_{C\text{m}}\sin\left(\omega t + \frac{\pi}{2}\right) \end{aligned} \tag{2-51}$$

同 *RLC* 串联交流电路一样，采用瞬时值形式进行计算，计算过程比较复杂，一般采用相量法。

2. 相量表达法

RLC 并联交流电路相量形式电路图如图 2-18 所示。

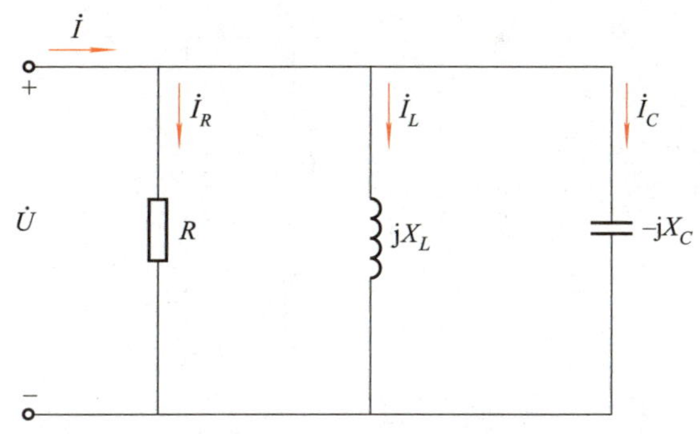

图 2-18　*RLC* 并联交流电路相量形式电路图

设电压 $\dot{U}=220\angle 0^\circ$ V 为参考相量，基尔霍夫电流定律(KCL)相量形式表示为

$$\dot{I}=\dot{I}_R+\dot{I}_L+\dot{I}_C \tag{2-52}$$

由于 $\dot{I}_R=G\dot{U}$，$\dot{I}_L=-jB_L\dot{U}$，$\dot{I}_C=jB_C\dot{U}$，则

$$\dot{I}=\dot{I}_R+\dot{I}_L+\dot{I}_C=\dot{U}[G+j(B_C-B_L)] \tag{2-53}$$

式(2-53)为并联交流电路总电压和总电流的相量关系式。从该式也可以看出，并联交流电路的电路参数与电路性质表现如下：

① 当 $X_L>X_C$ 时，即 $B_C>B_L$，$\dot{I}$ 超前于 $\dot{U}$，电路呈容性，如图 2-19a 所示。

② 当 $X_L<X_C$ 时，即 $B_C<B_L$，$\dot{I}$ 滞后于 $\dot{U}$，电路呈感性，如图 2-19b 所示。

③ 当 $X_L=X_C$ 时，即 $B_C=B_L$，$\dot{I}$ 与 $\dot{U}$ 同相，电路呈阻性，如图 2-19c 所示。

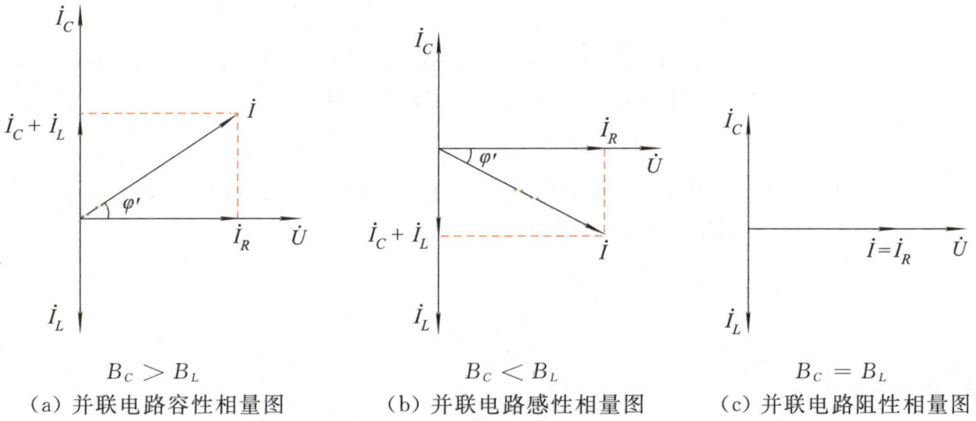

$B_C>B_L$　(a) 并联电路容性相量图　　$B_C<B_L$　(b) 并联电路感性相量图　　$B_C=B_L$　(c) 并联电路阻性相量图

图 2-19　*RLC* 并联电路相量图

在 *RLC* 并联电路中，电流 $\dot{I}$、$\dot{I}_R$、$\dot{I}_L+\dot{I}_C$ 三个相量组成一个直角三角形，有

$$I=\sqrt{I_R^2+(I_C-I_L)^2}$$

$$\varphi'=\arctan\frac{I_C-I_L}{I_R} \tag{2-54}$$

例 10　在图 2-20 所示正弦交流电路中，已知电流表 A1 的读数为 6 A，A2 的读数为 8 A，求电流表 A 的读数。

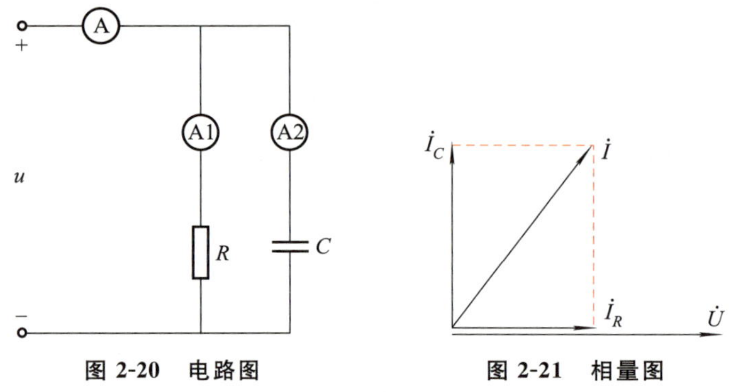

图 2-20　电路图　　　图 2-21　相量图

解: 以电压 $\dot{U}$ 为参考相量,画出相量图如图 2-21 所示。

由相量图可见,$\dot{I}$、$\dot{I}_R$、$\dot{I}_C$ 组成直角三角形,故可得

$$I=\sqrt{I_R^2+I_C^2}=\sqrt{6^2+8^2}\ \text{A}=10\ \text{A}$$

故电流表 A 的读数为 10 A。

2.3.3　正弦交流电路的阻抗

在 2.3.1 节中,讲到 RLC 串联电路的总电压与电流关系参考式(2-46),即 $\dot{U}=[R+\mathrm{j}(X_L-X_C)]\dot{I}$,可以看到这与直流电路中欧姆定律 $U=IR$ 表达形式类似。在交流电路中,令 $Z=R+\mathrm{j}(X_L-X_C)$,那么

$$\dot{U}=\dot{I}Z \tag{2-55}$$

其中,Z 为交流电路的阻抗,单位是 Ω,表示电阻、电抗(电感、电容)元件对正弦交流信号的阻碍作用。

1. 阻抗的表示

无源二端网络中,端口电压相量与电流相量的比值称为该网络的阻抗,并用符号 Z 表示,如图 2-22 所示。

图 2-22　阻抗相量模型

由式(2-55)可得

$$Z=\frac{\dot{U}}{\dot{I}}=\frac{U\angle\varphi_u}{I\angle\varphi_i}=\frac{U}{I}\angle(\varphi_u-\varphi_i)=|Z|\angle\varphi_Z \tag{2-56}$$

由于端口电压、电流相量都为矢量,因而阻抗也为矢量,它可表示为

$$Z=|Z|\angle\varphi_Z=R+\mathrm{j}X \tag{2-57}$$

式(2-57)中,R 为阻抗的实数部分(简称"实部")或电阻部分,而 X 为阻抗的虚数部分(简称"虚部")或电抗部分。阻抗模 $|Z|$ 等于电压的有效值与电流的有效值之比,阻抗角 φ_Z 等于电压与电流的相位差,即

$$\begin{aligned}|Z|&=\frac{U}{I}=\sqrt{R^2+X^2}\\ \varphi_Z&=\varphi_u-\varphi_i=\arctan\frac{X}{R}\end{aligned} \tag{2-58}$$

2. 阻抗的性质

电路等效阻抗 $Z=|Z|\angle\varphi_Z=R+\mathrm{j}X$ 特点：

① 当 $X>0$（或 $\sin\varphi_Z>0$）时，阻抗呈电感的性质（称为感性阻抗），电路总电流滞后总电压，电路称为感性电路。

② 当 $X<0$（或 $\sin\varphi_Z<0$）时，阻抗呈电容的性质（称为容性阻抗），电路总电流超前总电压，电路称为容性电路。

③ 当 $X=0$（或 $\sin\varphi_Z=0$）时，阻抗呈纯电阻的性质，总电流与总电压同相，电路称为阻性电路，这是一种很特殊的情况，电路此时工作在“谐振”状态，在 2.4 节会详细介绍。

纯电感电路、纯电容电路和纯电阻电路，都是以上三种情况的特例。

① 纯电感元件的阻抗是 $Z_L=\mathrm{j}X_L=X_L\angle 90^\circ$。

② 纯电容元件的阻抗是 $Z_C=-\mathrm{j}X_C=X_C\angle(-90^\circ)$。

③ 纯电阻元件的阻抗是 $Z_R=R=R\angle 0^\circ$。

在一般的工业电网和民用电网中，主要的用电设备是电阻性负载和电感性负载，很少有电容性负载，所以在一般情况下其等效阻抗呈现出来的性质往往是电感性的，其上的总电压超前总电流。

3. 阻抗的串联与并联

同直流电路电阻类似，阻抗也有串联、并联及混联，这里介绍阻抗的串联和并联，混联可以参考直流电路。

(1) 阻抗的串联

当有 N 个阻抗串联时，等效阻抗为

$$Z=Z_1+Z_2+Z_3+\cdots=\sum Z_i=\sum R_i+\mathrm{j}\sum X_i=|Z|\angle\varphi_Z \tag{2-59}$$

上式中

$$\begin{aligned}|Z|&=\sqrt{(\sum R_i)^2+(\sum X_i)^2}\\ \varphi_Z&=\arctan\frac{\sum X_i}{\sum R_i}\end{aligned} \tag{2-60}$$

如图 2-23a 所示，Z_1、Z_2、Z_3 三个阻抗串联，可等效为图 2-23b 中的等效阻抗 Z，$Z=Z_1+Z_2+Z_3$。其他性质与电阻串联相同。

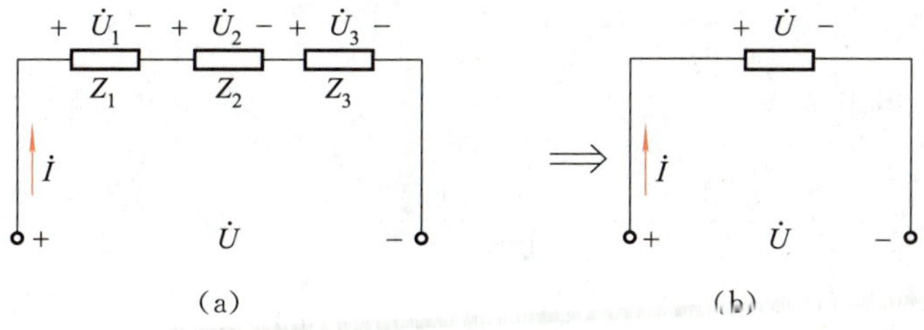

图 2-23　阻抗的串联与等效

(2) 阻抗的并联

当有 N 个阻抗并联时，其等效阻抗的倒数等于各分支阻抗的倒数之和，即

$$\frac{1}{Z}=\frac{1}{Z_1}+\frac{1}{Z_2}+\cdots=\sum\frac{1}{Z_i} \tag{2-61}$$

如图 2-24a 所示，Z_1、Z_2、Z_3 三个阻抗并联，可等效为图 2-24b 中的等效阻抗 Z，$\frac{1}{Z}=\frac{1}{Z_1}+\frac{1}{Z_2}+\frac{1}{Z_3}$。其他性质与电阻并联相同。

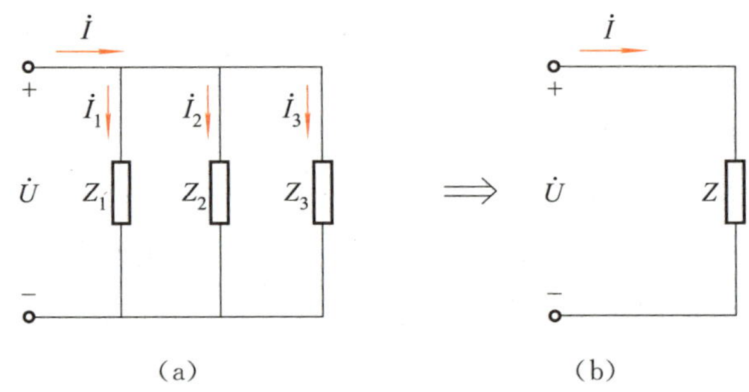

图 2-24 阻抗的并联与等效

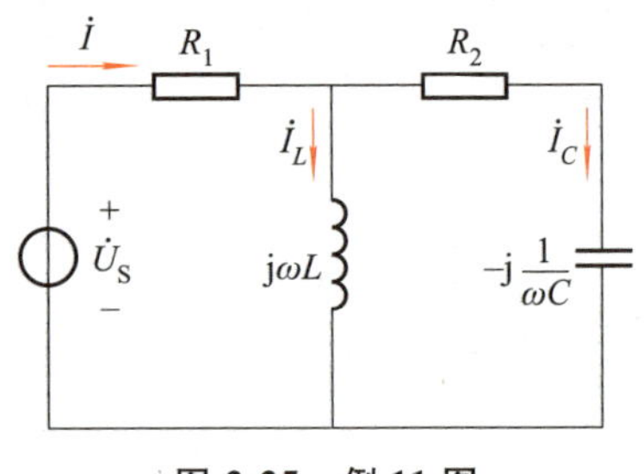

图 2-25 例 11 图

例 11 在图 2-25 所示电路中，已知：$R_1=1.5\ \text{k}\Omega$，$R_2=1.0\ \text{k}\Omega$，$L=\frac{1}{3}\ \text{H}$、$C=\frac{1}{6}\ \mu\text{F}$，$u_S=40\sqrt{2}\sin 3\,000t\ \text{V}$，试求电路总阻抗为多少？

解：电源电压相量表达式为

$$\dot{U}_S=U_S\angle 0^\circ=40\angle 0^\circ\ \text{V}$$

电容和电感的阻抗分别为

$$Z_C=-\mathrm{j}X_C=-\mathrm{j}\frac{1}{\omega C}=-\mathrm{j}\frac{1}{3\,000\times\frac{1}{6}\times 10^{-6}}\ \Omega=-2\mathrm{j}\ \text{k}\Omega=2\angle(-90^\circ)\text{k}\Omega$$

$$Z_L=\mathrm{j}X_L=\mathrm{j}\omega L=\mathrm{j}3\,000\times\frac{1}{3}\ \Omega=\mathrm{j}\ \text{k}\Omega=1\angle 90^\circ\ \text{k}\Omega$$

R_2、C 串联后的阻抗为

$$Z_{RC}=R_2+Z_C=[1.0+(-2\mathrm{j})]\text{k}\Omega=(1-2\mathrm{j})\text{k}\Omega=2.24\angle(-63^\circ)\text{k}\Omega$$

Z_{RC}、Z_L 并联后阻抗为

$$Z_{RCL}=\frac{Z_L Z_{RC}}{Z_L+Z_{RC}}=\frac{1\angle 90^\circ\times 2.24\angle(-63^\circ)}{\mathrm{j}+1-2\mathrm{j}}\ \text{k}\Omega=\frac{2.24\angle 27^\circ}{1-\mathrm{j}}\ \text{k}\Omega$$

$$=\frac{2.24\angle 27^\circ}{1.414\angle(-45^\circ)}\ \text{k}\Omega=1.584\angle 72^\circ\ \text{k}\Omega=(0.49+\mathrm{j}1.51)\text{k}\Omega$$

电路总的阻抗为

$$Z=Z_{RCL}+R_1=(0.49+\mathrm{j}1.51+1.5)\mathrm{k\Omega}$$
$$=(1.99+\mathrm{j}1.51)\mathrm{k\Omega}=2.5\angle 37^\circ\ \mathrm{k\Omega}$$

例 12　在图 2-26 所示电路中，已知：$R_1=1.5\ \mathrm{k\Omega}$，$R_2=1.0\ \mathrm{k\Omega}$，$L=\frac{1}{3}\ \mathrm{H}$，$C=\frac{1}{6}\ \mu\mathrm{F}$，$u_S=40\sqrt{2}\sin 3\,000t\ \mathrm{V}$，试求电流 $\dot{I}$、$\dot{I}_L$、$\dot{I}_C$ 各为多少？

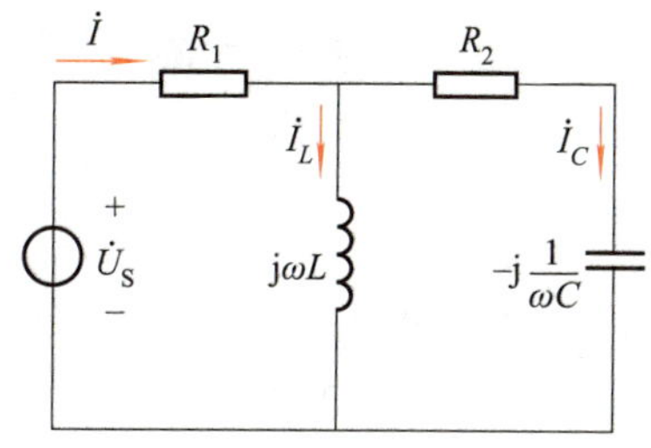

图 2-26　例 12 图

解:电源电压相量表达式为

$$\dot{U}_S=U_S\angle 0^\circ=40\angle 0^\circ\ \mathrm{V}$$

电容和电感的阻抗分别为

$$Z_C=-\mathrm{j}X_C=-\mathrm{j}\frac{1}{\omega C}=-\mathrm{j}\frac{1}{3\,000\times\frac{1}{6}\times 10^{-6}}\ \Omega$$
$$=-2\mathrm{j}\ \mathrm{k\Omega}=2\angle(-90^\circ)\mathrm{k\Omega}$$
$$Z_L=\mathrm{j}X_L=\mathrm{j}\omega L=\mathrm{j}3\,000\times\frac{1}{3}\ \Omega=\mathrm{j}\ \mathrm{k\Omega}=1\angle 90^\circ\ \mathrm{k\Omega}$$

R_2、C 串联后的阻抗为

$$Z_{RC}=R_2+Z_C=[1.0+(-2\mathrm{j})]\mathrm{k\Omega}=(1-2\mathrm{j})\mathrm{k\Omega}=2.24\angle(-63^\circ)\mathrm{k\Omega}$$

Z_{RC}、Z_L 并联后阻抗为

$$Z_{RCL}=\frac{Z_LZ_{RC}}{Z_L+Z_{RC}}=\frac{1\angle 90^\circ\times 2.24\angle(-63^\circ)}{\mathrm{j}+1-2\mathrm{j}}\ \mathrm{k\Omega}=\frac{2.24\angle 27^\circ}{1-\mathrm{j}}\ \mathrm{k\Omega}$$
$$=\frac{2.24\angle 27^\circ}{1.414\angle(-45^\circ)}\ \mathrm{k\Omega}=1.584\angle 72^\circ\ \mathrm{k\Omega}=(0.49+\mathrm{j}1.51)\mathrm{k\Omega}$$

电路总的阻抗为

$$Z=Z_{RCL}+R_1=(0.49+\mathrm{j}1.51+1.5)\mathrm{k\Omega}$$
$$=(1.99+\mathrm{j}1.51)\mathrm{k\Omega}=2.5\angle 37^\circ\ \mathrm{k\Omega}$$

总电流相量为

$$\dot{I}=\frac{\dot{U}_S}{Z}=\frac{40\angle 0^\circ}{2.5\angle 37^\circ}\ \mathrm{A}=16\angle(-37^\circ)\mathrm{A}$$

由分流定律写出支路电流

$$\dot{I}_C=\frac{Z_L}{Z_{RC}+Z_L}\dot{I}=\frac{1\angle 90^\circ}{(\mathrm{j}+1-2\mathrm{j})}\times 16\angle(-37^\circ)\mathrm{A}$$
$$=\frac{16\angle 53^\circ}{1.414\angle(-45^\circ)}\ \mathrm{A}=11.3\angle 98^\circ\ \mathrm{A}$$

$$\dot{I}_L=\frac{Z_{RC}}{Z_{RC}+Z_L}\dot{I}=\frac{2.24\angle(-63^\circ)}{(j+1-2j)}\times 16\angle(-37^\circ)\text{A}$$
$$=\frac{35.84\angle(-100^\circ)}{1.414\angle(-45^\circ)}\text{A}=25.3\angle(-55^\circ)\text{A}$$

写出各电流瞬时值表达式

$$i=16\sqrt{2}\sin(3\,000t-37^\circ)\text{A}$$
$$i_C=11.3\sqrt{2}\sin(3\,000t+98^\circ)\text{A}$$
$$i_L=25.3\sqrt{2}\sin(3\,000t-55^\circ)\text{A}$$

4. 导纳

在 RLC 并联电路的分析中，为了方便计算，引入 G(电导)、B_L(感纳)、B_C(容纳)来表示电阻、感抗和容抗的倒数，得到并联电路总电流和总电压关系式，即 $\dot{I}=\dot{I}_R+\dot{I}_L+\dot{I}_C=\dot{U}[G+j(B_C-B_L)]$，进一步令 $Y=G+j(B_C-B_L)$，则

$$\dot{I}=\dot{U}Y \tag{2-62}$$

已知用阻抗表示的总电流和总电压关系式有

$$\dot{I}=\frac{\dot{U}}{Z} \tag{2-63}$$

定义阻抗的倒数称为导纳，并用符号 Y 来表示，即

$$Y=\frac{1}{Z} \tag{2-64}$$

式(2-64)中，若阻抗用欧(Ω)，那么导纳的单位就是西(S)。导纳与阻抗一样也是一个复数，也可以写成以下标准形式：

$$Y=G+jB=|Y|\angle\varphi_Y \tag{2-65}$$

式(2-65)中，G 是导纳的实部，称为电导；B 是导纳的虚部，称为电纳；$|Y|$ 称为导纳的模，φ_Y 是导纳角。

当有 N 个导纳串联时，电路的总导纳的倒数等于各分支导纳的倒数之和，即

$$\frac{1}{Y}=\frac{1}{Y_1}+\frac{1}{Y_2}+\cdots=\sum\frac{1}{Y_N} \tag{2-66}$$

同理，当有 N 个导纳并联时，电路的总导纳等于各分支导纳的和，即

$$Y=Y_1+Y_2+\cdots=\sum Y_N \tag{2-67}$$

2.3.4 正弦交流电路的功率

电路网络的最终目的就是进行能量的转化和输送。在交流电路中，由电源供给负载(或称电路中的元件)的电功率有两种：一种是在阻性元件上实际消耗的电能或转化为其他形式

能量，如机械能、光能、热能等，称之为“耗能”；另外一种是电路中的电容或电感元件暂时把电能通过磁场能或电场能的形式存储起来，在一定条件下再释放给电路，称之为“储能”。用于描述这两种不同能量形式的功率也有“有功功率”和“无功功率”之分。

1. 视在功率、有功功率和无功功率

交流电路可以等效为一个电阻和一个电抗串联的电路，如图 2-27 所示。

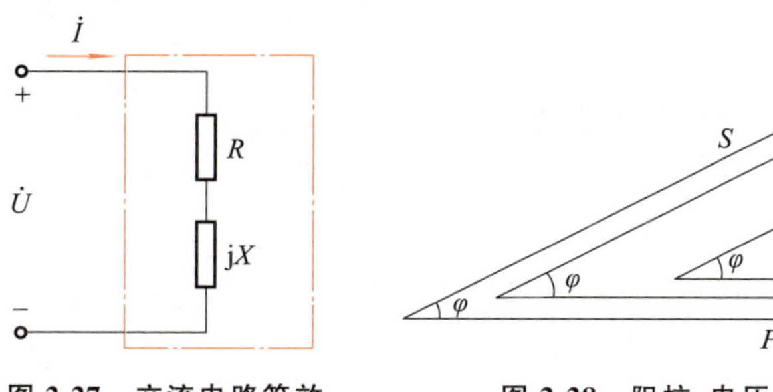

图 2-27　交流电路等效

图 2-28　阻抗、电压及功率三角形

电路阻抗等效为 $Z=R+\mathrm{j}X$，如图 2-28 所示。设电路中的电流相量为参考相量，即 $\dot{I}=I\angle 0^\circ$，则电压相量图如图 2-28 所示。以电压相量为参考时也同理，本节以下内容以 $\dot{I}=I\angle 0^\circ$ 为参考。

在直流电路中，功率计算表达为电流与电压的乘积，同理，交流电路中功率也应该是电流与电压乘积，在电压三角形中，有电路总电压相量、与 $\dot{I}=I\angle 0^\circ$ 同相的电阻部分电压相量及与 $\dot{I}=I\angle 0^\circ$ 垂直的电抗部分电压相量。在交流电路中，分别用视在功率、有功功率和无功功率来区分。

视在功率为交流电源能够提供的总功率，或称表现功率，在数值上是电流与电压的乘积，用 S 表示（图 2-28）：

$$S=IU \tag{2-68}$$

视在功率单位为伏安（V·A）或千伏安（kV·A）。

有功功率为电源在一个周期内发出瞬时功率的平均值或负载电阻所消耗的功率，在数值上表现为电流与电阻部分电压的乘积，用 P 表示（图 2-28）：

$$P=IU\cos\varphi_Z \tag{2-69}$$

有功功率的单位为瓦（W）、千瓦（kW）或兆瓦（MW），如 5.5 kW 的电动机就是把 5.5 kW 的电能转化为机械能，带动水泵抽水或脱粒机脱粒。

无功功率定义：在每半个周期内，把电源能量转化为磁场（或电场）能量储存起来，然后，再释放，又把储存的磁场（或电场）能量再返回给电源，只是进行这种能量的交换，并没有真正消耗能量，人们把这个交换的功率值，称为无功功率。在数值上表现为电流与电抗部分电压的乘积，用 Q 表示（图 2-28）：

$$Q=IU\sin\varphi_Z \tag{2-70}$$

由于无功功率不对外做功，才被称之为“无功”，单位为乏(var)或千乏(kvar)，40 W 的荧光灯，除需 40 多瓦有功功率(镇流器也需消耗一部分有功功率)来发光外，还需 80 var 左右的无功功率供镇流器的线圈建立交变磁场用。

有功功率的计算：电路所消耗的功率就是电路中所有耗能元件所消耗的功率的总和；根据有功功率的意义可知，电路中所有耗能元件消耗的功率的总和就是电路的有功功率。因此 $P=P_{R1}+P_{R2}+P_{R3}+\cdots=\sum P_{RN}$($P_{R1}$、$P_{R2}$、$P_{R3}$、…、$P_{RN}$ 等均为各电阻上的功率)。在生活中计算家庭电器总功率时，把各种电器的功率相加，就是采用这种办法来求取电路的有功功率。

例 13 荧光灯电路参数测试原理图如图 2-29 所示。在电路中输入频率 $f=50$ Hz 的信号，并由仪器仪表测得 $U=120$ V、$I=0.8$ A、$P=20$ W，试求线圈的电阻 R 和电感 L 等于多少？

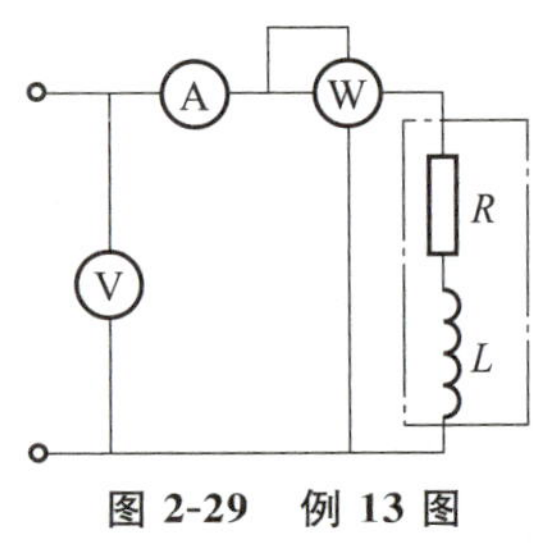

图 2-29 例 13 图

解：由于电路的有功功率为 20 W，电流有效值为 0.8 A，所以有

$$R=\frac{P}{I^2}=\frac{20}{0.8^2}\ \Omega=31.25\ \Omega$$

电阻上电压有效值为

$$U_R=IR=0.8\times31.25\ \text{V}=25\ \text{V}$$

根据电压三角形，电感上电压有效值为

$$U_L=\sqrt{U^2-U_R^2}=\sqrt{120^2-25^2}\ \text{V}=117.4\ \text{V}$$

电路的感抗为

$$X_L=\frac{U_L}{I}=\frac{117.4}{0.8}\ \Omega=146.75\ \Omega$$

所以电感为

$$L=\frac{X_L}{2\pi f}=\frac{146.75}{2\times3.14\times50}\ \text{H}\approx0.467\ \text{H}$$

2. 功率因数和功率因数角

式(2-69)中，有功功率的大小不但与其上的电压、电流有效值大小有关，而且还与电压与电流的夹角的余弦($\cos\varphi$)成正比。把 $\cos\varphi$ 称为功率因数，用符号 λ 表示。它可表示为

$$\lambda=\cos\varphi_Z=\frac{P}{S}\qquad(2\text{-}71)$$

功率因数体现了有功功率在视在功率中所占的比例。

φ_Z 表示总电压与总电流之间的相位差，即等效阻抗的阻抗角，通常也称为功率因数角。

微视频 功率因数及其提高方法

3. 提高功率因数的方法

电网中的电力负荷如电动机、变压器、荧光灯及电弧炉等，大多属于电感性负载，这些电感性设备在运行过程中不仅需要从电

力系统吸收有功功率，还同时吸收无功功率。而有功功率才是真正被用来为生产和生活服务的功率，无功功率则不能被利用，因此一般情况下总希望无功功率越小越好。

电路中的功率因数是反映电网效率高低的重要物理量。电路的功率因数越大，则电网输送的有功功率就越多，输送的无功功率就越少，电网的效率就越高；反之，若电路的功率因数越低，则电网的效率就越低。

提供同样多的功率，由于工厂用电电网的功率因数低，采用的变压器容量比生活用电电网的变压器容量大得多；从另一角度来看就是工厂用电电网的变压器效率比生活用电电网变压器的效率要低得多。另一方面，在电压相同的情况下，变压器提供相同的功率，功率因数低则电路中的电流就大，线路中的能量损耗和电压损耗都将增大，从而造成电网供电质量下降。

总结：功率因数对电网的影响很大，提高电网的功率因数意义重大。提高电网的功率因数，既能提高电源设备利用率，又能降低线路的能量损耗和线路压降。

图 2-30a 所示电路是一个电感性负载，电阻为 R，感抗为 X_L。由图 2-30b 可以看出，并联上电容后电感性负载的工作状态没有发生任何变化，即

$$\dot{I}=\dot{I}_1 \tag{2-72}$$

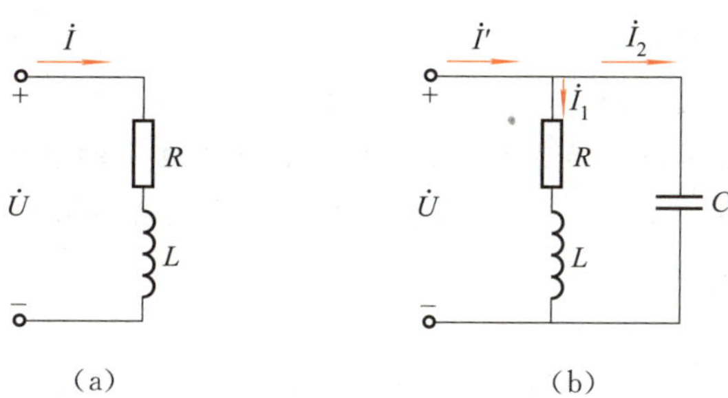

图 2-30　感性负载功率因数

图 2-31a 是并联电容前电路的相量图，图中 φ_1 为功率因数角，其大小为

$$\varphi_1=\arctan\frac{X_L}{R} \tag{2-73}$$

图 2-31b 为并联电容后的相量图，其功率因数角发生了变化，由原来的 φ_1 变为 φ_2，可见只要电容的容量合适，就可以使功率因数角变小，功率因数变大，即

$$\varphi_2<\varphi_1,\ \cos\varphi_2>\cos\varphi_1$$

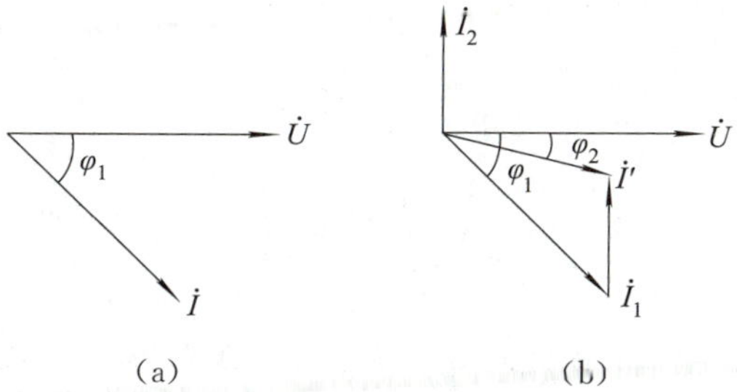

(a)　(b)

图 2-31　并联电容前后的相量图

动　画
电容与电感负载并联来提高功率因数

从相量图上可以看出，并联电容后电路的总电流减小，这意味着电网向负载输送相同的有功功率时，向负载提供的电流变小，从而提高了电网的利用率。

电路的功率因数低是因为负载与电网交换的无功功率过多，并联电容后电感性负载与电容之间发生了能量交换，使得与电网的能量交换减少，从而降低电网提供的无功功率，使电网得到更充分的利用。

总结：在电感性负载（或电感性电路网络）两端并联上合适的电容可以提高电路的功率因数。

电感性电路并联电容进行无功功率补偿前后的功率因数角与电容器容量之间存在以下关系：

$$C=\frac{P(\tan\varphi_1-\tan\varphi_2)}{2\pi fU^2} \tag{2-74}$$

式(2-74)中，P 是电感性电路（或负载）吸收的有功功率，U 是负载两端的电压，φ_1 和 φ_2 分别是补偿前后的功率因数角。

国家有关部门为了提高电网经济运行的水平，充分发挥供电设备的潜力，减少线路功率损失和提高供电质量，对一般工业用户的功率因数要求不得低于 0.85 的标准，若用户功率因数低于标准则将增收电费。

例 14　某一个生活小区与一小型工厂满负荷运行时都需要消耗 100 kW 的功率，但生活用电电网与工厂用电电网的功率因数不同，若生活用电电网的功率因数为 $\lambda_1=0.9$，而工厂用电电网的功率因数为 $\lambda_2=0.5$，计算每台变压器的容量是多少？

解：设供电电网均为单相电网，额定电压为 220 V。

生活用电变压器的容量为

$$S=\frac{P}{\lambda_1}=\frac{100\times10^3}{0.9}=111\,111.11\ \text{V}\cdot\text{A}=111.111\,1\ \text{kV}\cdot\text{A}$$

工厂用电电网变压器的容量为

$$S=\frac{P}{\lambda_2}=\frac{100\times10^3}{0.5}=200\,000\ \text{V}\cdot\text{A}=200\ \text{kV}\cdot\text{A}$$

生活用电变压器额定电流为

$$I_N=\frac{S}{U_N}=\frac{111.11\times10^3}{220}\ \text{A}=505.1\ \text{A}$$

工厂用电变压器额定电流

$$I_N=\frac{S}{U_N}=\frac{200\times10^3}{220}\ \text{A}=909.1\ \text{A}$$

例 15　某电源 $S_N=20\ \text{kV}\cdot\text{A}$，$U_N=220\ \text{V}$，$f=50\ \text{Hz}$。试求：

(1) 电源的额定电流；

(2) 若电源向功率为 40 W，功率因数 $\lambda=0.5$ 的荧光灯供电，最多可点亮多少只灯？此时线路的总电流是多少？

(3) 若电路提供的有功功率不变,将电路的功率因数提高到 $\lambda=0.9$,此时线路的电流是多少? 需并入多大电容?

解: 电源的额定电流

$$I_N=\frac{S_N}{U_N}=\frac{20\times10^3}{220}\ \text{A}=91\ \text{A}$$

设荧光灯的数量为 N,则总的功率(有功功率)为 $P=40N(\text{W})$,又

$$P=S_N\cos\varphi=U_NI_N\lambda=220\times91\times0.5\ \text{W}$$

则

$$N=\frac{220\times91\times0.5}{40}=250$$

即可以点亮 250 只荧光灯,此时电路的总电流约为 91 A。

功率因数提高后,电路提供的有功功率不变,电路中的总电流为

$$I=\frac{P}{U_N\lambda_2}=\frac{250\times40}{220\times0.9}\ \text{A}=50.5\ \text{A}$$

可见,电源功率因数提高后,线路电流下降了很多,这就意味着电源还有能力给其他负载供电。

$$C=\frac{P(\tan\varphi_1-\tan\varphi_2)}{2\pi fU^2}=\frac{250\times40\times(\tan60^\circ-\tan25.8^\circ)}{2\times3.14\times50\times220^2}\ \text{F}=820\ \mu\text{F}$$

式中,$\varphi_1=\arccos0.5=60^\circ$,$\varphi_2=\arccos0.9=25.8^\circ$。

2.4 电路的谐振

一般来说,在交流电路中,由于电感、电容元件的电抗存在,电路两端的电压 u 与通过电路的电流 i 并不同相,即存在着相位差。电感和电容性质相反,感抗和容抗值都与频率相关。当电源满足某一特定的频率时,就会出现电路两端的电压和其中的电流同相的情况,这种特殊现象称为谐振。常用的谐振电路有串联谐振和并联谐振两种情况。

2.4.1 串联谐振

含有 L、C 的电路,当 L 与 C 串联时,电压与电流同相,称电路发生了串联谐振。

如图 2-32 所示,在正弦电压 $u=\sqrt{2}U\sin\omega t$ 的激励下,其输入复阻抗为

$$Z=R+\text{j}(X_L-X_C)=R+\text{j}\left(\omega L-\frac{1}{\omega C}\right)\tag{2-75}$$

当 $X_L=X_C$ 时,$Z=R$,电路呈电阻性,电压与电流没有相位差,这时电路的状态即为串联谐振。所以,串联谐振的条件为

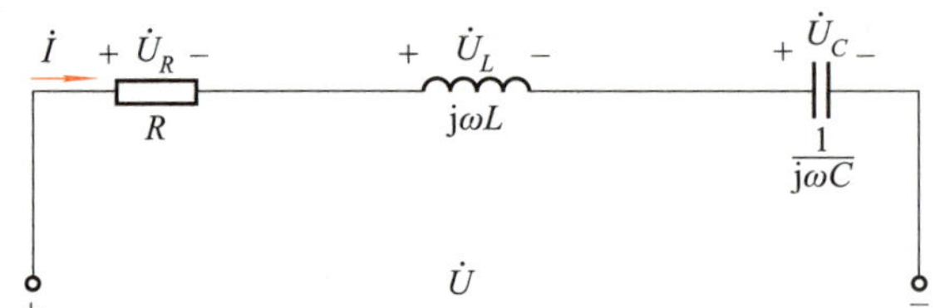

图 2-32　*RLC* 串联谐振电路

$$X_L = X_C \text{ 或 } \omega_0 L = \frac{1}{\omega_0 C} \tag{2-76}$$

即

$$\omega_0 = \frac{1}{\sqrt{LC}} \text{ 或 } f_0 = \frac{1}{2\pi\sqrt{LC}}$$

式中，ω_0 为谐振角频率，f_0 为谐振频率，它们只由电路参数 L、C 决定，与电阻无关，反映了电路自身固有的性质。因此，ω_0、f_0 也称谐振电路的固有角频率、固有频率。

要使电路发生谐振，电源频率（谐振频率）必须等于谐振电路的固有频率。在实际应用中，通常通过调节 L 或 C 的大小来实现谐振。

串联谐振电路有下列特点：

① 阻抗最小，$Z=R$，电路呈电阻性。

② 电流最大，$I_0=\frac{U}{|Z|}=\frac{U}{R}$，电流与电压同相。

③ 电路中的无功功率为 0，表明电源供给的能量全部被电阻消耗，电源与电路之间没有能量交换，只在电感元件和电容元件之间进行能量交换。

④ 电阻电压等于电路总电压，电感电压与电容电压大小相等，相位相反，并且都为电路电压的 Q 倍。

⑤ Q 为电感电压或电容电压与电路总电压之比，称为串联谐振电路的品质因数，即

$$Q=\frac{\omega_0 L}{R}=\frac{1}{\omega_0 RC} \tag{2-77}$$

Q 的求取过程：

电感电压为

$$U_L = I_0 X_L = \frac{U}{R}\omega_0 L = \frac{\omega_0 L}{R} U$$

电容电压为

$$U_C = I_0 X_C = \frac{U}{R} \times \frac{1}{\omega_0 C} = \frac{1}{\omega_0 RC} U$$

所以，品质因数为

$$Q = \frac{U_L}{U} = \frac{U_C}{U} = \frac{\omega_0 L}{R} = \frac{1}{\omega_0 RC}$$

Q 值的大小是衡量谐振电路质量优劣的一个重要指标，Q 值越大，谐振电路的频率选择

性越好，电路损耗的能量越少。一般串联谐振电路的 Q 值可达几十至几百，即 U_L 或 U_C 可达 U 的几十至几百倍，利用串联谐振电路可以在电感或电容两端获得很高的电压，因此串联谐振又称电压谐振。

串联谐振在电子技术中具有广泛的应用，如调谐电路，反馈电路等。但是在电力工程上，串联谐振时过高的电压有可能击穿线圈或电容的绝缘，造成电气设备损坏及人身伤害。

知识点拓展

串联谐振电路的应用：收音机

各地的广播电台以不同的频率发射无线电波，收音机为什么能收听到某一电台的节目呢？

这是因为收音机中有一个能够选择无线电波频率的电路——调谐电路。调谐电路实际上是串联谐振电路，当调节电容器的电容量为一定值时，电路就对某一频率无线信号发生串联谐振，此时电路呈现的阻抗最小，电流最大，电容的两端将产生一个高于信号电压 Q 倍的电压，使人们收听到该频率的电台节目。对于其他频率的无线电信号，电路不能发生谐振，电路电流很小，其信号被电路抑制掉。

因此，通过调节电容使调谐电路发生谐振，就可以从不同的频率中选择出所需的电台信号。

2.4.2 并联谐振

含有 L、C 的电路，当 L 与 C 并联时，电压与电流同相，称电路发生了并联谐振。

在如图 2-33 所示的并联交流电路中，在正弦电压 $u=\sqrt{2}U\sin\omega t$ 的激励下，其输入复导纳为

$$Y=\frac{1}{R+\mathrm{j}\omega L}+\mathrm{j}\omega C=\frac{R}{R^2+(\omega L)^2}+\mathrm{j}\left(\omega C-\frac{\omega L}{R^2+(\omega L)^2}\right) \tag{2-78}$$

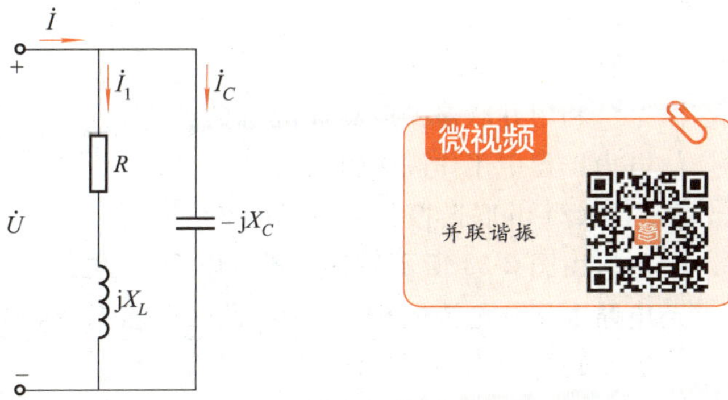

图 2-33 *RLC* 并联谐振电路

当 $\omega C=\dfrac{\omega L}{R^2+(\omega L)^2}$ 时，电路呈电阻性，电压与电流没有相位差，这时电路的状态即为并联谐振。所以，此并联电路的并联谐振的条件为

$$\omega_0 C=\frac{\omega_0 L}{R^2+(\omega_0 L)^2} \tag{2-79}$$

在实际电路中，需满足品质因数 Q 远大于 1 的条件，即 $\omega_0 L\gg R$，并联谐振电路发生谐振时角频率和频率分别为

$$\begin{aligned}\omega_0 &\approx \frac{1}{\sqrt{LC}}\\ f_0 &\approx \frac{1}{2\pi\sqrt{LC}}\end{aligned} \tag{2-80}$$

调节 L、C 的值，或改变电路电源频率，均可发生谐振。

(1) 并联谐振电路的特点(Q 远大于 1 的条件)

① 阻抗最大，电路呈阻性，阻抗模为

$$|Z_0|=\frac{(\omega_0 L)^2}{R}=\frac{L}{RC} \tag{2-81}$$

② 总电流最小，并且与电压同相，即

$$I_0=\frac{U}{|Z_0|}=\frac{RCU}{L} \tag{2-82}$$

③ 电感支路电流与电容支路电流近似相等，并且都为电流 I_0 的 Q 倍，即 $I_1\approx I_C=QI_0$

④ Q 为并联谐振电路的品质因数，其值为电感或电容电流与总电流之比，即

$$Q=\frac{I_1}{I_0}\approx\frac{I_C}{I_0}=\frac{\omega_0 L}{R}=\frac{1}{\omega_0 RC} \tag{2-83}$$

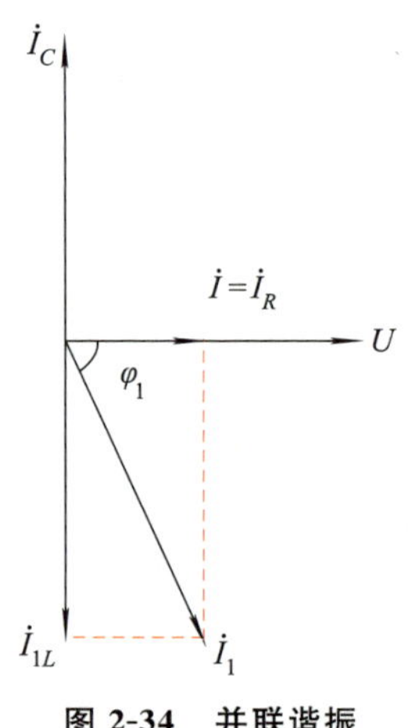

图 2-34 并联谐振电路相量图

并联谐振时，电感支路电流或电容支路电流比总电流大许多倍。因此，并联谐振又称电流谐振。

⑤ 电路中的无功功率为 0，表明电源供给的能量全部被电阻吸收，电源与电路之间没有能量交换，只在电感元件和电容元件之间进行能量交换。

利用并联谐振电路高阻抗的特点，可用做选频器或振荡器，在电力工程中用作高频阻波器等。

(2) 并联谐振频率的阻抗求法

由图 2-34 所示的相量图可以看出，电路处于并联谐振状态时，电路电压与电流同相，$\varphi=0$，此时电感支路电流 I_1 的分量 I_{1L} 和电容支路电流 I_C 相等，即

$$I_C=I_{1L}=I_1\sin\varphi_1$$

因而有

$$\frac{U}{X_C}=\frac{U}{|Z_1|}\times\frac{X_L}{|Z_1|}=\frac{UX_L}{R^2+X_L^2}$$

$$X_C=\frac{R^2+X_L^2}{X_L}$$

$$\frac{1}{\omega_0 C}=\frac{R^2+(\omega_0 L)^2}{\omega_0 L}$$

即 $\omega_0 C=\dfrac{\omega_0 L}{R^2+(\omega_0 L)^2}$

一般情况下，$\omega_0 L\gg R$，所以谐振角频率和谐振频率分别为

$$\omega_0\approx\frac{1}{\sqrt{LC}},\ f_0\approx\frac{1}{2\pi\sqrt{LC}}$$

例 16 一个电感线圈的损耗电阻为 10 Ω，自感系数 L 为 100 μH，与 100 pF 的电容 C 并联后，组成并联谐振电路，若激励为一正弦电流源，有效值 $I=1$ μA。试求谐振时电路的角频率及阻抗、端口电压、线圈电流、电容器电流及谐振时回路吸收的功率。

解：谐振角频率

$$\omega_0=\sqrt{\frac{1}{LC}-\frac{R^2}{L^2}}=\sqrt{\frac{1}{100\times10^{-6}\times100\times10^{-12}}-\frac{10^2}{(100\times10^{-6})^2}}\ \text{rad/s}$$

$$=\sqrt{10^{14}-10^{10}}\ \text{rad/s}\approx\sqrt{10^{14}}\ \text{rad/s}=10^7\ \text{rad/s}$$

谐振时阻抗为

$$Z_0=\frac{L}{RC}=\frac{100\times10^{-6}}{10\times100\times10^{-12}}\ \Omega=10^5\ \Omega$$

谐振时端口电压为

$$U=Z_0 I=10^5\times10^{-6}\ \text{V}=0.1\ \text{V}$$

线圈的品质因数为

$$Q=\frac{\omega_0 L}{R}=\frac{10^7\times100\times10^{-6}}{10}=100$$

谐振时，电感线圈和电容器的电流为

$$I_L\approx I_C=QI=100\times1\times10^{-6}\ \text{A}=10^{-4}\ \text{A}$$

谐振时回路吸收的功率

$$P=I_L^2 R=(10^{-4})^2\times10\ \text{W}=10^{-7}\ \text{W}=0.1\ \mu\text{W}$$

实训项目

实训 2.1 RLC 串联电路的测量

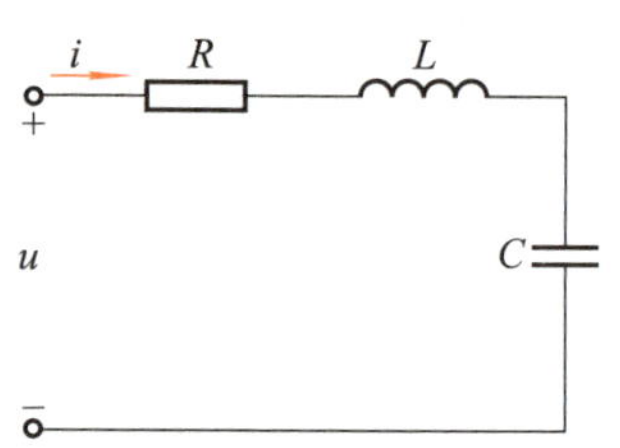

图 2-35 正弦交流电路

如图 2-35 所示，在一个由 R、L、C 串联组成的电路中，已知 $R=100\ \Omega$，$L=100\ \text{mH}$，$C=5\ \mu\text{F}$，输入 $u=10\sin(2\pi ft)\text{V}$，$f=50\ \text{Hz}$ 的正弦交流电压，用万用表分别测量各元件两端的电压及流过元件的电流。改变正弦交流电的频率，观察各元件的电压电流变化情况。

一、实训目的

1. 理解 R、L、C 基本元件在正弦交流电路中的性质。
2. 掌握万用表测量交流电压、交流电流的方法。
3. 掌握信号发生器、示波器的使用。
4. 掌握正弦交流电路的分析方法。

二、实训分析

在一个正弦交流电路中，测量元件的电压和电流的方法与直流电路相同。电路的连接可采用面包板或万能板，也可采用 Multisim 仿真，观察数据的变化并记录。

三、实训步骤

1. 用数字万用表的电压挡，测量 U_R、U_L、U_C 分别记入表 2-1 中，并记下电流表的数值。
2. 再用数字万用表测量 $U_{输入}$，记入表内。
3. 改变电源的频率 f，重新测量 R、L、C 的电流和电压，数据记入表 2-1。

表 2-1 元件的电压和电流数据

f/Hz	$U_{输入}$/V	I/A	U_R/V	U_L/V	U_C/V
50					
100					
225					
300					
500					
1 000					

四、思考与总结

1. $U_{输入}=U_R+U_L+U_C$ 是否成立？这一点跟直流电路有何区别？
2. 频率的大小变化会引起电阻、电感、电容的电压和电流变化吗？为什么？
3. 当频率一定时，改变信号源的电压大小，电流将如何变化？

实训 2.2 提高荧光灯功率因数的方法

一、实训目的

1. 掌握荧光灯电路的接线。
2. 理解改善功率因数的意义并掌握其方法。

二、实训原理

荧光灯线路图如图 2-36 所示。

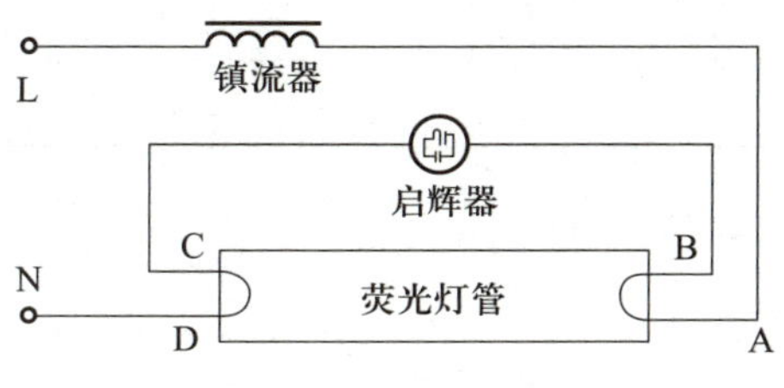

图 2-36 荧光灯线路图

三、实训器材

仪表设备及选用组件箱见表 2-2。

表 2-2 仪表设备及选用组件箱

序号	名　称	数量	备　注
1	电源控制屏(调压器、荧光灯管等)	1	
2	交流电压表	1	
3	交流电流表	1	
4	负载	1	
5	荧光灯、可变电容	各 1	
6	启辉器、镇流器、电容、插座	各 1	
7	功率表	1	

四、实训步骤

1. 荧光灯线路接线与测量。

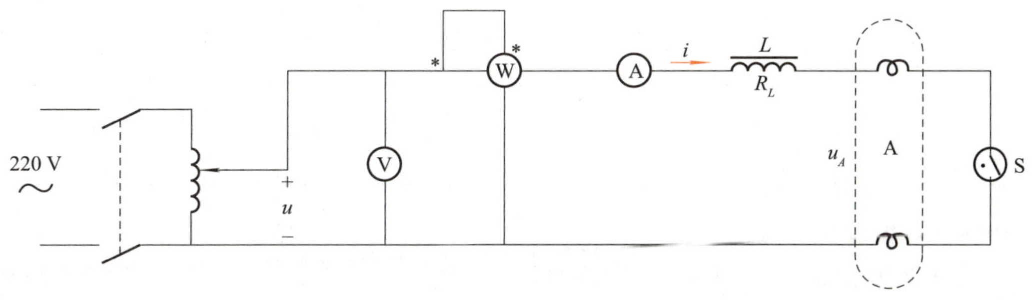

图 2-37 荧光灯线路接线

(1) 按图 2-37 接线。

(2) 经指导教师检查后,接通实训台电源,调节自耦调压器的输出,使其输出电压缓慢增大,直到荧光灯慢慢启辉点亮为止。将电压表、电流表和功率表的指示值记入表 2-3。

(3) 将电压调至 220 V,测量功率 P,电流 I,电压 U、U_L、U_A 等值。

表 2-3 荧光灯线路测量数据

测量值	P/W	$\cos\varphi$	I/A	U/V	U_L/V	U_A/V
启辉值						
正常工作值						

2. 并联电路——功率因数的改善。

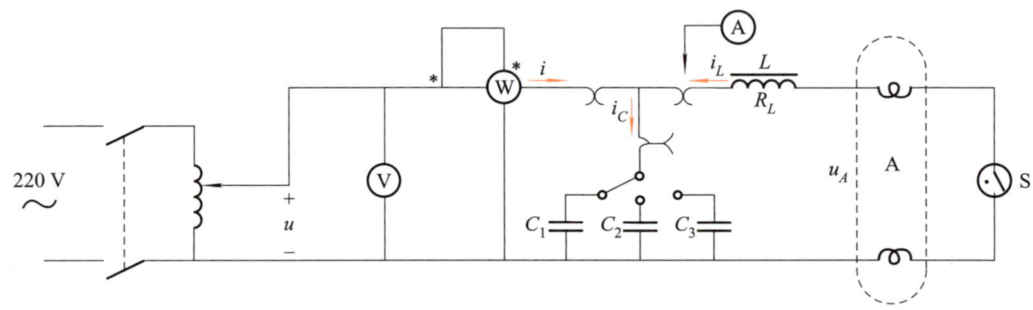

图 2-38 并联电路接线

(1) 按图 2-38 连接电路。

(2) 经指导教师检查后，接通实训台电源，将自耦调压器调至 220 V，记录功率表、电压表读数。

(3) 通过一只电流表和三个插座分别测得三条支路的电流，改变电容值，进行三次重复测量，数据记入表 2-4 中。

表 2-4 并联电路测量数据

电容值	测 量 数 据					
C/μF	P/W	$\cos\varphi$	U/V	I/A	I_L/A	I_C/A
0						
1						
2.2						
4.7						

五、实训数据处理

1. 完成数据表格中的计算，进行必要的误差分析。

误差分析：仪表精确度；读数时存在误差；电路温度升高，电阻变大。

2. 讨论改善功率因数的意义和方法。

意义：功率因数低会导致设备不能充分利用，电流到了额定值，但功率容量还有。而且当输出相同的有功功率时，线路上电流大，$I=\dfrac{P}{U\cos\varphi}$，线路压降损耗大。

方法：高压传输；改进自身设备；并联电容，提高功率因数。

六、思考与总结

1. 接线、拆线和改装线路时，都必须在断开电源开关的情况下进行，严禁带电操作。应养成先接电路后接通电源，实验完毕先断开电源开关后拆电路的良好操作习惯。

2. 布线要合理安排，走线要清楚，便于接线和检查。

3. 实验时，尤其是刚闭合电源，设备刚投入工作，要随时注意设备的运行情况。

本章小结

1. 正弦量的基本概念。

(1) 选定参考方向后，正弦电流的瞬时值表达式为 $i=I_m\sin(\omega t+\varphi_i)$。其中 I_m 为正弦电流的振幅、ω 为角频率、φ_i 为初相，分别称为正弦量的三要素。

(2) 两个同频率正弦量之间的相位差 φ 与计时起点的选择无关，若两正弦量 u_1、u_2 的初相分别为 φ_1、φ_2，则它们的相位差 $\varphi=\varphi_1-\varphi_2$。若 $\varphi>0$ 时，称 u_1 超前 u_2，相位差为 φ 角度；若 $\varphi<0$ 时，称 u_1 滞后 u_2，相位差为 φ 角度。

(3) 周期电压电流有效值定义为其瞬时值的方均根，正弦交流电的有效值等于最大值的 $1/\sqrt{2}$（即有效值是最大值的 0.707 倍）。

2. 电路基本定律的相量形式。

(1) KCL：在正弦交流电路中，任一节点 $\sum\dot{I}=0$。

(2) KVL：在正弦交流电路中，任一节点 $\sum\dot{U}=0$。

(3) 电阻元件：电压电流参考方向一致时，$\dot{I}=\dfrac{\dot{U}}{R}$。

(4) 电容元件：电压电流参考方向一致时，$\dot{I}=\dfrac{\dot{U}}{-\mathrm{j}X_C}=\mathrm{j}\dfrac{\dot{U}}{X_C}$。

(5) 电感元件：电压电流参考方向一致时，$\dot{I}=\dfrac{\dot{U}}{\mathrm{j}X_L}$。

3. 阻抗和导纳。

(1) 阻抗定义为无源二端网络端口电压相量与电流相量的比值（其端口电压与端口电流的参考方向相关联），并用符号 Z 表示，即

$$Z=\frac{\dot{U}}{\dot{I}}=\frac{U\angle\varphi_u}{I\angle\varphi_i}=\frac{U}{I}\angle(\varphi_u-\varphi_i)$$

(2) 阻抗的倒数称为导纳，并用符号“Y”来表示，即 $Y=\dfrac{1}{Z}$，有 N 个导纳并联时，电路的总的导纳为 $Y=Y_1+Y_2+\cdots=\sum Y_N$。

4. 有功功率、无功功率、视在功率和功率因数。

(1) 有功功率指的是电路网络（或网络中的所有元件）实际消耗的功率，$P=IU\cos\varphi_Z$。

(2) 无功功率是指电路网络与电网能量交换的规模，$Q=IU\sin\varphi_Z$。

(3) 电路的视在功率为 $S=IU$。

(4) 功率因数 $\cos\varphi=\dfrac{P}{S}$。提高功率因数具有工程实际意义,电容器并联补偿的方法是提高功率因数的常用方法。

5. 串联谐振与并联谐振。

(1) 串联谐振时,阻抗最小,电路呈阻性;电流最大,电流与电压同相;电路中的无功功率为0,表明电源供给的能量全部被电阻消耗,电源与电路之间没有能量交换,只在电感元件和电容元件之间进行能量交换;电阻电压等于电路总电压,电感电压与电容电压大小相等、相位相反,并且都为电路电压的 Q 倍。串联谐振又称电压谐振。

(2) 并联谐振时,阻抗最大,电路呈阻性;总电流最小,并且与电压同相;电路中的无功功率为0,表明电源供给的能量全部被电阻吸收,电源与电路之间没有能量交换,只在电感元件和电容元件之间进行能量交换;电感支路电流与电容支路电流近似相等,并且都为电流 I_0 的 Q 倍。并联谐振又称电流谐振。

习 题 2

一、单选题

1. 两个正弦交流电流的解析式分别为 $i_1=10\sin(314t+30^\circ)$ A 和 $i_2=10\sqrt{2}\sin(100\pi t+45^\circ)$ A,这两个交流电流相同的量是(　　)。

A. 初相位　　B. 角频率　　C. 最大值　　D. 有效值

2. 已知一交流电流,当 $t=0$ 时,$i_1=1$ A,初相位为 30°,则这个交流电的有效值为(　　)。

A. 0.5 A　　B. 1.414 A　　C. 1 A　　D. 2 A

3. 一个电热器接在 10 V 的直流电源上和接在交流电源上产生的热量相同,则交流电源电压的最大值为(　　)。

A. 5 V　　B. 10 V　　C. 14.14 V　　D. 52 V

4. 纯电容正弦交流电路中,电压有效值不变,当频率增大时,电流将(　　)。

A. 增大　　B. 减小

C. 不变　　D. 先增大后减小

5. 实验室中的功率表是用来测量电路中的(　　)。

A. 有功功率　　B. 无功功率　　C. 视在功率　　D. 瞬时功率

6. 交流电路采用相量分析时,应将电容写成(　　)。

A. $-\mathrm{j}X_C$　　B. $\mathrm{j}X_C$　　C. $-\mathrm{j}X_L$　　D. $\mathrm{j}X_L$

7. 若电路中某元件的端电压为 $u=5\sin(314t+125^\circ)$ V,电流 $i=2\sin(314t+35^\circ)$ A,i、u 为关联方向,则该元件是(　　)。

A. 电阻　　B. 电感　　C. 电容　　D. 电抗

8. 无功功率的单位为(　　)。

A. 伏　　B. 瓦　　C. 乏　　D. 度

9. 已知一正弦交流电流 $I=10$ A 作用于感抗为 10 Ω 的电感，则电感的无功功率为(　　)var。

A. 100　　B. 1 000　　C. 1　　D. 10

10. 在纯电感正弦交流电路中，下列说法中正确的是(　　)。

A. 电流超前电压 90°　　B. 电流滞后电压 90°

C. $I_L=\frac{U_{Lm}}{X_L}$　　D. 消耗的功率为有功功率

11. 在 RLC 串联电路发生谐振时，下列说法正确的是(　　)。

A. Q 值越大，通频带越宽

B. 端电压是电容两端电压的 Q 倍

C. 电路的电抗为零，则感抗和容抗也为零

D. 总阻抗最小，总电流最大

12. 处于谐振状态的 RLC 串联电路，当电源频率升高时，电路呈(　　)。

A. 电感性　　B. 电容性　　C. 电阻性　　D. 无法确定

13. 图 2-39 所示相量模型，当发生谐振时，输入阻抗为(　　)。

A. R　　B. Z_L　　C. Z_C　　D. ∞

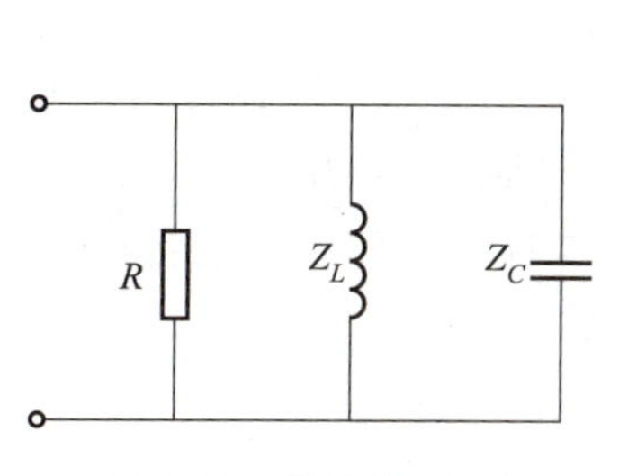

图 2-39　单选题 13 图

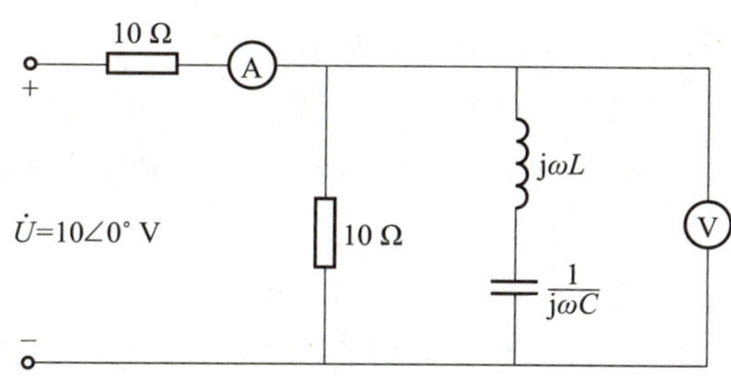

图 2-40　单选题 14 图

14. 图 2-40 所示电路处于谐振状态时，电压表和电流表的读数分别为(　　)。

A. 5 V，0.5 A　　B. 10 V，0 A

C. 0 V，1 A　　D. 0.5 V，1 A

15. 图 2-41 所示电路的并联谐振频率为 $f_0=\frac{1}{2\pi\sqrt{LC}}\sqrt{1-\frac{CR^2}{L}}$，则当 $f>f_0$ 时，此电路的性质为(　　)。

A. 电感性　　B. 电容性

C. 电阻性　　D. 电源性

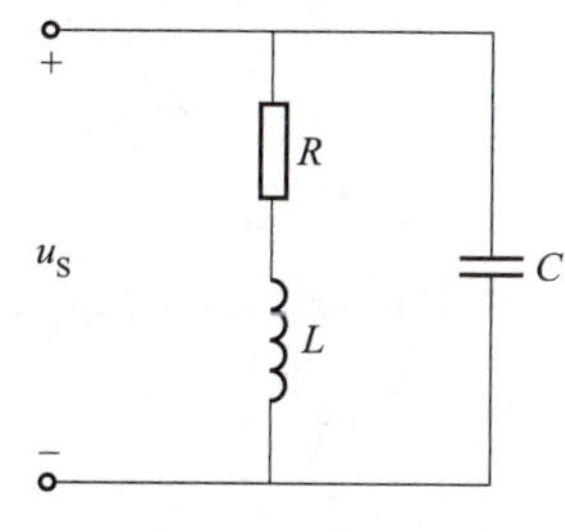

图 2-41　单选题 15 图

二、多选题

1. 下列说法正确的是(　　)。

A. 正弦交流电流的瞬时值不随时间变化而变化

B. 正弦交流电流的有效值不随时间变化而变化

C. 正弦交流电流的相位角不随时间变化而变化

D. 正弦交流电流的初相位为一常量

2. 两个同频率的正弦交流电量在变化过程中存在以下关系(　　)。

A. 超前　　B. 滞后　　C. 同相　　D. 正交

3. 正弦交流电的表示方法有(　　)。

A. 解析法　　B. 图解法　　C. 相量法　　D. 数值法

三、判断题

1. 正弦交流电的角频率表示其变化快慢。(　　)

2. 正弦交流电的初相位表示其变化步调。(　　)

3. 交流电气设备铭牌上所示的电压值、电流值是最大值。(　　)

4. 两个频率相同的正弦交流电量的相位差为一常量。(　　)

5. 正弦量的相位表示交流电变化过程的一个角度,它和时间无关。(　　)

6. 不同频率的正弦交流电量不能比较相位差。(　　)

7. 两正弦交流电流,$i_1=2\sin\left(5\pi t-\frac{\pi}{3}\right)$ A,$i_2=3\sin\left(5\pi t+\frac{\pi}{6}\right)$ A,则 i_2 比 i_1 超前 90°。(　　)

8. 只有同频率的正弦量才可以用相量计算。(　　)

9. 有效值相量在横轴上的投影是该时刻正弦量的瞬时值。(　　)

10. 只有正弦量才能用相量表示。(　　)

11. 几个电容元件相串联,其电容量一定增大。(　　)

12. 无功功率的概念可以理解为这部分功率在电路中不起任何作用。(　　)

13. 在正弦交流电路中,感抗与频率成正比,即电感具有通低频阻高频的特性。(　　)

14. 纯电感元件不吸收有功功率。(　　)

15. 串联电路的总电压超前电流时,电路一定呈感性。(　　)

16. 电感电容相串联,$U_L=120$ V,$U_C=80$ V,则总电压等于 200 V。(　　)

17. 在 RLC 串联电路中,若 $R=X_L=X_C=100\ \Omega$,则该电路处于谐振状态。(　　)

18. RLC 串联谐振又称电流谐振。(　　)

19. 串联谐振时,感抗等于容抗,此时电路中的电流最大。(　　)

20. 谐振电路的功率因数大于 1。(　　)

21. 电容元件和电感元件组成并联谐振电路时,其电路的品质因数为无穷大。(　　)

22. 电容元件和电感元件组成并联谐振电路时,其电路的等效阻抗为无穷大。(　　)

23. 图 2-42 所示电路,当发生电流谐振时,$U_C=0$。(　　)

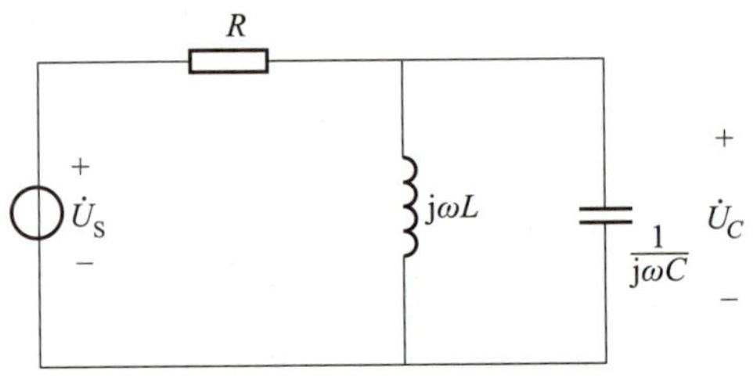

图 2-42　判断题 23 图

四、填空题

1. ________和________都随时间________变化的电流叫做交流电。

2. 正弦交流电的最大值 U_m 与有效值 U 之间的关系为________。

3. 我们日常用的 220 V 市电和 380 V 的工业用电是交流电的________值，其频率都是________。

4. 相量是表示正弦交流电的________。

5. 纯电容交流电路中，流过电容的电流有效值等于________除以它的________。

6. 在纯电容交流电路中，已知电流的初相角为 20°，则电压的初相角为________。

7. ________的电压和电流构成的是有功功率，用 P 表示，单位为________；________的电压和电流构成无功功率，用 Q 表示，单位为________。

8. 电阻元件上的伏安关系瞬时值表达式为________，因而称其为即时元件；电感元件上的伏安关系瞬时值表达式为________，电容元件上的伏安关系瞬时值表达式为________，因而把它们称为“动态”元件。

9. 能量转化过程不可逆的电路功率常称为________，能量转化过程可逆的电路功率常称为________，这两部分功率的总和称为________。

10. 视在功率 $S=10$ kV·A(输出电压 220 V)的交流电源，并联接上 220 V、40 W、$\cos\varphi=0.44$ 的荧光灯，满载可接________只荧光灯。

11. RLC 串联电路中，电路复阻抗虚部大于零时，电路呈______性；若复阻抗虚部小于零时，电路呈______性；当电路复阻抗的虚部等于零时，电路呈______性。

12. RL 串联电路中，测得电阻两端电压为 120 V，电感两端电压为 160 V，则电路总电压是________V。

13. RLC 串联电路的谐振频率仅由电路参数________和________决定，而与电阻 R 的大小________，它反映了电路本身的固有特性。

14. 串联谐振时，电阻上的电压等于________，电感和电容上的电压________并为端电压的________倍。因此串联谐振又称为________。

15. 图 2-43 所示正弦交流电路中，电流表的读数为 0 时，L 和 C 应满足的条件为________。

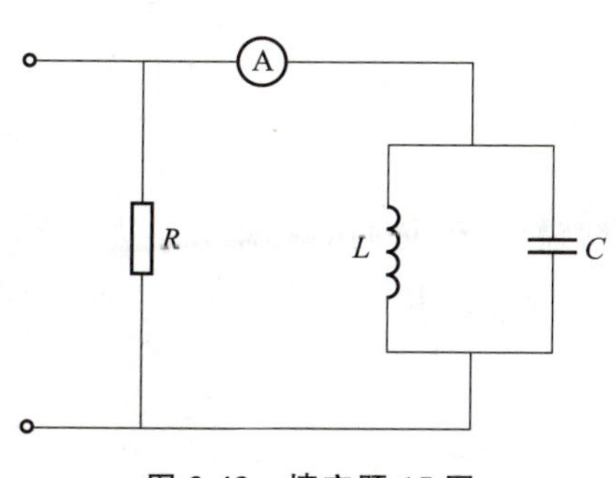

图 2-43　填空题 15 图

16. RLC 并联电路，当正弦电源的角频率 $\omega_0<\frac{1}{\sqrt{LC}}$ 时，该电路呈现________性；当

$\omega_0 > \frac{1}{\sqrt{LC}}$ 时，该电路呈现________性。

17. 电感 $L=500\,\text{mH}$，与电容 $C=20\,\mu\text{F}$ 并联，其谐振角频率 $\omega_0=$________，其并联时的阻抗 $Z_0=$________。

五、计算题

1. 已知某正弦电压 $u=220\sqrt{2}\sin(314t+45°)\,\text{V}$，试求它的最大值、有效值、角频率、周期和初相位。

2. 一正弦交流电，最大值为 311 V，$t=0$ 时的瞬时值为 269 V，频率为 50 Hz，写出其解析式。

3. 电流 $i_1=10\sin\left(100\pi t-\frac{\pi}{3}\right)\text{A}$，$i_2=60\sin\left(100\pi t+\frac{\pi}{3}\right)\text{A}$。它们的三要素各为多少？相位差为多少，哪个超前，哪个滞后？

4. 两个频率相同的正弦交流电流，它们的有效值是 $I_1=8\,\text{A}$，$I_2=6\,\text{A}$，在下面两种情况下，合成电流的有效值：(1)i_1 与 i_2 同相；(2)i_1 与 i_2 反相。

5. 电流 $i_1=100\sin\left(100\pi t-\frac{\pi}{3}\right)\text{A}$，电压 $u_1=60\sin\left(314t-\frac{\pi}{6}\right)\text{V}$，$u_2=80\sin\left(314t+\frac{\pi}{3}\right)\text{V}$。$i$、$u_1$、$u_2$ 之间的相位关系怎样？求 $u=u_1+u_2$ 的瞬时值解析式。

6. 两个频率相同的正弦交流电流，它们的有效值是 $I_1=8\,\text{A}$，$I_2=6\,\text{A}$，在下面各种情况下，合成电流的有效值：(1)i_1 比 i_2 超前 90°；(2)i_1 比 i_2 滞后 60°。

7. 纯电容电路中(图 2-44)，电容元件的电容量 $C=580\ \mu F$，其端电压 $u_C=110\sqrt{2}\sin(314t-60^\circ)\,V$。求：

(1) 电容元件的容抗 X_C；

(2) 电容电流 i_C；

(3) 无功功率 Q_C。

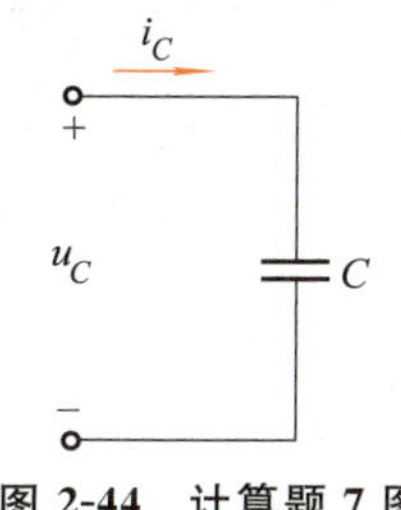

图 2-44　计算题 7 图

8. 纯电容元件在交流电路中电压与电流的相位差为多少？容抗与频率有何关系？判断下列表达式的正误：

(1) $i=\dfrac{u}{X_C}$；(2) $I=\dfrac{U}{\omega C}$；(3) $i=\dfrac{u}{\omega C}$；(4) $I=U_m\omega C$。

9. 在纯电感正弦交流电路中，电感元件的电感量 $L=318\ mH$，电流 $i=2.2\sqrt{2}\sin(314t+30^\circ)\,A$，求：

(1) 电感元件的感抗 X_L；

(2) 电感元件的端电压 u_L；

(3) 无功功率 Q_L。

10. 图 2-45 所示电路中，开关 S 打开前电路已处于稳态。$t=0$ 开关 S 打开，求 $t\geqslant 0$ 时的 $i_L(t)$、$u_L(t)$和电压源发出的功率。

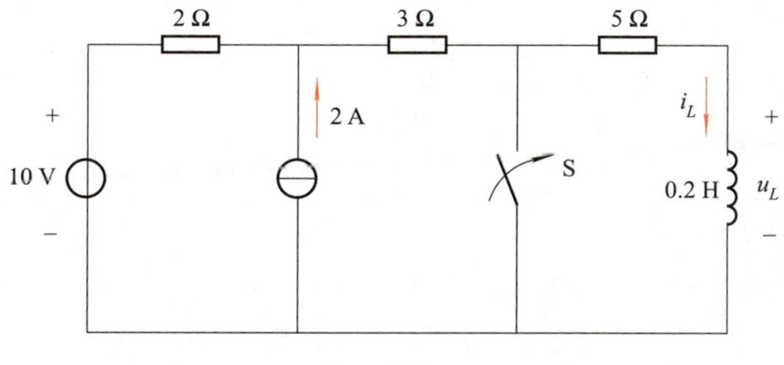

图 2-45　计算题 10 图

11. 图 2-46 所示电路中，已知电压表读数为 50 V，电流表读数为 1 A，功率表读数为 30 W，电源的频率为 50 Hz。求 L、R 的值和功率因数 λ。

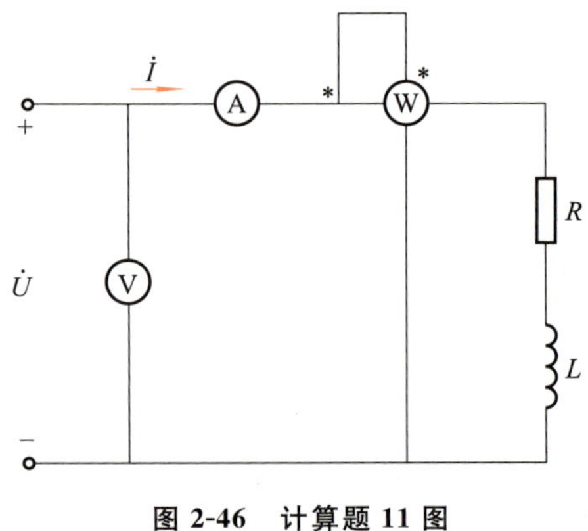

图 2-46　计算题 11 图

12. 收音机的输入调谐回路为 RLC 串联谐振电路，当电容为 160 pF，电感为 250 μH，电阻为 20 Ω 时，求谐振频率和品质因数。

13. 在 RLC 串联谐振电路中，已知信号源电压为 1 V，频率为 1 MHz，现调节电容使回路达到谐振，这时回路电流为 100 mA，电容两端电压为 100 V，求电路元件参数 R、L、C 和回路的品质因数。

第3章 三相电路

学习目标

- 理解三相电源的基本概念；
- 掌握三相电源和负载的星形联结、三角形联结；
- 掌握三相电源星形联结和三角形联结相电压、电流，线电压、电流的计算；
- 掌握三相电路视在功率、无功功率和有功功率的计算；
- 熟悉安全用电的方法；
- 学习安全用电常识，培养规范操作与安全文明生产意识；
- 培养分工合作、取长补短的团队协作意识；
- 培养爱岗敬业、吃苦耐劳的职业精神；
- 培养自主探究学习的能力。

3.1 三相电源

三相制（三相供电系统）自 19 世纪末问世以来，已广泛应用于发电、输电、配电和动力用电等方面。由三个频率相同，但初相位不同的正弦电源与三组负载按特定方式连接组成的电路称为三相电路。当今各国的电力系统大多采用三相电路来产生和传输大量的电能。三相供电系统由三相电源、三相输电线路和三相负载组成。

三相电源是能产生三相电压，能输出三相电流的电源。其通常由三相同步发电机产生，三相绕组在空间互差 120°，当转子以均匀角速度 ω 转动时，在三相绕组中产生感应电压，从而形成三相电源。如图 3-1 所示，其中 A、B、C 为始端，X、Y、Z 为末端。

电压 u_A、u_B、u_C 构成一组三相电压，由三相同步发电机提供的电压是对称三相电压，即一组频率相同、幅值相等而在相角上互差 120°的正弦电压，即

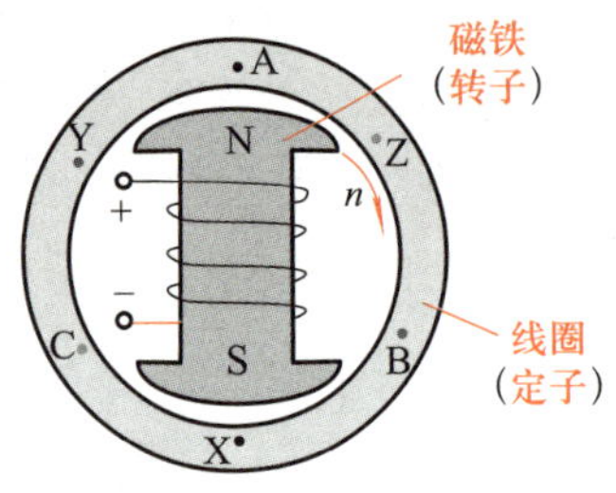

(a) 三相同步发电机

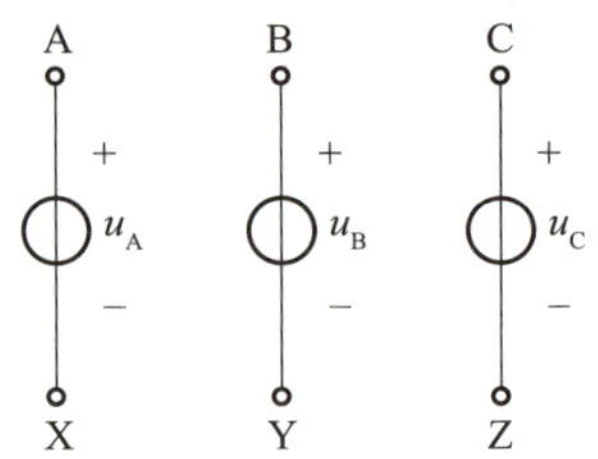

(b) 三相独立示意图

图 3-1　三相电源

$$u_A(t)=U_m\sin\omega t=\sqrt{2}U\sin\omega t \tag{3-1}$$

$$u_B(t)=U_m\sin(\omega t-120^\circ)=\sqrt{2}U\sin(\omega t-120^\circ) \tag{3-2}$$

$$u_C(t)=U_m\sin(\omega t-240^\circ)=\sqrt{2}U\sin(\omega t-240^\circ)$$

$$=\sqrt{2}U\sin(\omega t+120^\circ) \tag{3-3}$$

以 A 相电压 u_A 作为参考相量，则上列对称三相电压的相量表达式为

$$\dot{U}_A=U\angle 0^\circ \tag{3-4}$$

$$\dot{U}_B=U\angle -120^\circ \tag{3-5}$$

$$\dot{U}_C=U\angle -240^\circ=U\angle 120^\circ \tag{3-6}$$

式(3-4)至式(3-6)所表示的对称三相电压的相角关系为 B 相滞后于 A 相 120°，C 相又滞后于 B 相 120°。这种由超前相到滞后相按 A—B—C 排序的相角关系，称为正相序，简称正序，或称顺序。反之，若 C 相超前于 B 相 120°，B 相又超前于 A 相 120°，即 C—B—A 的相序，称为负相序，简称负序，或称逆序。今后如无特殊声明，均按正序处理。

图 3-2 用波形图和相量图表示出了以上对称三相电压，从图形中可以清楚地看出此正序对称三相电压的相角关系。

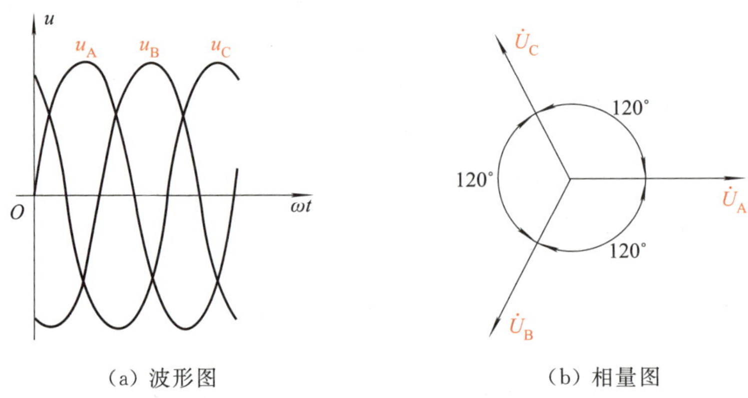

(a) 波形图　　(b) 相量图

图 3-2　对称三相电压的波形图和相量图

对称三相电压的代数和为

$$\begin{aligned}\dot{U}_A+\dot{U}_B+\dot{U}_C&=U\angle 0°+U\angle -120°+U\angle 120°\\&=U\left(1-\frac{1}{2}-j\frac{\sqrt{3}}{2}-\frac{1}{2}+j\frac{\sqrt{3}}{2}\right)=0\end{aligned} \tag{3-7}$$

这与相量图上对称三相电压相量的几何和为零是一致的。二者都反映了对称三相电压的时间函数式之和恒等于零，即

$$u_A(t)+u_B(t)+u_C(t)=0 \tag{3-8}$$

同理，对称三相电流是一组频率相同、幅值相等而相角互差 120°的正弦电流。因此，对称三相电流的相量的代数和及时间函数式之和必然恒等于零。

3.2 三相制的连接方式

三相发电机或三相变压器的二次侧都有三个绕组，每个绕组相当于一个单相电源。在不计绕组的阻抗时，三相电源的每一绕组的电路模型都是一个电压源。三相电源的三个绕组一般都要按某种方式连接成一个整体后再对外供电。三相电源的基本连接方式有两种。一种是星形联结，或称 Y 联结；另一种是三角形联结，或称△联结。三相负载也有星形和三角形两种基本连接方式，现分别讨论。

3.2.1 三相星形联结

三相电源的每一绕组都有一个始端和一个末端，如图 3-3 所示，A、B、C 为始端，X、Y、Z 为末端。如果规定各相电压的参考方向都是由始端指向末端，则三相电压的相角互差 120°。将三相电源的三相绕组的“末端”连接起来，而从“始端”A、B、C 引出三根导线以连接负载或电力网，这种接法就称为三相电源的星形联结。在不计电源内阻抗时，其电路模型如图 3-3a 所示。由末端连接成的节点 O 称为中性点，简称中点。图中负载也接成星形，负载中性点与电源中性点间的连接线即为中性线。这样的三相系统就是三相四线制。

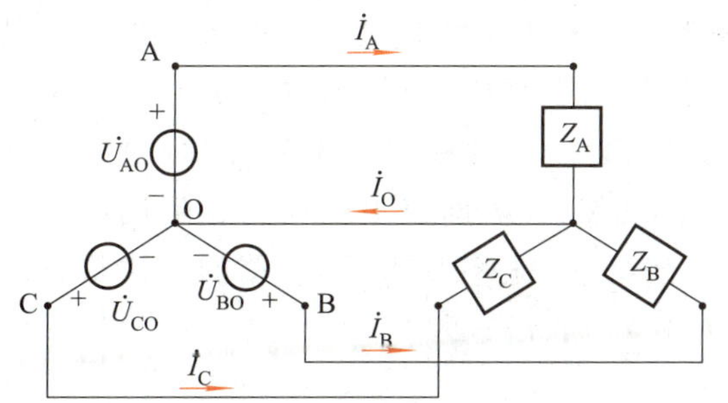

(a) X—Y—Z 共点联结的三相制

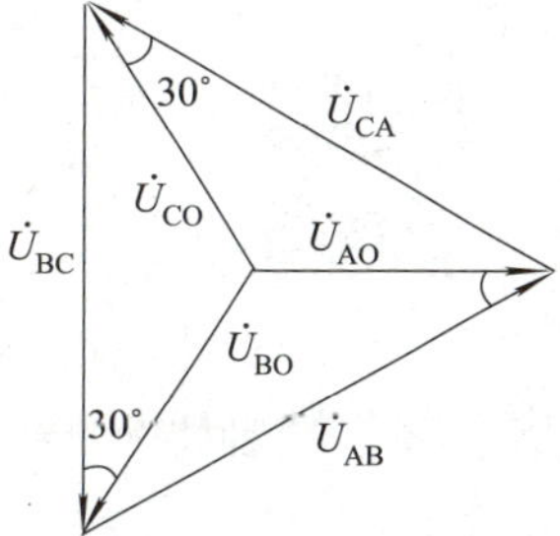

(b) 星形联结中对称三相电压的相量图

图 3-3　三相星形联结

由三个始端引出的导线即为端线，端线上的电流称为线电流，分别为 $\dot{I}_A$，$\dot{I}_B$，$\dot{I}_C$，而流经电源或负载每相的电流则称为相电流 $\dot{I}_P$。在星形联结中，每一根端线的线电流就是该线所连接的电源或负载的相电流。简而言之，在星形联结中，线电流等于相电流。

三相电路中，任意两端线间的电压称为线电压，而电源或负载每相的电压则称为相电压。在星形联结中，根据基尔霍夫电压定律的相量形式，线电压相量 $\dot{U}_{AB}$、$\dot{U}_{BC}$、$\dot{U}_{CA}$ 与相电压相量 $\dot{U}_{AO}$、$\dot{U}_{BO}$、$\dot{U}_{CO}$ 间的基本关系为

$$\dot{U}_{AB}=\dot{U}_{AO}-\dot{U}_{BO} \tag{3-9}$$

$$\dot{U}_{BC}=\dot{U}_{BO}-\dot{U}_{CO} \tag{3-10}$$

$$\dot{U}_{CA}=\dot{U}_{CO}-\dot{U}_{AO} \tag{3-11}$$

作出相量图，便可求得线电压与相电压之间的关系。作相量图的步骤是，先画出三个相电压相量，然后依次取两个相电压相量之差，就得到各个线电压相量。不难看出，连接三个相电压相量顶点所得三角形的三边，就代表了三个线电压相量（注意箭头指向），如图 3-3b 所示。在相电压对称的情况下，线电压是和相电压大小不同、相角也不一样的另一组对称三相电压。线电压与相电压有效值之间的关系为

$$U_L=2U_P\cos 30^\circ=\sqrt{3}U_P \tag{3-12}$$

式中，U_L 代表线电压有效值，U_P 代表相电压有效值。这就是说，在对称三相星形联结中，线电压的有效值等于相电压有效值的$\sqrt{3}$倍。例如，在常见的对称三相四线制中，相电压为 220 V，线电压为 380 V，就是符合上述关系的，即$\sqrt{3}\times 220\ \text{V}\approx 380\ \text{V}$。

在对称三相星形联结中，线电压相量与相电压相量之间的关系，也不难根据相量图求出：

$$\dot{U}_{AB}=\sqrt{3}\dot{U}_{AO}\angle 30^\circ \tag{3-13}$$

$$\dot{U}_{BC}=\sqrt{3}\dot{U}_{BO}\angle 30^\circ \tag{3-14}$$

$$\dot{U}_{CA}=\sqrt{3}\dot{U}_{CO}\angle 30^\circ \tag{3-15}$$

在图 3-3 所示三相电路中，线电流可按基尔霍夫电流方程确定

$$\dot{I}_O=\dot{I}_A+\dot{I}_B+\dot{I}_C \tag{3-16}$$

微视频

负载星形联结的三相电路

即中性线电流相量等于各相电流相量之和。如果三相负载阻抗 $Z_A=Z_B=Z_C$（这种负载称为对称三相负载），则在对称三相电源作用下各相电流也必然是对称三相电流，这时中性线电流 $\dot{I}_O=0$。中性线电流既然为零，即使中性线上有阻抗也不会影响电路的工作状态；甚至将中性线断开后，电路的工作状态仍与有中性线时相同。这种电源与负载均作星形联结而无中性线的三相系统，称为三相三线制。

3.2.2 三相三角形联结

三相电源的三角形联结是将电源每相绕组的末端 X、Y、Z 与其后一相绕组的始端 B、C、A 相连（图 3-4），形成一个闭合路径，再从三个连接点引出端线以连接负载或电力网。在不计电源内阻抗时，其电路模型如图 3-4 所示。图中负载也作三角形联结。电源和负载均

作三角形联结的三相电路是另一种形式的三相三线制。

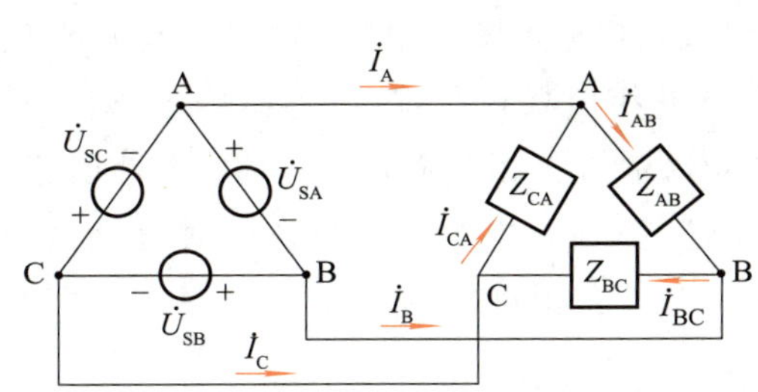

(a) △-△联结的三相制

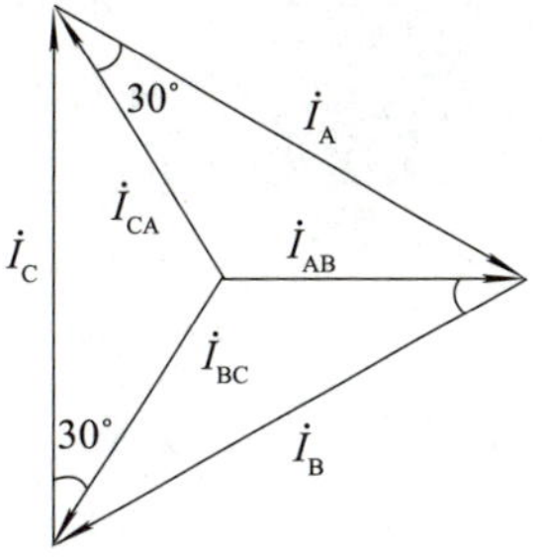

(b) 三角形联结中对称三相电流的相量图

图 3-4　三相三角形连接

三角形联结的三相电源虽然自成一个回路，但是只要接法正确，并且电源电压是对称的，则电源回路中各相电压源的电压之和为零，即

$$\dot{U}_{SA}+\dot{U}_{SB}+\dot{U}_{SC}=0 \tag{3-17}$$

因而在空载状态下电源回路中并无电流通过。

在△-△联结的三相电路中，由于每相电源（或每相负载）直接连接在两端线之间，所以三角形联结的线电压等于相电压。但线电流则不等于相电流。根据基尔霍夫电流定律的相量形式可以写出

$$\dot{I}_A=\dot{I}_{AB}-\dot{I}_{CA} \tag{3-18}$$

$$\dot{I}_B=\dot{I}_{BC}-\dot{I}_{AB} \tag{3-19}$$

$$\dot{I}_C=\dot{I}_{CA}-\dot{I}_{BC} \tag{3-20}$$

作出相量图，便可求得线电流与相电流之间的关系。作相量图的步骤是，先画出三个相电流相量，然后根据式(3-18)～式(3-20)，依次取两个相电流相量之差，就得到各个线电流相量。不难看出，连接三个相电流相量顶点所得三角形的三边，就代表了三个线电流相量（注意箭头指向），如图 3-4b 所示。在相电流是对称的情况下，线电流是和相电流大小不同、相角也不一样的另一组对称三相电流，线电流与相电流有效值之间的关系为

$$I_L=2I_P\cos 30^\circ=\sqrt{3}\,I_P \tag{3-21}$$

式中，I_L 代表线电流有效值，I_P 代表相电流有效值。这就是说，在对称三相三角形联结中，线电流的有效值等于相电流有效值的$\sqrt{3}$倍。

对称三相线电流相量与对称三相相电流相量之间的关系，也不难根据相量图求出：

$$\dot{I}_A=\sqrt{3}\,\dot{I}_{AB}e^{-j30^\circ} \tag{3-22}$$

$$\dot{I}_B=\sqrt{3}\,\dot{I}_{BC}e^{-j30^\circ} \tag{3-23}$$

$$\dot{I}_C=\sqrt{3}\,\dot{I}_{CA}e^{-j30^\circ} \tag{3-24}$$

显而易见，三角形联结的线电流与相电流之间的关系和星形联结的线电压与相电压之间的关系是互为对偶的。

负载三角形联结的三相电路

应当注意，在三相电路中，三相负载是由三个单相负载按照一定的规律连接组合起来的。常见的三相交流电路中的负载有动力负载（如三相电动机）、电热负载（如三相电炉）或照明负载（如白炽灯、荧光灯等）。三相负载有三相对称负载和三相不对称负载两种。三相对称负载是指三相负载的大小相等、性质相同。大小是指负载的阻抗，性质是指负载呈电阻性、电感性，还是电容性。只有同时符合这两个条件的负载才是三相对称负载。三相不对称负载是指三相负载的大小不相等或者性质不相同。

三相负载的连接方式决定于负载每相的额定电压和电源线电压。例如，额定相电压为 220 V 的三相电动机，要连接到线电压为 380 V 的三相电源时，必须接成星形联结，而不能接成三角形联结。如果电动机的额定相电压等于电源线电压，则应接成三角形联结。

3.3 三相电路的功率

3.3.1 三相功率的计算

1. 三相功率的一般关系

在三相交流电路中，无论负载是星形联结还是三角形联结，负载是对称还是不对称，三相电路的有功功率等于各相负载的有功功率之和，即

$$P = P_U + P_V + P_W \tag{3-25}$$

或

$$P = U_U I_U \cos\varphi_U + U_V I_V \cos\varphi_V + U_W I_W \cos\varphi_W \tag{3-26}$$

式中，U_U、U_V、U_W 是各相的相电压，I_U、I_V、I_W 是各相的相电流，$\cos\varphi$ 是各相的功率因数。

三相电路的无功功率等于各相负载的无功功率之和，即

$$Q = Q_U + Q_V + Q_W = U_U I_U \sin\varphi_U + U_V I_V \sin\varphi_V + U_W I_W \sin\varphi_W \tag{3-27}$$

三相电路的视在功率为

$$S = \sqrt{P^2 + Q^2} \tag{3-28}$$

2. 三相对称电路的功率

在三相电路中，如三相负载是对称的，则三相电路的总有功功率等于每相负载上消耗的有功功率的 3 倍，即

$$P = 3P_P = 3U_P I_P \cos\varphi$$

式中，φ 角是相电压 U_P 与相电流 I_P 的相位差。

在实际应用中，负载有星形联结与三角形联结两种方式，同时三相电路中的线电压和线电流的数值比较容易测量，所以一般用线电压和线电流来表示三相电路的功率。

当三相对称负载是星形联结时，有

$$U_L=\sqrt{3}U_P,\ I_L=I_P \tag{3-29}$$

当三相对称负载是三角形联结时，有

$$U_L=U_P,\ I_L=\sqrt{3}I_P \tag{3-30}$$

所以，不论是星形联结还是三角形联结，将上述关系代入，则得

$$P=\sqrt{3}U_L I_L \cos\varphi \tag{3-31}$$

式中，φ 角仍为相电压 U_P 和相电流 I_P 的相位差，即负载阻抗的阻抗角。

同理可得，三相电路的无功功率和视在功率分别为

$$Q=3U_P I_P \sin\varphi=\sqrt{3}U_L I_L \sin\varphi \tag{3-32}$$

$$S=3U_P I_P=\sqrt{3}U_L I_L \tag{3-33}$$

三相负载的总功率因数为

$$\lambda=\frac{P}{S} \tag{3-34}$$

例　有一个三相对称电感性负载，其中每相的 $R=12\ \Omega$、$X=16\ \Omega$，接在 $U_L=380$ V 的三相对称电源上。

(1) 若负载作星形联结时，计算 I_L、I_P 及 P。

(2) 如负载接成三角形联结，再计算上述各量，并比较两种接法的结果。

解：因三相电源和三相负载对称，所以根据对称电路的特点，只要计算一相，另两相就可以根据对称关系直接写出。

(1) 当三相负载为星形联结时，有

$$U_P=\frac{U_L}{\sqrt{3}}=\frac{380}{\sqrt{3}}\ \text{V}=220\ \text{V}$$

$$|Z|=\sqrt{R^2+X^2}=\sqrt{12^2+16^2}\ \Omega=\sqrt{144+256}\ \Omega=20\ \Omega$$

$$I_P=\frac{U_P}{|Z|}=\frac{220}{20}\ \text{A}=11\ \text{A}$$

$$I_L=I_P=11\ \text{A}$$

$$P=3\times I_P^2\times R=3\times 11^2\times 12\ \text{W}=4\ 356\ \text{W}$$

(2) 当负载为三角形联结时，因线电压和相电压相等，所以

$$I_P=\frac{U_P}{|Z|}=\frac{380}{20}\ \text{A}=19\ \text{A}$$

$$I_L=\sqrt{3}\times I_P=19\times\sqrt{3}\ \text{A}=32.9\ \text{A}$$

$$P = 3 \times I_P^2 \times R = 3 \times 19^2 \times 12\ \text{W} = 3 \times 4\,332\ \text{W} = 12\,996\ \text{W}$$

可见，三角形联结时由于每相负载的电压升高，所以有功功率增大。

总结：接在同一三相电源上的同一三相对称负载，当其连接方式不同时，其三相有功功率是不同的，三角形联结的有功功率是接成星形联结的 3 倍。即 $P_{\triangle} = 3P_{Y}$。

3.3.2 三相功率的测量

在实验室里或工程上，除用三相功率表测量三相功率外，一般也可用单相功率表来测量三相功率，其测量方法有一表法、两表法和三表法。

（1）一表法

在三相对称负载电路中，若三相负载是对称的，则每相负载的功率都相等，这时可以用一个功率表测量其中任一相负载的功率，将结果乘以 3，就是三相负载的总功率。一表法接线图如 3-5a 所示。

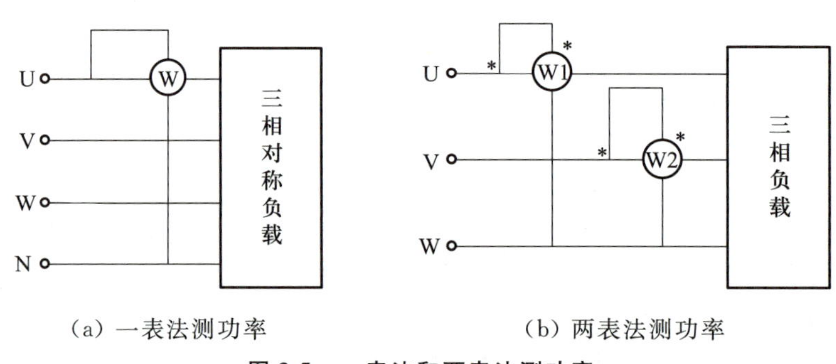

（a）一表法测功率　　（b）两表法测功率

图 3-5　一表法和两表法测功率

（2）两表法

两表法常用来测量三相对称或不对称负载的功率，尤其对中性点不外露的星形联结或是端点不易打开的三角形联结的负载最为方便。正确的接法是把两个功率表的电流线圈串接在任意两根相线中，两个电压线圈同时接在未接表的一根相线上，如图 3-5b 所示。

（3）三表法

这种方法用于测量三相四线制不对称负载的功率，测量时把三个表分别接在被测量的每相电路中，如图 3-6 所示，三个表的读数加起来就是三相负载的总功率。

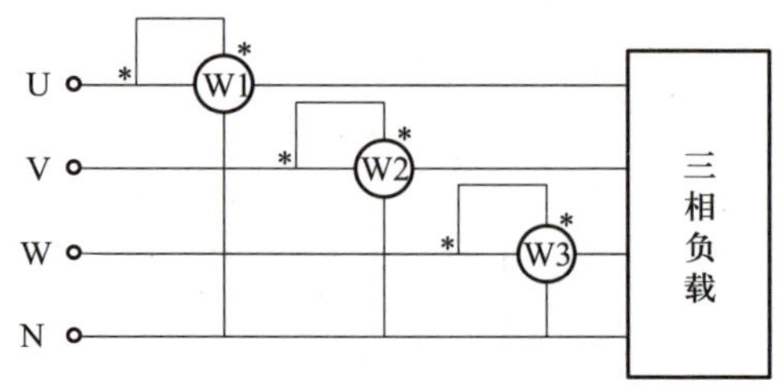

图 3-6　三表法测功率

3.4 安全用电技术

3.4.1 安全用电常识

触电是泛指人体触及带电体，有电流流过人体。触电时电流会对人体造成各种不同程度的伤害。触电事故分为两类：一类为“电击”；另一类为“电伤”。所谓电击，是指电流通过人体时所造成的内部伤害，它会破坏人的心脏、呼吸系统及神经系统的正常工作，甚至危及生命；电伤是指由于电流效应引起对人体外部的伤害，如皮肤的灼伤、电烙印等。

根据欧姆定律，触电电流等于加在人体的电压除以人体电阻。一般来说，工频电流 10 mA 以下和直流电流 50 mA 以下流过人体时，人能摆脱电源，危险性不太大，但时间过长同样有危险。

1. 安全电压

通过人体的电流大小和电压有关，电压越高，通过人体的电流越强。经验证明，对于人体来说，低于 36 V 的电压是安全的，故把 36 V 的电压作为安全电压。照明电路和动力电路的电压都比 36 V 高得多，因此，在这些情况下，必须防止发生触电事故。国际电工委员会规定接触电压的限定值为 50 V，并规定在 25 V 以下时，不需要考虑防止电击的安全措施。我国规定的安全电压等级有 42 V、36 V、24 V、12 V、6 V 五个等级。

小提示

不能认为安全电压就是绝对安全的，如果人体在汗湿、皮肤破裂等情况下，长时间触及电源，也可能发生严重的电击伤害。

2. 人体电阻

人体电阻越大，通过人体的电流越小。人体电阻主要是皮肤电阻，皮肤干燥时，人体电阻可达 $10^4 \sim 10^6$ kΩ；若皮肤潮湿，人体电阻急剧下降，约为 1 000 Ω。

3.4.2 防触电的安全技术

经常发生的触电形式有：单相触电、两相触电、跨步电压触电、接触电压触电、雷击触电。

1. 单相触电

人体接触一根相线造成的触电称为单相触电。单相触电又分为两种：中性点接地电网的单相触电，如图 3-7a 所示；中性点不接地电网的单相触电，如图 3-7b 所示。

（1）中性点接地电网的单相触电

中性点接地的三相供电系统，若人体触及电网相电压 220 V，如图 3-7a 所示，则电流通过人体—大地—中性点接地电阻—中性点形成闭合回路。此时流过人体的触电电流为

（a）中性点接地电网的单相触电

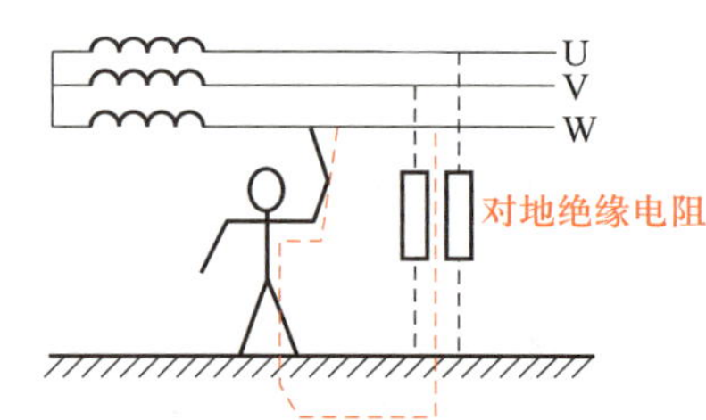

（b）中性点不接地电网的单相触电

图 3-7 单相触电

$$I_{P}=\frac{U_{P}}{R_{0}+R_{人}}\approx\frac{U_{P}}{R_{人}}（R_{0}\text{ 即中性点接地电阻}） \tag{3-35}$$

接地通常用专用钢管或钢板深埋大地中，并与中性点牢固相接，不大于 4 Ω。

若地面潮湿且人未穿绝缘性能良好的鞋子，人体电阻约 1 000 Ω，此时计算得到触电电流约 220 mA，远远高于 50 mA，非常危险。在已经发生的人体触电事故中，这种触电方式占大多数。例如，由于开关、灯头、电动机或其他设备绝缘损坏等发生的触电都属于中性点接地电网的单相触电。

（2）中性点不接地电网的单相触电

中性点不接地的三相供电系统，人体接触一根相线如图 3-7b 所示，触电电流通过人体—大地—对地绝缘电阻—线路形成两条闭合回路。绝缘电阻主要指空气阻抗、分布电容，如果线路绝缘良好，则空气阻抗、容抗很大，人体承受的电流就比较小，一般不会发生危险。

2. 两相触电

人体的两个部位同时接触两根相线造成的触电为两相触电，如图 3-8 所示。人体同时触及两根相线如图 3-8a 所示，电流经一根相线—人体—另一根相线—中性点构成闭合回

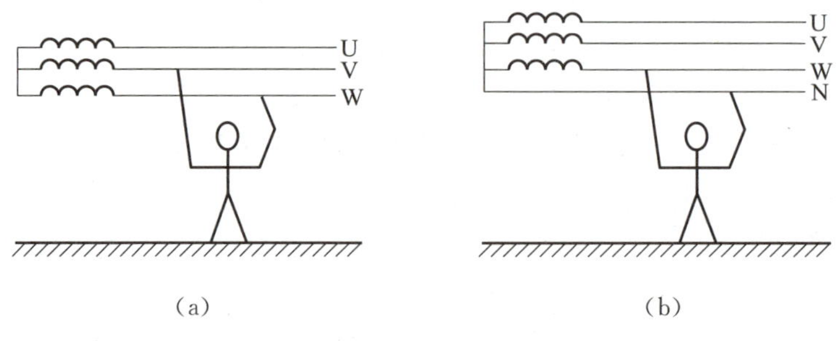

（a）　（b）

图 3-8 两相触电

路，触电电流约 380 mA。人体不同部位同时触及一根相线和一根中性线如图 3-8b 所示，电流经一根相线—人体—中性线—中性点构成闭合回路，触电电流约 220 mA。

3. 跨步电压触电

当一根带电导线断落在地上或运行中的电气设备绝缘损坏漏电时，电流会以导线落地点或设备接地体为圆心向大地流散，在半径 20 m 的圆面积内形成分布电场，当人进入此范围时，两脚之间的电位不同，形成跨步电压如图 3-9 所示。

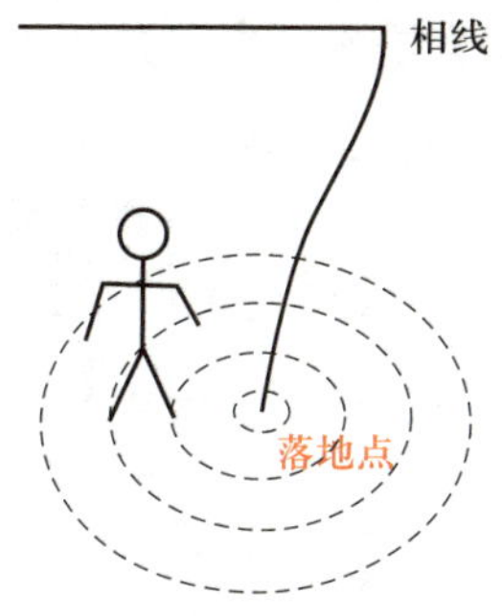

图 3-9 跨步电压触电

小提示

一旦不小心步入断线落地区且感觉到跨步电压时，应赶快把双脚并在一起或用一条腿跳着离开断线落地区。当必须进入断线落地区救人或排除故障时，应穿绝缘靴。

4. 接触电压触电

人站在发生接地短路故障设备旁边，触及漏电设备的外壳时，手、脚之间所承受的电压引起的触电，称为接触电压触电。家用电器引起的触电事故通常都是接触电压触电。

3.4.3 静电防护、电气防火与防爆常识

在供电系统中，对用电设备采用保护接地和保护接零的方法防止设备漏电，这也是防止触电事故发生的有效手段。

1. 保护接地

在电源中性点不接地的供电系统（三相三线制）中，将用电设备外壳与大地用接地体或导线可靠接地，一旦设备的绝缘损坏，设备外壳带电但其电位基本为零，人触及设备外壳时，流经人体的电流很小。

2. 保护接零

在动力和照明用的低压系统中，即电源中性点接地的供电系统（三相四线制）中，保护接地的作用不很完善，应将电气设备外壳与中性线连接。若有一相线发生事故，相线与中性线之间的瞬时电流将熔体熔断，起到保护作用。

在同一配电系统中，不允许一部分设备采用保护接地，另一部分设备采用保护接零。

实训项目

实训 3.1 三相电源的使用

一、实训目的

1. 掌握三相四线制照明电路构成、原理及安装方法。
2. 掌握中性线在非平衡负载电路中的作用。

二、实训器材

电工电子综合实训台（含可调输出三相交流电源），15 W/220 V 白炽灯（含灯座）6 只，

单刀单掷开关 9 只，300 mA 交流电流表 1 只，万用表 1 只。

三、实训步骤

1. 三相四线制交流电源给三层楼用户供电，设计电路并安装，要求如下：

(1) 每相安装总开关。

(2) 每层楼安装 2 盏灯，每盏灯均安装开关。

(3) 中性线串接 300 mA 交流电流表监测中性线电流 I_N。

2. 通电：

(1) 用万用表将实训台三相交流可调电源输出的相电压调节到 150 V(不要调到 220 V，防止负载不对称时电压过高烧坏灯泡)。

(2) 在四种工作状态下，用万用表测量相电压，交流电流表监测中性线电流 I_N，并观察灯泡工作情况，记录于表 3-1 中。

表 3-1 相电压测量

工作状态		相电压/V			中性线电流 I_N/mA	灯泡工作情况
		U_{PU}	U_{PV}	U_{PW}		
中性线正常时	灯泡全点亮时					
	关闭其中某灯泡时					
中性线断开时	灯泡全点亮时					
	关闭其中某灯泡时					

实训 3.2 三相制的连接方式

一、实训目的

1. 掌握三相负载的星形联结、三角形联结的方法，验证这两种联结的线电压和相电压，以及线电流与相电流之间的关系。

2. 充分理解三相四线供电系统中中性线的作用。

3. 熟悉和使用三相功率测量的两表法。

二、实训器材

本实训设备名称、型号及规格见表 3-2。

表 3-2 设备名称、型号及规格

设备名称	型号及规格
三相自耦调压器	0～450 V
交流电压表	0～500 V 数字表
交流电流表	0～5 A 数字表
单相功率表	0～450 V，0～5 A
三相灯组负载	白炽灯三组
电感、电容元件	

三、实训原理

1. 在三相电路中，三相负载可分别连接成星形（Y）联结（图 3-10）和三角形（△）联结（图 3-11），Y 联结又可分为三相三线制（Y）和三相四线制（YN）。当三相负载不对称时，例如居民用电，必须采用三相四线制供电，以保证负载相电压对称，满足工作需要。

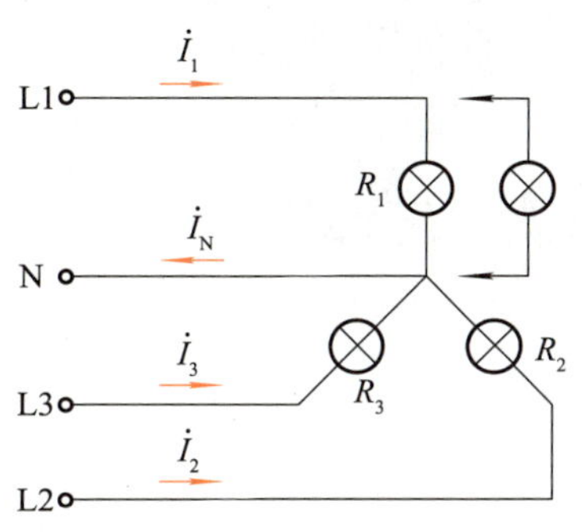

图 3-10　三相负载的 Y 联结

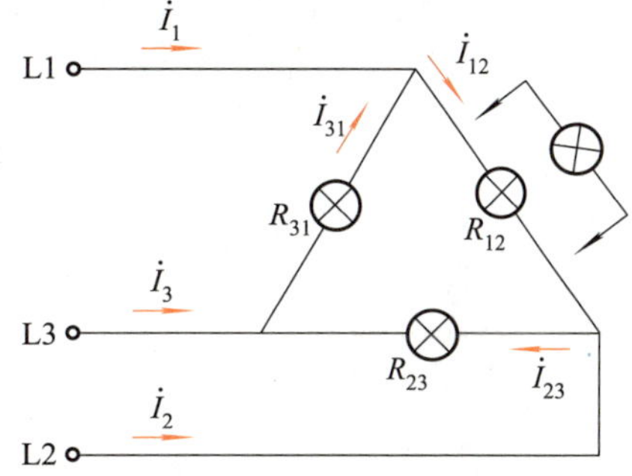

图 3-11　三相负载的△联结

2. 三相对称电源连接成三相四线制（YN）供电线路时，其线电压 U_L 和相电压 U_P 都是对称的。它们之间的数量关系是 $U_L=\sqrt{3}U_P$。

相位关系：线电压超前相应的相电压 30°。

三相对称电源的线电压、相电压均大小相等，相位互差 120°。

3. 三相对称负载为星形联结时，各负载相电压的数值相等，相位互差 120°，各线电流和相电流的数值相等，相位互差 120°，中性线电流为零。

三相不对称负载为星形联结而且有中性线时，各相电压对称，相电流不对称，中性线电流不为零。若此时拆掉中性线，由于负载不对称，则有的相电压过高而有的相电压偏低，对负载和供电线路工作不利或造成损坏，可见中性线是必设的。

4. 三相负载为三角形联结，负载对称时，负载的线电压等于相电压，相位互差 120°，线电流和相电流的关系为：在数值上线电流等于相电流的$\sqrt{3}$倍，在相位上线电流滞后相应的相电流 30°；负载不对称时，电路各相电流和线电流将会发生变化，它们不再对称。

5. 三相电路功率测量可采用一表法、两表法和三表法：

① 一表法：对于三相对称电路，只要用一个功率表测量出一相电路的功率，然后将其读数乘以 3 就是三相电路的总功率。

② 两表法：以三相电路中任一线为基准，用一个功率表分别测另两线与基准线之间的功率后叠加起来，即为三相电路的总功率。

③ 三表法：用功率表分别测量每相负载的功率，然后叠加起来，即为三相电路的总功率。

四、实训步骤

1. 实训电路图包括星形联结、三角形联结电路图，以及两表法测功率实训电路图。

（1）星形联结。星形联结电路图如图 3-12 所示。

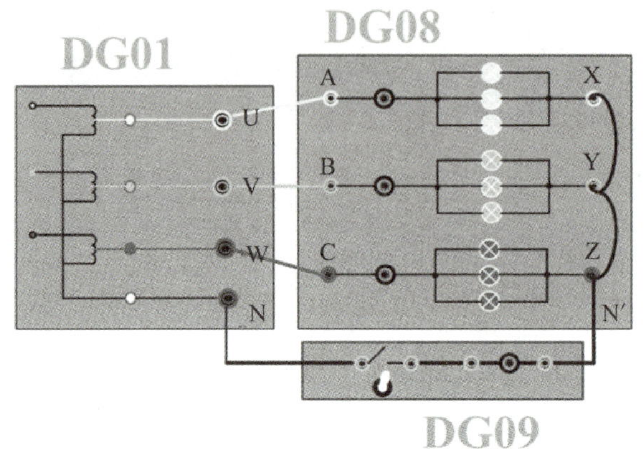

图 3-12　星形联结

注意 N 和 N′点的区别。

(2) 三角形联结。三角形联结电路图如图 3-13 所示。

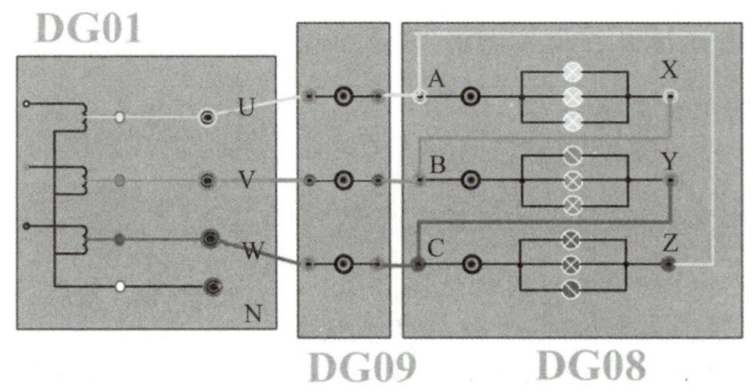

图 3-13　三角形联结

(3) 两表法。两表法测功率实训电路图如图 3-14 所示。

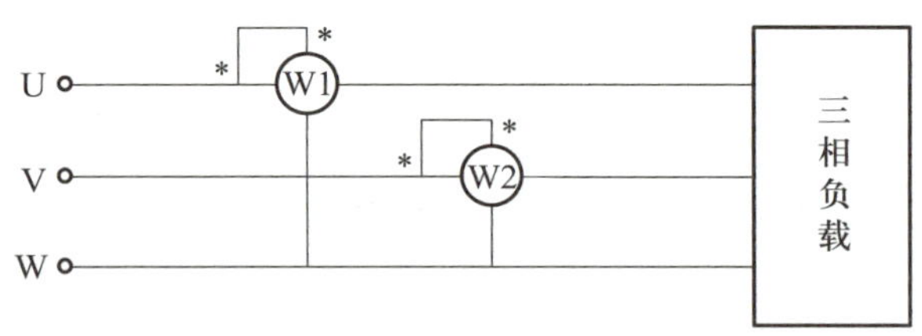

图 3-14　两表法

三相有功功率 $P = P_{W1} + P_{W2}$。

2. 按三相负载星形联结图 3-12 所示连接实训电路，然后调节调压器输出，使输出三相线电压为 220 V，分别测量三相负载的线电压、相电压、线电流、相电流、中性点电压和中性线电流。实训中应注意观察各相灯组亮暗的变化程度，特别要观察中性线的作用。

3. 按三角形联结方式改接线路，分别测量三相负载的线电压、线电流、相电压和相电流。

4. 以 A 相、B 相、C 相中任意一相为两表法的公共接线端连接电路，测量三相电路的功率。

五、实训数据处理

1. 记录实训结果。

将实训结果记入表 3-3～表 3-5。

表 3-3　负载三角形联结测量数据记录

	各项负载(开灯盏数)			灯的明暗程度	相电压=线电压/V			线电流/mA			相电流/mA		
	A 相	B 相	C 相		U_{AX}	U_{BY}	U_{CZ}	I_A	I_B	I_C	I_{AX}	I_{BY}	I_{CZ}
三相平衡	3	3	3										
三相不平衡	1	2	3										

表 3-4　负载星形联结(Y 和 YN)测量数据记录

	各相负载(开灯盏数)			灯的明暗程度	负载相电流/mA			负载线电压/V			负载相电压/V			中性线电流/mA	中性点电压/V
	A 相	B 相	C 相		I_A	I_B	I_C	U_{AB}	U_{BC}	U_{CA}	U_{AO}	U_{BO}	U_{CO}	I_0	$U_{NN'}$
YN 平衡	3	3	3												
YN 不平衡	1	2	3												
Y 平衡	3	3	3												
Y 不平衡	1	2	3												

表 3-5　两表法测功率数据记录

	各相负载(开灯盏数)			P_{W1}/W	P_{W2}/W	$P(=P_{W1}+P_{W2})$/W
	A 相	B 相	C 相			
Y 平衡	3	3	3			
Y 不平衡	1	2	3			
△平衡	3	3	3			
△不平衡	1	2	3			

2. 计算。

验证三相电路中的“$\sqrt{3}$”关系。

在对称 YN 联结中，有

$$\frac{U_{AB}}{U_{AO}}=\frac{219.8}{127.3}=1.726\ 63\approx\sqrt{3}$$

$$\frac{U_{BC}}{U_{BO}}=\frac{214.3}{123.7}=1.732\ 42\approx\sqrt{3}$$

$$\frac{U_{CA}}{U_{CO}}=\frac{217.4}{123.8}=1.756\ 06\approx\sqrt{3}$$

在对称 Y 联结中，有

$$\frac{U_{AB}}{U_{AO}}=\frac{220.3}{129.5}=1.701\ 16\approx\sqrt{3}$$

$$\frac{U_{BC}}{U_{BO}}=\frac{216.8}{126.6}=1.712\ 48\approx\sqrt{3}$$

$$\frac{U_{CA}}{U_{CO}}=\frac{219.5}{123.7}=1.744\ 54\approx\sqrt{3}$$

在对称△联结中，有

$$\frac{I_{A}}{I_{AX}}=\frac{576}{325}=1.772\ 31\approx\sqrt{3}$$

$$\frac{I_{B}}{I_{BY}}=\frac{560}{324}=1.728\ 40\approx\sqrt{3}$$

$$\frac{I_{C}}{I_{CZ}}=\frac{573}{336}=1.705\ 36\approx\sqrt{3}$$

由以上计算可知，在对称星形电路中，存在 $U_L=\sqrt{3}U_P$；在对称三角形电路中，存在 $I_L=\sqrt{3}I_P$。

3. 思考题解答。

(1) 两表法的适用情况？

答：两表法能用于测量三相三线对称与不对称电路的有功功率。

(2) 三相四线制电路能不能用两表法测三相功率？

答：不能。两表法测量只能反映电路中正序分量和负序分量的有功功率，而不能测量电路中零序分量的有功功率。当三相四线电路产生零序电压和零序电流时，两表法测量的功率和电路的实际功率不相符。

(3) 三相四线制电路怎么测量三相功率？

答：在三相四线制中，可以从外部电路上测得各相的相电压和相电流，从而可以根据相电流和相电压分别计算各相功率，然后相加而得总功率，即 $P=P_U+P_V+P_W$，电路图如图 3-15 所示。

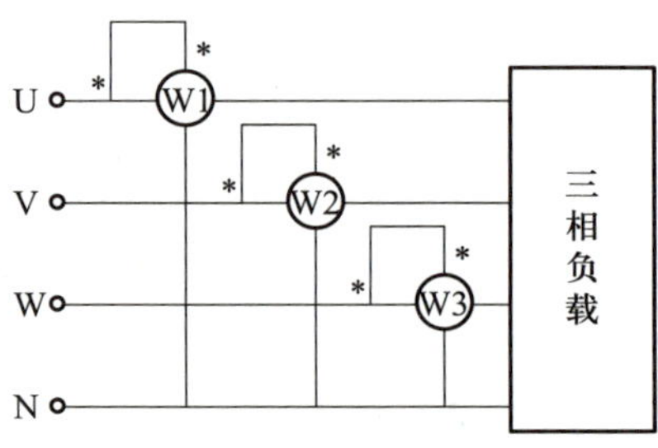

图 3-15 三相四线制测量三相功率

六、实训注意事项

1. 本实训采用三相交流电，线电压为 220 V，实训时要注意人身安全，不可触及导电部件，防止意外事故发生。

2. 每次接线完毕，同组同学应自查一遍，然后由指导教师检查后，方可接通电源。必须严格遵守先接线，后通电；先断电，后拆线的操作原则。

3. 每项实训完毕，均需将三相调压器调回零位，每改变接线均需断开三相电源，以确保人身安全。

4. 测量数据时，所需测量的相电压、线电压指的都是负载侧，不要测量电源侧。

5. 开始通电时，注意观察电源侧三相表的示数是否对称，若不对称，说明有熔体熔断，向指导老师说明情况。

6. 每项实训完毕后，均需先找指导老师检查数据，然后再拆线做下一组，避免出现错误后需重新接线浪费时间。

本章小结

1. 三相交流电的基本概念。

(1) 三相电路：由三个频率相同、初相位不同的正弦电源与三组负载按特定方式连接组成的电路称为三相电路。

(2) 三相电源：是能产生三相电压、能输出三相电流的电源。

(3) 三相对称交流电：频率相同、大小相等、相位彼此相差 120°的三个正弦交流量(电压、电流或电动势)统称为三相对称交流电。三相对称电压的时间函数式之和恒等于零。

2. 三相交流电的连接方式。

三相电源有星形联结和三角形联结两种方式。

(1) 将三相电源的三相绕组的“末端”连接起来，而从“始端”A、B、C 引出三根导线以连接负载或电力网，这种接法就称为三相电源的星形联结。电源作星形联结时，线电压的有效值等于相电压有效值的$\sqrt{3}$倍。

(2) 三相电源的三角形联结是将电源每相绕组的末端 X、Y、Z 与其后一相绕组的始端 B、C、A 相连，形成一个闭合路径，再从三个连接点引出端线以连接负载或电力网。电源作三角形联结时，线电压有效值和相电压有效值相等，线电流的有效值等于相电流有效值的$\sqrt{3}$倍。

(3) 三相负载同样有星形联结和三角形联结两种方式。

3. 三相功率的计算。

在三相交流电路中，无论负载是星形联结还是三角形联结，负载是对称还是不对称，三相电路的有功功率等于各相负载的有功功率之和，无功功率等于各相负载的无功功率之和。

习 题 3

一、单选题

1. 测量三相电路功率时，不论电路是否对称，测量方法为(　　)。

A. 三相四线制用两表法　　B. 三相四线制用一表法

C. 三相三线制用一表法　　D. 三相三线制用两表法

2. 三相对称电源相电压 $u_{\mathrm{U}}=\sqrt{2}U\cos\omega t$ V。当作星形联结时的线电压 u_{W} 为(　　)。

A. $\sqrt{2}U\cos(\omega t-90^\circ)$ V　　B. $\sqrt{6}U\cos(\omega t+90^\circ)$ V

C. $\sqrt{6}U\cos(\omega t-90^\circ)$ V　　D. $\sqrt{2}U\cos(\omega t+90^\circ)$ V

3. 电源和负载均为星形联结的对称三相电路中，负载保持星形联结不变，电源改为三角形联结，负载电流有效值(　　)。

A. 增大　　B. 减小

C. 不变　　D. 不能确定

4. 当用两表法测量三相三线制电路的有功功率时，下列说法正确的是(　　)。

A. 不管三相电路是否对称，都能测量

B. 三相电路完全对称时，才能正确测量

C. 在三相电路完全对称和简单不对称时，才能正确测量

D. 根本无法完成

5. 图 3-16 所示电路接至对称三相电压源，负载相电流 $\dot{I}_{\mathrm{UV}}$ 与线电流 $\dot{I}_{\mathrm{U}}$ 的关系为(　　)。

A. $\dot{I}_{\mathrm{UV}}=\dot{I}_{\mathrm{U}}$　　B. $\dot{I}_{\mathrm{UV}}=\sqrt{3}\dot{I}_{\mathrm{U}}$

C. $\dot{I}_{\mathrm{UV}}=\dfrac{1}{\sqrt{3}}\dot{I}_{\mathrm{U}}\angle-30^\circ$　　D. $\dot{I}_{\mathrm{UV}}=\dfrac{1}{\sqrt{3}}\dot{I}_{\mathrm{U}}\angle30^\circ$

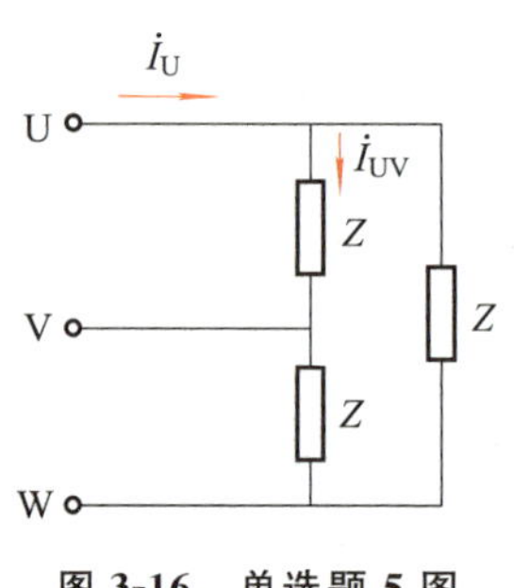

图 3-16　单选题 5 图

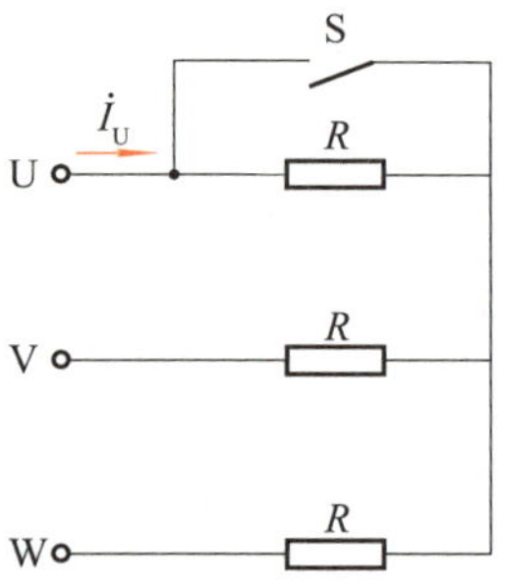

图 3-17　单选题 6 图

6. 图 3-17 所示三相电路中，开关 S 断开时线电流为 2 A，开关 S 闭合后 $\dot{I}_{\mathrm{U}}$ 为(　　)。

A. 6 A　　B. 4 A

C. $2\sqrt{3}$ A　　D. $4\sqrt{3}$ A

7. 图 3-18 所示电路，S 闭合时为对称三相电路，U 相电源为正序，设 $\dot{U}_U = U\angle 0°$ V（U 相电源的电压），则 S 断开时，负载端的相电压为（　　）。

A. $\dot{U}_U = U\angle 0°$ V，$\dot{U}_V = U\angle -120°$ V

B. $\dot{U}_U = U\angle 0°$ V，$\dot{U}_V = U\angle -180°$ V

C. $\dot{U}_U = (\sqrt{3}/2)U\angle 30°$ V，$\dot{U}_V = (\sqrt{3}/2)U\angle -150°$ V

D. $\dot{U}_U = (\sqrt{3}/2)U\angle -30°$ V，$\dot{U}_V = (\sqrt{3}/2)U\angle -30°$ V

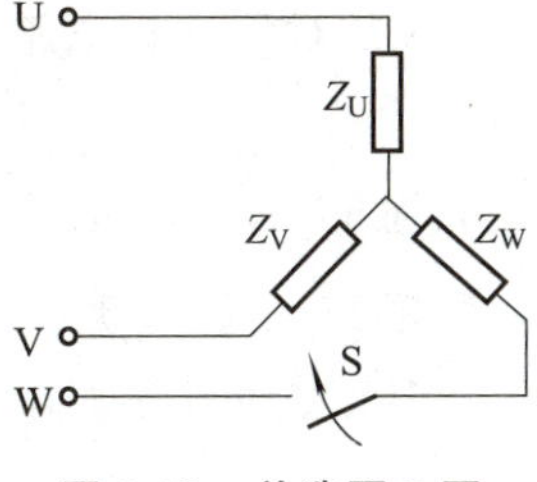

图 3-18　单选题 7 图

8. 已知某三相四线制电路的线电压 $\dot{U}_{UV} = 380\angle 13°$ V，$\dot{U}_{VW} = 380\angle -107°$ V，$\dot{U}_{WU} = 380\angle 133°$ V，当 $t = 12$ s 时，三个相电压之和为（　　）。

A. 380 V　　B. 0 V　　C. $380\sqrt{2}$ V　　D. $380\sqrt{3}$ V

9. 用两表法测量三相负载的总功率，试问图 3-19 所示的四种接法中，错误的一种是（　　）。

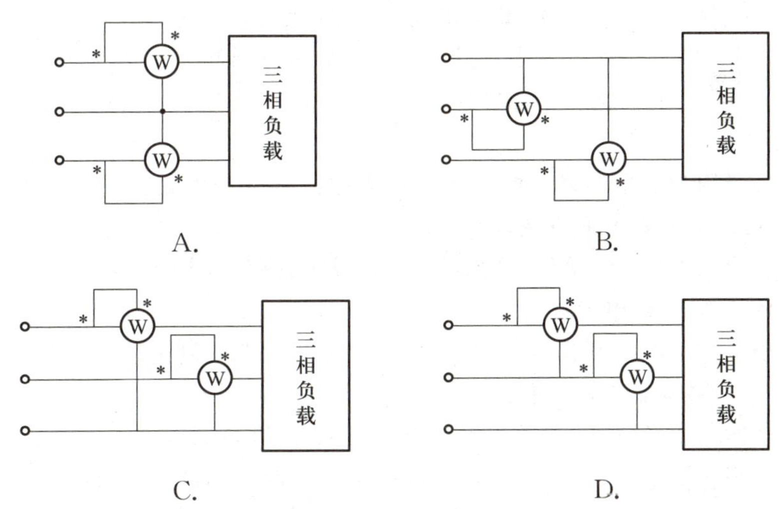

图 3-19　单选题 9 图

10. 图 3-20 所示的对称三相电路，若 $U_{UV} = 220\sqrt{3}$ V，$Z = 10\angle 30°$ Ω，则三相负载的有功功率为（　　）。

A. 3 800 W

B. $2\ 200\sqrt{3}$ W

C. 2 200 W

D. $7\ 260\sqrt{3}$ W

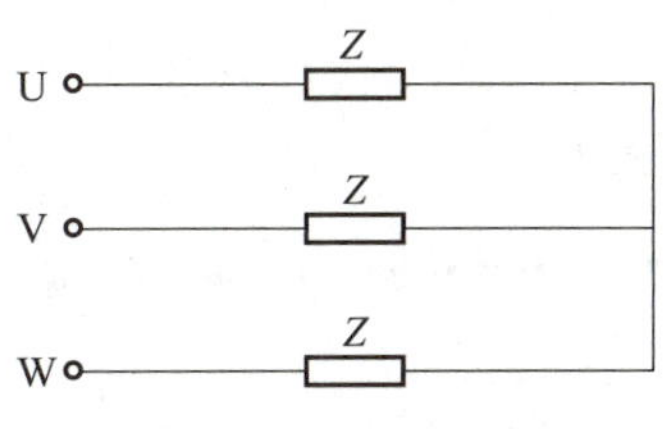

图 3-20　单选题 10 图

11. 关于三相对称电压源，下列描述不正确的是（　　）。

A. 星形联结和三角形联结对称电源都有中性点

B. $\dot{U}_U + \dot{U}_V + \dot{U}_W = 0$

C. $u_U + u_V + u_W = 0$

D. 三相电压频率相同、幅值相等

12. 对称三相电路中，负载为星形联结，则线电压与相电压、线电流与相电流之间的关系为(　　)。

A. $U_L=U_P$，$I_L=\sqrt{3}I_P$　　B. $U_L=\sqrt{3}U_P$，$I_L=I_P$

C. $U_L=U_P$，$I_L=I_P$　　D. $U_L=\sqrt{3}U_P$，$I_L=\sqrt{3}I_P$

13. 在对称三相电路中，已知三角形联结负载相电流 $\dot{I}_{VW}=10\angle 30^\circ$ A，则线电流 $\dot{I}_U=$(　　)。

A. $10\sqrt{3}\angle 120^\circ$ A　B. $10\sqrt{3}\angle 0^\circ$ A　C. $\dfrac{10}{\sqrt{3}}\angle 60^\circ$ A　D. $\dfrac{10}{\sqrt{3}}\angle 120^\circ$ A

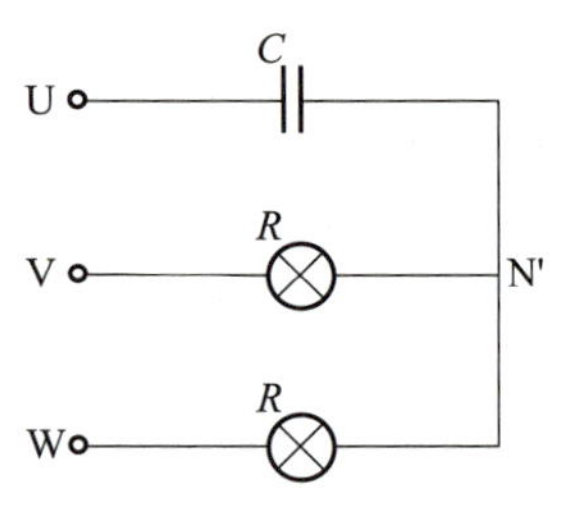

图 3-21　单选题 14 图

14. 在图 3-21 所示不对称三相电路中，已知电阻 $R=\dfrac{1}{\omega C}$，接在对称三相电源上，若以电容所在相为 U 相，则下列叙述中正确的是(　　)。

A. V 相灯泡比 W 相灯泡亮

B. W 相灯泡比 V 相灯泡亮

C. V 相灯泡和 W 相灯泡一样亮

D. 无法判断

二、判断题

1. 电源和负载均为三角形联结的对称三相电路。若电源保持三角形联结不变，负载改为星形联结，则负载电流有效值不变。(　　)

2. 在三相三线制电路中，如 $\dot{I}_U$、$\dot{I}_V$、$\dot{I}_W$ 为各线电流相量，则 $\dot{I}_U+\dot{I}_V+\dot{I}_W=0$。在对称三相四线制电路中，中性线电流相量 $\dot{I}_N=0$。(　　)

3. 某三层楼房的用电由三相对称电源供电，接成三相四线制系统，每层一相。当某层发生开路故障时，另二层电器一般不能正常工作。(　　)

4. 三相负载作三角形联结，如各相电流有效值相等，则负载对称。(　　)

5. 在对称三相四线制电路中，若中性线阻抗 Z_N 不为零，则负载中性点与电源中性点不是等电位点。(　　)

6. 任何三相三线制电路均有 $u_{UV}+u_{VW}+u_{WU}=0$，$i_U+i_V+i_W=0$。(　　)

7. Y-Y 联结的对称三相电路线电压 u_{VW} 较相电压 u_U 超前 90°。(　　)

三、填空题

1. 图 3-22 所示的对称三相电路，已知 $\dot{U}_{UV}=380\angle 0^\circ$ V，$\dot{I}_U=2\angle -30^\circ$ A，则三相有功功率为________W。

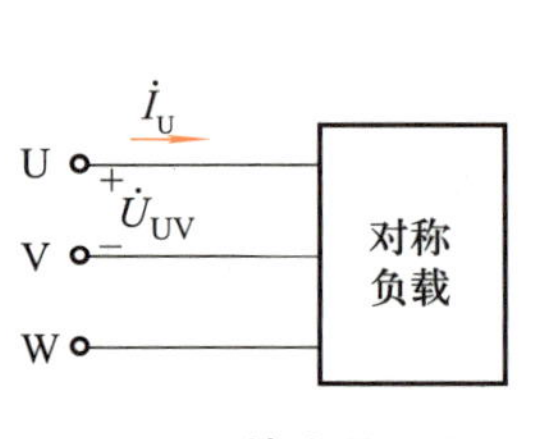

图 3-22　填空题 1 图

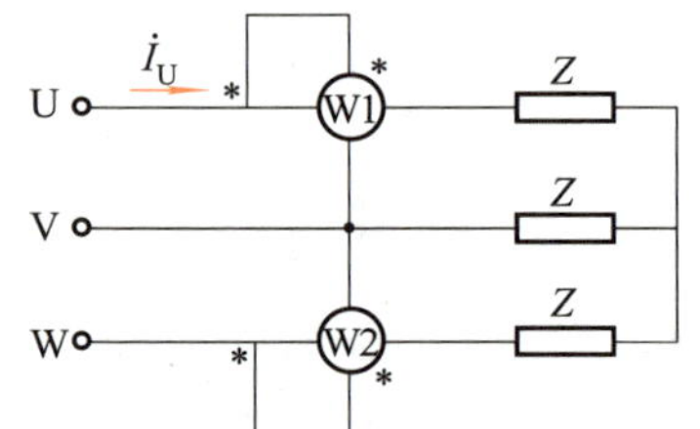

图 3-23　填空题 2 图

2. 图 3-23 所示的对称三相电路，已知 $\dot{U}_{UV}=380\angle 0^\circ$ V，$\dot{I}_U=1\angle -60^\circ$ A，则 $P_1=$

________；$P_2 =$ ________。

四、计算题

1. 在图 3-24 所示的对称三相电路中，负载线电压 $U_{U'V'} = 380\ \text{V}$，$Z_L = (5 + \text{j}2)\Omega$，$Z = \text{j}90\ \Omega$，求三相电源提供的有功功率和无功功率。

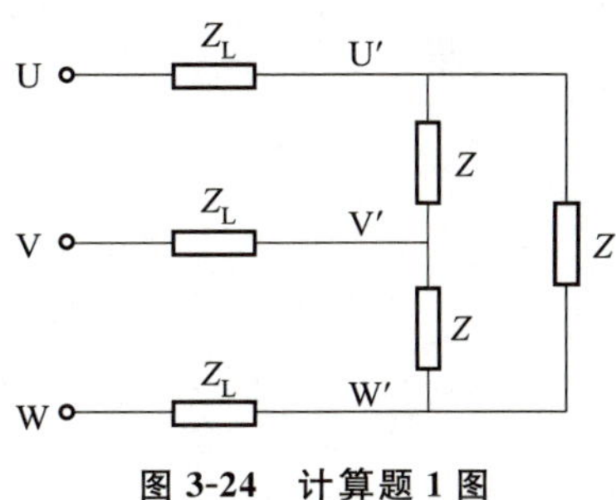

图 3-24　计算题 1 图

2. 图 3-25 所示的对称三相电路中，电源线电压为 380 V，端线阻抗 $Z_L = (3+\text{j}4)\Omega$，负载阻抗 $Z = (90 + \text{j}120)\Omega$。

求：(1) 线电流和负载线电压有效值；

(2) 三相电源产生的有功功率。

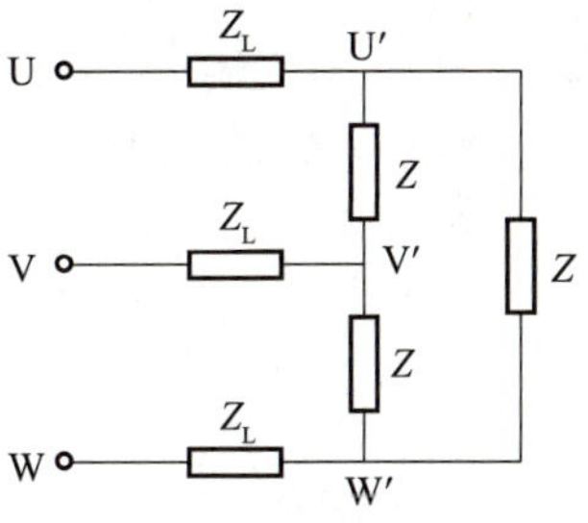

图 3-25　计算题 2 图

3. 图 3-26 所示的对称三相电路，$\dot{U}_{UV}=380\angle 0^\circ$ V，$Z_L=(1+j1)\Omega$，$Z=(5+j7)\Omega$。

求：(1) 电流 $\dot{I}_U$；

(2) 电源发出的有功功率和无功功率。

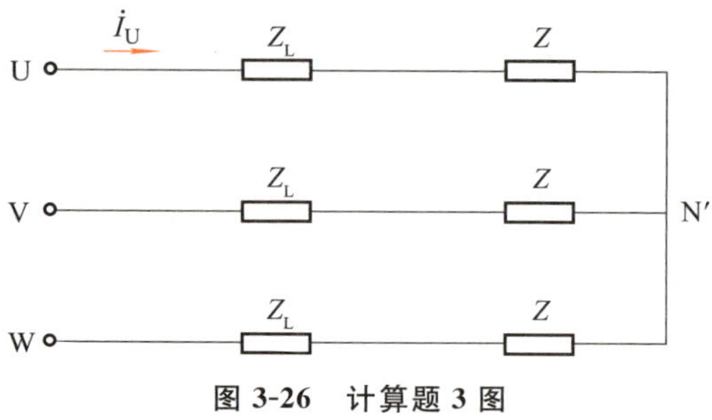

图 3-26　计算题 3 图

4. 图 3-27 所示的对称三相电路，已知 $u_{UV}=380\sqrt{2}\cos(\omega t+30^\circ)$V，端线阻抗 $Z_L=(1+j2)\Omega$，三角形负载阻抗 $Z=(117+j84)\Omega$。

求：(1) 电流 $\dot{I}_U$、$\dot{I}_V$、$\dot{I}_W$；

(2) 电源发出的总的有功功率 P。

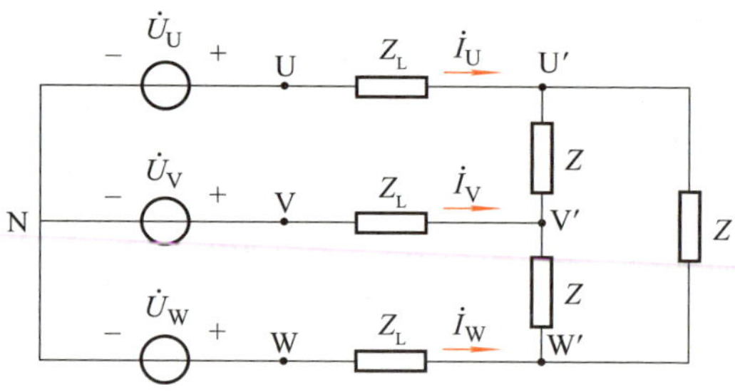

图 3-27　计算题 4 图

DIANGONG JICHU

第4章 电路的暂态分析

学习目标

- 理解换路定律；
- 理解零输入响应和零状态响应；
- 掌握电路初始值的求法，零输入响应、零状态响应、全响应的概念和物理意义；
- 能描述一阶电路的零输入响应，零状态响应和全响应的规律和特点；
- 掌握一阶电路的三要素方法；
- 正确计算时间参数；
- 能利用仿真软件测量时间常数；
- 能够正确分析 *RC*、*RL* 电路；
- 树立崇尚科学的精神，坚定求真、求实、创新的科学态度；
- 了解电工新技术、新材料、新产品、新方法，拓宽知识面，适应产业发展需要；
- 树立科技强国意识，培养勇于探索的创新精神；
- 学会用辩证思维看问题，坚持具体问题具体分析。

4.1 换路定律与初始值的确定

4.1.1 换路定律

换路：引起过渡过程的电路变化称为换路，如电路的接通、断开、元件参数的变化、电路连接方式的改变以及电源的变化等。如图 4-1 所示，开关 S 从 1 换至 2 位置即电路发生换路。

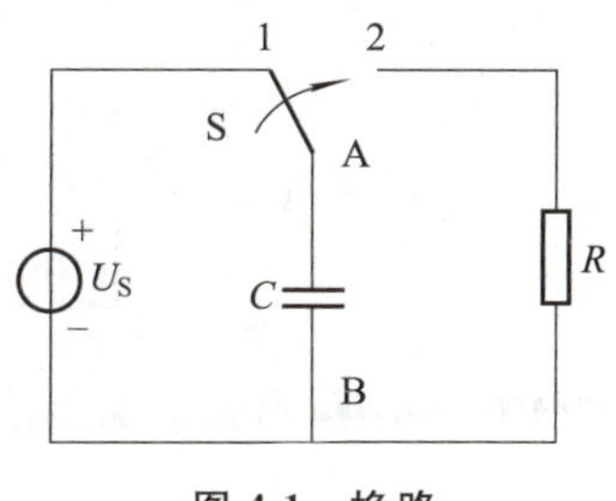

图 4-1 换路

换路后的一瞬间流过电感的电流和电容两端的电压都应保持换路前瞬间的值，不能发生突变，电路换路后，就以此值作为初始值，进行连续变化，直至达到新的稳定值，这就是换路定律。

换路定律（换路条件）：换路前后瞬间电容电压和电感电流不能突变。

一般认为，换路是在瞬间完成的，并把换路的瞬间作为计算时间的起始点，记为 $t=0$，而把换路前的瞬间记为 $t=0_-$，换路后的瞬间记为 $t=0_+$。这样就可以用公式来表示换路定律，即

$$u_C(0_+)=u_C(0_-)$$
$$i_L(0_+)=i_L(0_-)$$

小提示

换路瞬间流过电容的电流、电感两端的电压以及电路中其他部分的电流和电压是否发生突变，要根据电路的具体情况而定，它们不受换路定律的约束。

4.1.2 初始值的确定

初始值是指电路在换路后的最初瞬间各部分的电流 $i(0_+)$、电压 $u(0_+)$。电路在过渡过程中各部分的电压和电流就是从这些初始值开始变化的，因此，要分析过渡过程就得先确定初始值。

确定初始值方法：

① 确定换路前电路中电容两端的电压 $u_C(0_-)$ 和电感上的电流 $i_L(0_-)$；

② 由换路定律求出电容两端的电压初始值 $u_C(0_+)$ 和电感上的电流初始值 $i_L(0_+)$；

③ 画出电路在换路后瞬间（$t=0_+$）的等效电路；

④ 根据 $u_C(0_+)$ 和 $i_L(0_+)$，并结合欧姆定律和基尔霍夫定律（KCL、KVL）进一步求出其他参量的初始值。

应该指出，在画等效电路时，如果动态元件在换路前未储能，则在换路后瞬间 $u_C(0_+)$ 和 $i_L(0_+)$ 均为零，即电容相当于短路，电感相当于开路；如果动态元件在换路前已经储能，则在换路后瞬间 $u_C(0_+)$ 和 $i_L(0_+)$ 保持其在换路前的数值不变，即在 $t=0_+$ 的瞬间，电容相当于一个端电压等于 $u_C(0_+)$ 的电压源，电感相当于一个电流为 $i_L(0_+)$ 的电流源。

例 1 如图 4-2a 所示电路，已知 $R_1=4\ \Omega$，$R_2=2\ \Omega$，$R_3=6\ \Omega$，$U_S=12\ \text{V}$，电路原来处于稳定状态，在 $t=0$ 时开关 S 闭合，求初始值 $u_C(0_+)$、$i_C(0_+)$ 和 R_2 两端电压 $u_2(0_+)$。

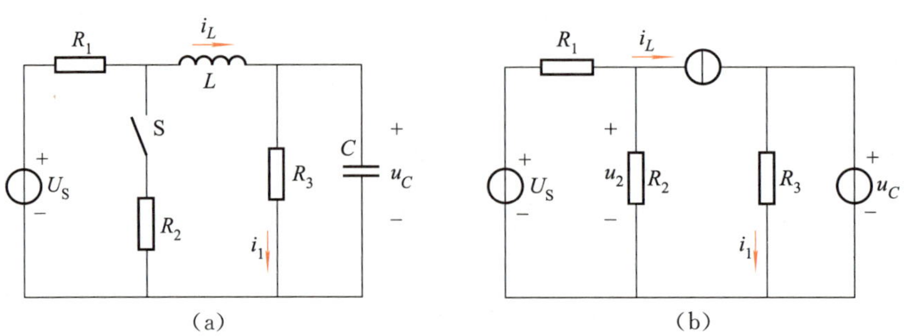

图 4-2 例 1 图

解：由于在换路前电路处于稳定状态，因此电感 L 短路，电容 C 开路。所以换路前瞬间 $t=0_-$ 时有

$$i_L(0_-)=\frac{U_S}{R_1+R_3}=\frac{12}{4+6}\ \text{A}=1.2\ \text{A}$$

$$u_C(0_-)=i_L(0_-)\times R_3=1.2\times 6\ \text{V}=7.2\ \text{V}$$

由换路定律可得

$$u_C(0_-)=u_C(0_+)=7.2\ \text{V}$$

$$i_L(0_-)=i_L(0_+)=1.2\ \text{A}$$

因此，换路后瞬间 $t=0_+$ 的电路可画成如图 4-2b 所示。求解电路可得

$$i_1(0_+)=\frac{u_C(0_+)}{R_3}=\frac{7.2}{6}\ \text{A}=1.2\ \text{A}$$

$$i_C(0_+)=i_L(0_+)-i_1(0_+)=1.2\ \text{A}-1.2\ \text{A}=0\ \text{A}$$

$$u_2=u_2(0_+)=2.4\ \text{V}$$

做一做

在图 4-3 所示电路中，在 $t=0$ 时开关 S 闭合，求开关闭合后瞬间各支路电流及电容两端的电压值。

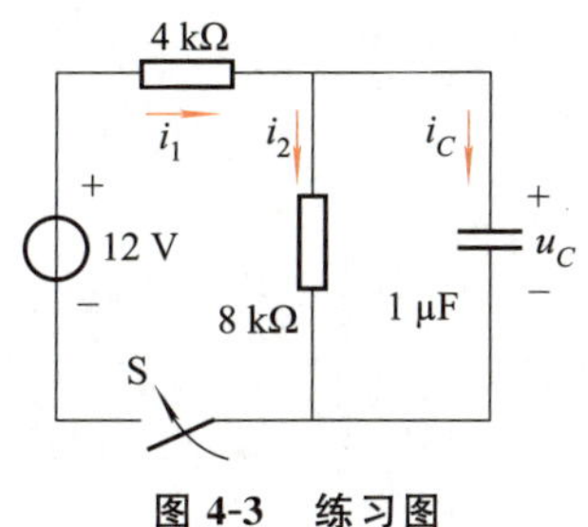

图 4-3　练习图

4.2　零输入响应

外加激励为零，仅由动态元件初始储能使电路产生电流、电压的现象，称为电路的零输入响应。零输入响应实际上就是储能元件的放电过程。

4.2.1　零输入响应的认识

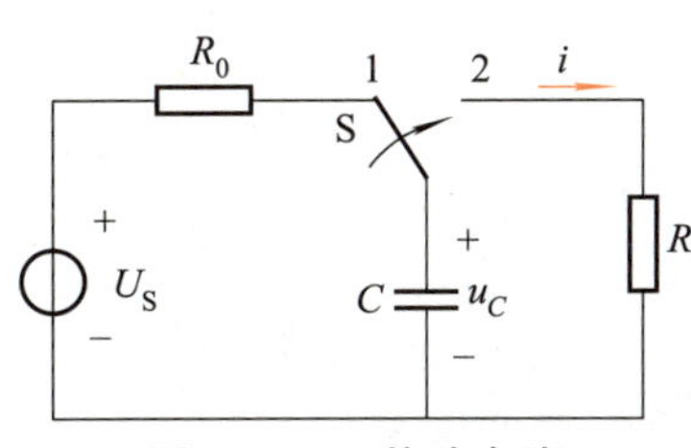

图 4-4　RC 换路电路

零输入，是指没有外部输入的意思。电容对电阻放电时产生的电流、电感对电阻放电时产生的电压等都是零输入响应现象。

在图 4-4 所示电路中，开关 S 原先置于 1 位置，电路处于稳态，即电容已被充电，其两端电压与电源电压相等，即 U_S。在 $t=0$ 时将 S 置于 2 位置，电源被断开，电容 C 与电阻 R 构成回路，电容开始对电阻放电，电路中形成放电电流，这一过程就是一个零输入响应过程。

4.2.2　RC 串联电路的零输入响应

由图 4-5 所示电路，利用 KVL 定理可以得到换路后电路的方程为

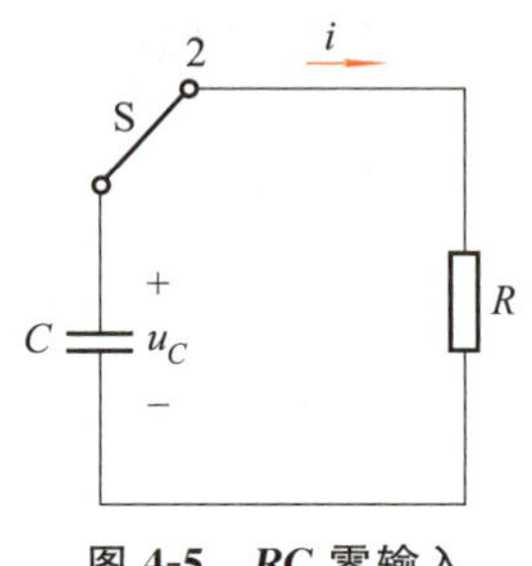

图 4-5 RC 零输入响应(放电)

$$u_C - iR = 0 \tag{4-1}$$

又因为

$$i = -C\frac{\mathrm{d}u_C}{\mathrm{d}t} \tag{4-2}$$

式(4-2)中的负号是因为 i 和 u_C 参考方向不关联。将式(4-2)代入式(4-1),得

$$u_C + RC\frac{\mathrm{d}u_C}{\mathrm{d}t} = 0 \tag{4-3}$$

在这个方程中,u_C 是要求取的未知数,在数学上这是一个一阶微分方程,因此这类动态电路也叫一阶动态电路。

求解式(4-3)(过程从略),并结合初始条件 $u_C(0_+) = U_S$,可得

$$u_C = U_S e^{-\frac{t}{RC}} \tag{4-4}$$

根据电容上电压与电流的关系可得电路中电流为

$$i = -C\frac{\mathrm{d}u_C}{\mathrm{d}t} = \frac{U_S}{R}e^{-\frac{t}{RC}} \tag{4-5}$$

因为电阻上电压与电容上电压相等,所以有

$$u_R = u_C = U_S\, e^{-\frac{t}{RC}} \tag{4-6}$$

由式(4-4)、式(4-5)和式(4-6)可知,换路后电容两端的电压 u_C 从初始值 U_S 开始随时间 t 按指数函数的规律衰减,而电阻两端电压 u_R 和电路中的电流 i 也分别从各自的初始值 U_S 和 U_S/R 按同一指数规律衰减。

图 4-6 给出了换路后电容、电阻元件两端电压和电路中电流随时间变化的曲线。

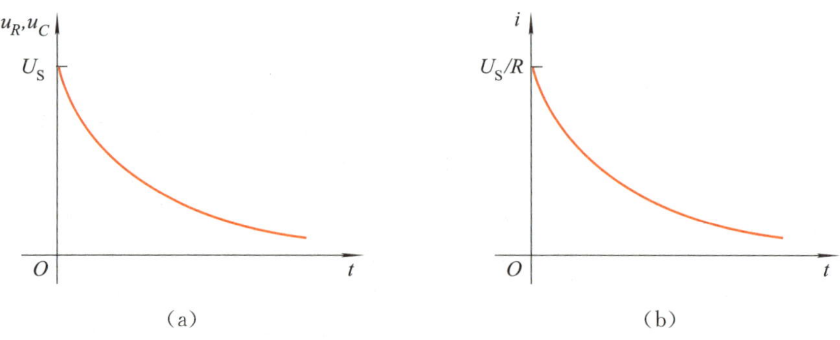

图 4-6 RC 零输入响应曲线

由式(4-4)可知,电容两端电压衰减的速度取决于 RC。设 $\tau = RC$,τ 称为电路的时间常数,而 R 的单位为欧(Ω),C 的单位为法(F)时,τ 的单位为秒(s)。

当 $t=\tau$ 时，电容的电压降为

$$u_C=U_S e^{-1}=0.368U_S=36.8\%U_S$$

即时间常数 τ 就是电容电压衰减至初始值的 36.8%时所需的时间。同样，可以算出当 $t=2\tau$，3τ … 时的电容两端的电压值 u_C，见表 4-1。

表 4-1 不同时刻的 u_C

t	0	τ	2τ	3τ	4τ	5τ	…	∞
$u_C(t)$	U_S	$0.368U_S$	$0.135U_S$	$0.05U_S$	$0.018U_S$	$0.007U_S$	…	0

从理论上来看，过渡过程要经过无限长时间才能结束，但实际上只要经过 $3\tau\sim5\tau$ 的时间，电容两端的电压就已衰减到可以忽略不计的程度，即电路中的电流小到可以忽略不计，此时即可认为过渡过程已经结束，电路进入另一个稳定状态。显然，电路中的时间常数 τ 越大，过渡过程持续的时间就越长，时间常数 τ 越小，过渡过程持续的时间就越短。图 4-7 给出了不同时间常数下 u_C 的曲线。

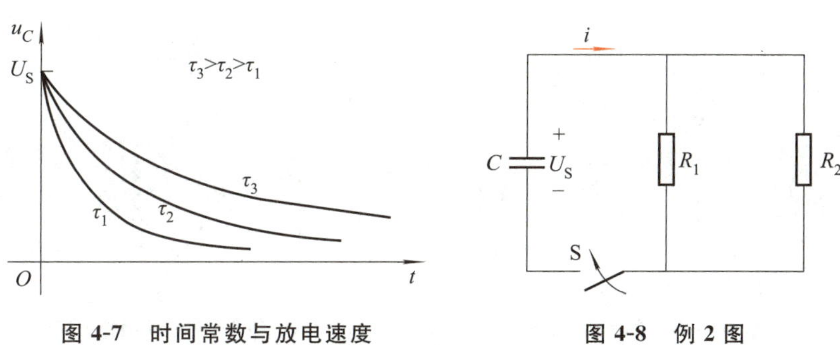

图 4-7 时间常数与放电速度　　图 4-8 例 2 图

例 2 如图 4-8 所示电路，电路处于稳态。已知 $C=4\ \mu F$，$R_1=R_2=10\ k\Omega$，电容原先有电压 100 V。试求开关 S 闭合后 50 ms 时电容上的电压 u_C 和放电电流 i。

解：电路的时间常数为

$$\tau=RC=(R_1 /\!/ R_2)C=5\times10^3\times4\times10^{-6}\ s=0.02\ s$$

将 $t=50\ ms=0.05\ s$ 代入式(4-4)和式(4-5)中，则有

$$u_C=U_S e^{-\frac{t}{RC}}=100\times e^{-\frac{0.05}{0.02}}\ V=100\times0.082\ V=8.2\ V$$

$$i=\frac{U_S}{R}e^{-\frac{t}{RC}}=\frac{u_C}{R}=\frac{8.2}{5\times10^3}\ A=1.64\times10^{-3}\ A=1.64\ mA$$

4.2.3 RL 串联电路的零输入响应

如图 4-9 所示电路，开关 S 原先置于 1，电路处于稳态，电感上流有电流 I_0，所储磁场能量为 $W=\frac{1}{2}LI_0^2$。在 $t=0$ 时 S 置于

2，电源被断开，电感 L 与电阻 R 构成回路，电感开始对电阻放电，这一过程也是一个零输入响应过程。

在换路瞬间，因为电感上电流不能突变，依然保持为 I_0。此时电阻两端的电压为

$$u_R(0_+)=I_0R$$

由 KVL 可知，此时电感 L 两端的电压将从零突变为 I_0R。换路后，随着电阻不断地消耗能量，电流 i 也不断减小，同时电阻电压 u_R 与电感电压 u_L 也逐渐降低，直到全部降为零，过渡过程结束，电路进入一个新的稳态。在这个过程中，电感线圈原先所储存的能量逐渐地被电阻以热能的形式所消耗。

小提示

在如图 4-9 所示的发生零输入响应的 RL 电路中只有一个电阻，当电路中有多个电阻时，时间常数 $\tau=L/R$ 中的 R 要理解为将电感 L 移去后，从所形成的二端口处看进去的等效电阻。

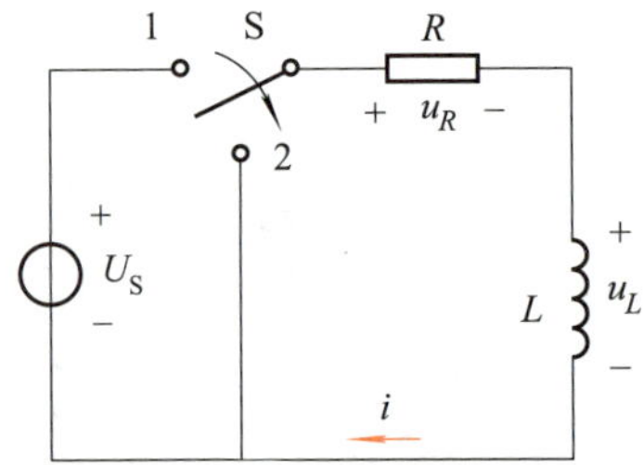

图 4-9　RL 零输入响应

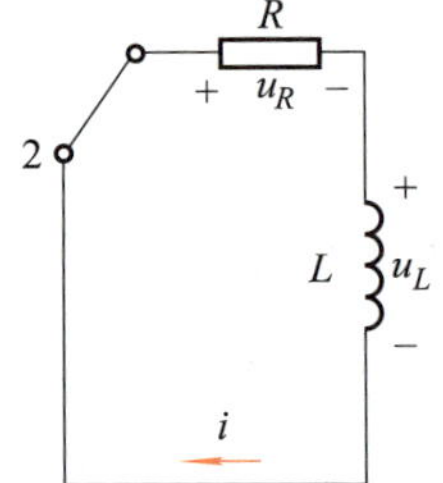

图 4-10　RL 零输入响应换路后电路

由图 4-10 所示电路，可以得到换路后电路的 KVL 方程为

$$u_R+u_L=0$$

因为 $u_R=iR$，$u_L=L\dfrac{di}{dt}$，并结合初始条件 $i(0_+)=I_0$，可得

$$i=I_0e^{-\frac{R}{L}t} \tag{4-7}$$

电阻与电感上电压分别为

$$u_R=iR=RI_0e^{-\frac{R}{L}t} \tag{4-8}$$

$$u_L=-u_R=-RI_0e^{-\frac{R}{L}t} \tag{4-9}$$

由式(4-7)～式(4-9)可知，换路后的电流从初始值 I_0 开始随时间 t 按指数函数的规律衰减，电阻和电感两端电压 u_R 和 u_L 也分别从各自的初始值 RI_0 和 $-RI_0$ 按同一指数规律衰减。图 4-11 给出了换路后元件电压和电路电流随时间变化的曲线。

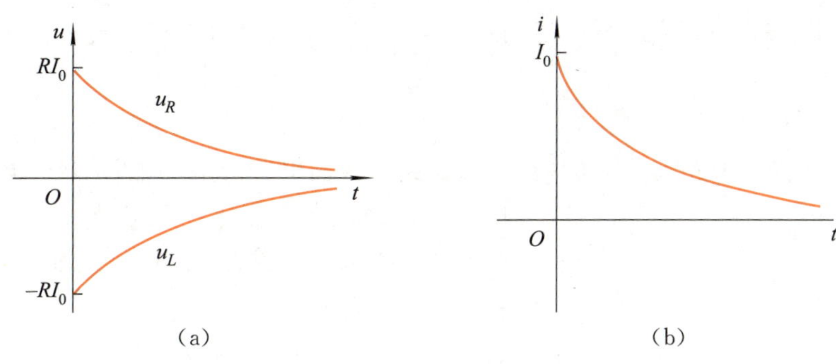

图 4-11　*RL* 零输入响应曲线

电路中各电量的衰减速度取决于 L/R。设 $\tau=L/R$ 为电路的时间常数，τ 越大，过渡过程持续的时间越长。

例 3　在图 4-12 所示电路中，一实际电感线圈（图中框线部分）和电阻 R_0 并联后与直流电压源接通。已知 $U_S=220$ V，$R_0=60\ \Omega$，电感线圈的电感 $L=1$ H，内阻 $r=20\ \Omega$，电路处于稳态。试求开关 S 打开后，电流 i 的变化规律和电感线圈两端电压的初始值 $u'_L(0_+)$。

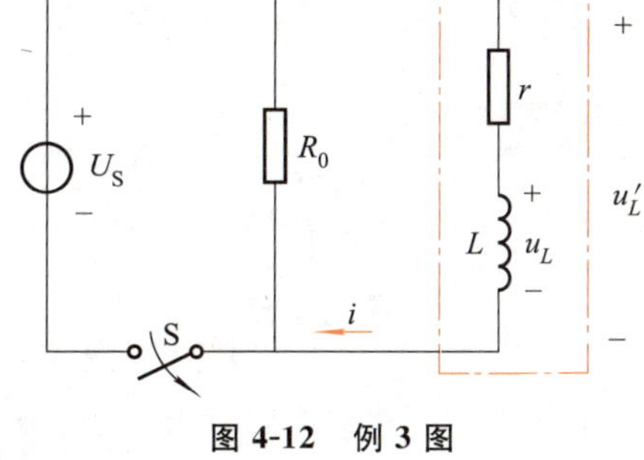

图 4-12　例 3 图

解：电路的时间常数为

$$\tau=\frac{L}{R_0+r}=\frac{1}{80}\ \text{s}$$

过渡过程的初始电流为

$$I_0=i(0_+)=i(0_-)=\frac{U_S}{r}=\frac{220}{20}\ \text{A}=11\ \text{A}$$

电流 i 的变化规律为

$$i=I_0\mathrm{e}^{-\frac{R}{L}t}=11\mathrm{e}^{-80t}$$

电感线圈两端的初始电压为

$$u'_L(0_+)=-I_0R_0=-11\times 60\ \text{V}=-660\ \text{V}$$

由例 3 知，在换路的瞬间，u_{R_0} 和 u'_L 均从原来的 220 V 突变到 −660 V，因此放电电阻 R_0 不能选得过大，否则一旦电源断开，会在线圈两端产生很大的电压，容易损坏；如果 R_0 是一只内阻很大的电压表，则此表也容易受到损坏。所以为了安全起见，在断开电源前，要将与电感线圈并联的元件或测量仪表拆除。

4.3　零状态响应

一个零初始状态的电路，如果在换路后受到（直流）激励作用而产生的电流、电压，则称为电路的零状态（充电）响应。零状态响应实际上就是储能元件的充电过程。

4.3.1 零状态响应的认识

如果动态元件在换路前没有储能，那么换路后瞬间电容两端的电压为零，电感上的电流为零，电路的这种状态称为零初始状态。一个零初始状态的电路，在换路后受到（直流）激励作用而产生的电流、电压，则称为电路的零状态（充电）响应。

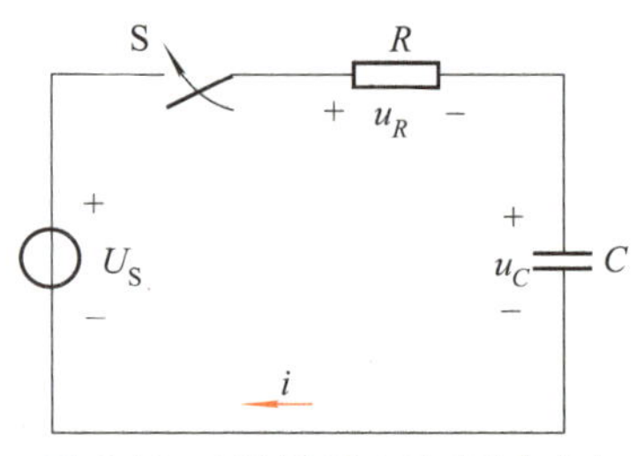

图 4-13　*RC* 零状态响应（充电）

如图 4-13 所示，电容不带电（电压为零），电路处于稳态，在 $t=0$ 时，将开关 S 合上即发生换路，换路后瞬间到电路进入新的稳定状态这段时间内，电容、电阻两端的电压 u_R 和 u_C 有怎样的变化？为什么？

4.3.2 *RC* 串联电路的零状态响应

在换路瞬间，电容两端电压不能突变，保持为 $u_C(0_+)=0$，电容视为短路，电源电压 U_S 全部加在电阻 R 上，即 R 两端的电压 u_R 将从零突变为 U_S，相应地，电路中的电流也由零突变为 U_S/R。换路后，电容开始充电，两极板上积聚的电荷越来越多，其两端电压 u_C 不断增大，同时电阻电压 u_R 却逐渐减小，电流 i 也不断地减小，直到电容充电结束，电容两端电压 u_C 等于 U_S，而电阻上的电压 u_R 和电路中的电流 i 全部降为零，过渡过程结束，电路进入一个新的稳态。

在这个过程中，电源提供的能量逐渐以电场能的形式储存于电容器中。

由图 4-13 所示电路，可以写出换路后电路的 KVL 方程为

$$u_R+u_C=U_S$$

由于 $u_R=iR$，$i=C\dfrac{\mathrm{d}u_C}{\mathrm{d}t}$，并结合初始条件 $u_C(0_+)=0$，可得

$$u_C=U_S(1-\mathrm{e}^{-\frac{t}{RC}})=U_S-U_S\mathrm{e}^{-\frac{t}{RC}} \tag{4-10}$$

$$u_R=U_S-u_C=U_S\mathrm{e}^{-\frac{t}{RC}} \tag{4-11}$$

$$i=\frac{u_R}{R}=\frac{U_S}{R}\mathrm{e}^{-\frac{t}{RC}} \tag{4-12}$$

由式(4-10)～式(4-12)可知，换路后电容两端电压 u_C 由两部分组成，第一项(U_S)是电容充电完毕后的电压值，是一个稳态值，称之为“稳态分量”；第二项 $(-U_S\mathrm{e}^{-\frac{t}{RC}})$ 随时间按指数函数的规律衰减，最后为零，称之为“暂态分量”。

在整个过渡过程中，u_C 可看作是稳态分量和暂态分量叠加而成的。电阻两端电压 u_R 和电路中的电流的最终稳态值为零，只有暂态分量，也随时间按同一指数规律衰减。图 4-14 给出了换路后电路中各元件两端电压和电路中电流随时间变化的曲线。

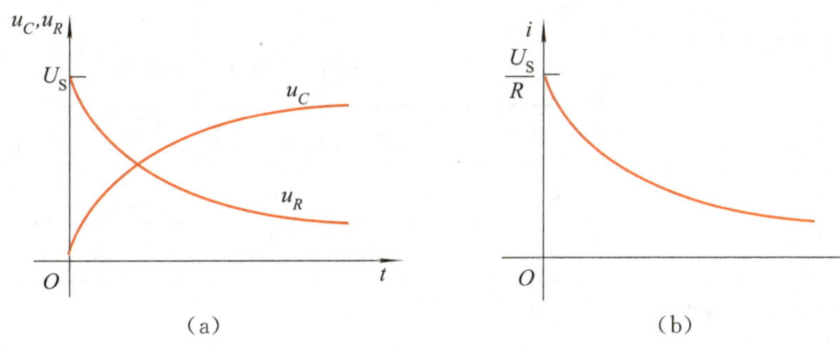

图 4-14　*RC* 零状态响应曲线

电路中各变量的暂态分量衰减的速度取决于 RC。同零输入响应一样，把 $\tau=RC$ 称为电路的时间常数。同样，时间常数 τ 越大，过渡过程持续的时间越长。

小提示

说明：时间常数 $\tau=RC$ 中的 R 也要理解为将电容 C 移去后，从所形成的二端口处看进去的等效电阻。

当 $t=\tau$ 时，电容上电压为

$$u_C=U_S(1-e^{-1})=U_S(1-0.368)=63.2\%U_S$$

$$u_R=U_Se^{-1}=0.368U_S=36.8\%U_S$$

$$i=\frac{U_S}{R}e^{-1}=0.368\frac{U_S}{R}=36.8\%\frac{U_S}{R}$$

即经过 τ 的时间，电容两端的电压已达到稳态值的 63.2%，而电路中的电流也衰减到其初值的 36.8%。所以一般认为，电路换路后在经过 5τ 的时间后，各电路变量的暂态分量都衰减到初始值的 1%以下，其过渡过程就可当作结束，电路进入了另一个稳定状态。

例 4　在图 4-13 所示电路中，已知 $U_S=220$ V，$C=2\ \mu$F，$R=200\ \Omega$，电容原先未储能，在 $t=0$ 时开关 S 合上。试求 S 闭合后 1 ms 时的 i 和电容上的电压 u_C。

解：以开关 S 闭合时刻为计时起点。电路的时间常数为

$$\tau=RC=200\times2\times10^{-6}\text{ s}=4\times10^{-4}\text{ s}$$

当 $t=1\text{ ms}=10^{-3}\text{ s}$ 时，有

$$i=\frac{U_S}{R}e^{-\frac{t}{RC}}=1.1\times e^{-2.5}\text{ A}=1.1\times0.082\text{ A}=0.090\ 2\text{ A}$$

$$u_C=U_S(1-e^{-\frac{t}{RC}})=220(1-e^{-2.5})\text{ V}=201.96\text{ V}$$

做一做

在 Multisim 仿真软件中绘制电路如图 4-15 所示，仿真开始闭合开关对电容充电，绘制电容、电阻两端的电压 u_R 和 u_C 曲线，并按表 4-2 记录数据。

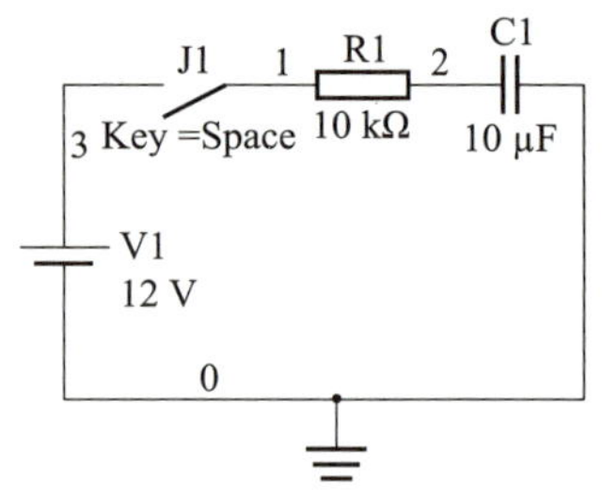

图 4-15 *RC* 零状态响应仿真电路

表 4-2 练习数据记录

t/ms	0	τ	2τ	3τ	4τ	5τ	6τ	7τ
u_R								
u_C								

注：Multisim 软件中绘制的图形和符号与国标中规定的图形和符号有所区别。

4.3.3 *RL* 串联电路的零状态响应

在图 4-16 所示电路中，电感的电流为零，电路处于稳态，在 $t=0$ 时开关 S 闭合。现在分析换路后瞬间起到电路进入新的稳定状态这段时间内电感、电阻两端的电压 u_L 和 u_R 及电感上电流 i 的变化。

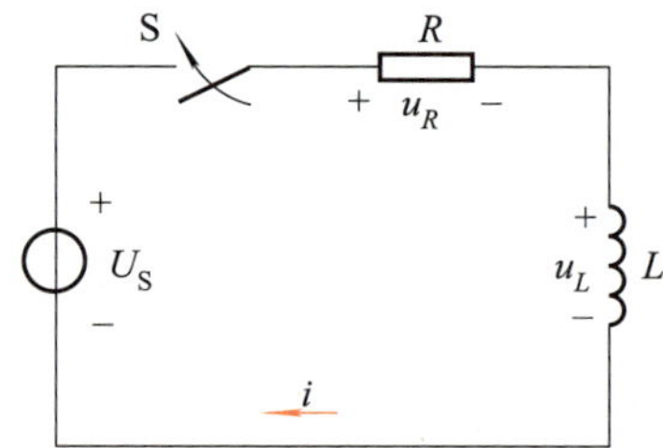

图 4-16 *RL* 零状态响应

在换路瞬间，因为电感上电流不能突变，电路中的电流依旧为零，即此时电阻上电压 u_R 为零，电源电压全部加在电感两端，所以电感 L 两端的电压 u_L 从零突变为 U_S。随着时间的推移，电路中的电流 i 逐渐加大，u_R 也随着逐渐加大，但同时电感电压 u_L 却逐渐降低，直到电路进入一个新的稳态，即

$$u_L=0,\ u_R=U_S,\ i=\frac{U_S}{R}$$

此时过渡过程结束。在这个过程中，电源所提供的能量逐渐以磁场能量的形式储存于电感器中。

由图 4-16 所示电路，可以得到换路后电路的 KVL 方程为

$$u_R+u_L=U_S \tag{4-13}$$

因为 $u_R=Ri$，$u_L=L\dfrac{di}{dt}$，并结合初始条件 $i(0_+)=0$，可得

$$i=\frac{U_S}{R}(1-e^{-\frac{R}{L}t})=\frac{U_S}{R}-\frac{U_S}{R}e^{-\frac{R}{L}t} \tag{4-14}$$

$$u_L=L\frac{di}{dt}=U_Se^{-\frac{R}{L}t} \tag{4-15}$$

$$u_R = Ri = U_S(1 - e^{-\frac{R}{L}t}) = U_S - U_S e^{-\frac{R}{L}t} \tag{4-16}$$

由式(4-14)～式(4-16)可知，换路后的电流 i 由两部分组成，第一部分 (U_S/R) 是电路进入稳态时的电流值，称之为“稳态分量”；第二部分 $(U_S/R \times e^{-\frac{R}{L}t})$ 随时间按指数函数的规律衰减，最后为零，称之为“暂态分量”。在整个过渡过程中，i 可看作稳态分量和暂态分量的叠加。

换路后电感两端的电压 u_L 从 U_S 开始随时间按指数函数的规律衰减，最后为零。电阻两端电压 u_R 从零开始上升，最终达到稳态值 U_S；其暂态分量 $(U_S e^{-\frac{R}{L}t})$ 也随时间按同一指数规律衰减至零。图 4-17 给出了换路后电路中各元件两端电压和电路中电流随时间变化的曲线。

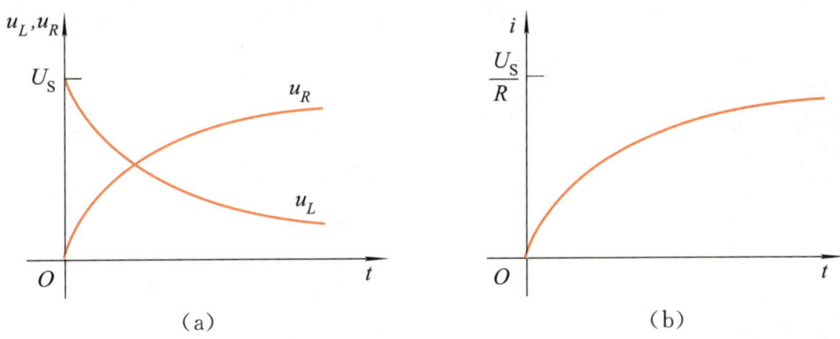

图 4-17　*RL* 零状态响应曲线

同样，电路各电量的衰减速度取决于时间常数 $\tau = L/R$，其意义同前。一般电路换路后在经过 5τ 的时间后，过渡过程就可当作结束，电路进入了另一个稳定状态。图 4-16 所示发生零状态响应的 RL 电路中只有一个电阻，当电路中有多个电阻时，时间常数 $\tau = L/R$ 中的 R 要理解为将电感 L 移去后，从所形成的二端口处看进去的等效电阻。

例 5　在图 4-16 所示电路中，已知 $U_S = 20\ V$，$R = 20\ \Omega$，$L = 5\ H$，电感原先无电流，电路处于稳态。试求开关 S 闭合后 τ 时的电流。

解：以开关 S 闭合时刻为计时起点，则有

$$i(0) = i(0_+) = i(0_-) = 0$$

$$u_L = U_S e^{-\frac{R}{L}t} = 20e^{-4t}$$

$$i = \frac{U_S}{R}(1 - e^{-\frac{R}{L}t}) = \frac{20}{20}(1 - e^{-4t}) = 1 - e^{-4t}$$

当 $t = \tau = L/R = 5/20\ s = 1/4\ s$ 时，电路中电流 i 和电感两端电压 u_L 分别为

$$i(\tau) = (1 - e^{-4\times\frac{1}{4}})\ A = (1 - 0.368)\ A = 0.632\ A$$

$$u_L = 20e^{-4t} = 20e^{-4\times\frac{1}{4}}\ V = 20 \times 0.368\ V = 7.36\ V$$

4.4 一阶电路的全响应

电路中只有一个储能元件，即含有一个独立的电容元件或一个独立的电感元件，其他部

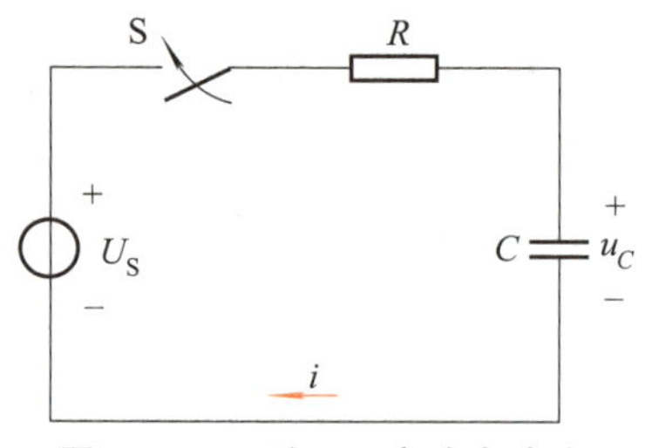

图 4-18　一阶 *RC* 电路全响应

分由电阻和独立电源构成，所列的方程是一阶常系数方程，把这种可用一阶微分方程描述的电路叫做一阶动态电路，而称储能元件电容器和电感器为动态元件。

如果电路中的动态元件原先已经储能，如图 4-18 所示电容已充电，其两端电压为 $u_C(0_-)=U_0$，$t=0$ 时将开关 S 合上，过渡过程分析起来是不是就很复杂了呢？又该如何进行分析？这就是这一节所要讨论的全响应。

4.4.1　一阶电路全响应的认识

一阶电路存在外加激励作用，同时初始条件不为零的响应称为一阶电路的全响应。全响应可以看成零输入响应和零状态响应两者的叠加，即

全响应＝零输入响应＋零状态响应

$$u_C=U_0\mathrm{e}^{-\frac{t}{RC}}+U_S(1-\mathrm{e}^{-\frac{t}{RC}})=U_S+(U_0-U_S)\mathrm{e}^{-\frac{t}{RC}}\quad(4\text{-}17)$$

微视频
RL 电路的
全响应

$$i=C\frac{\mathrm{d}u_C}{\mathrm{d}t}=\frac{U_S-U_0}{R}\mathrm{e}^{-\frac{t}{RC}}\quad(4\text{-}18)$$

由式(4-17)可以看出，右边第一项 U_S 是稳态分量，第二项 $(U_0-U_S)\mathrm{e}^{-\frac{t}{RC}}$ 为暂态分量，因此，一阶电路的全响应又可表示为

全响应＝稳态分量＋暂态分量

根据 U_0 和 U_S 的值，把电路分成以下三种情况来讨论：

① 若 $U_S>U_0$，则在过渡过程中 $i>0$，电流始终流向电容的正极板；电容继续充电，u_C 从 U_0 起按指数规律增大到 U_S。

② 若 $U_S<U_0$，则在过渡过程中 $i<0$，电流始终由电容的正极板流出；电容放电，u_C 从 U_0 起按指数规律下降到 U_S。

③ 若 $U_S=U_0$，则开关换位置后 $i=0$，$u_C=U_S$，电路立即进入稳定状态，不发生过渡过程。

4.4.2　一阶电路的三要素

经过分析(分析过程省略)，可以总结出电路中变量的全响应公式的一般形式，即

$$f(t)=f(\infty)+[f(0_+)-f(\infty)]\mathrm{e}^{-\frac{t}{\tau}}\quad(4\text{-}19)$$

式(4-19)中，$f(t)$ 是待求电路变量的全响应，$f(0_+)$ 是待求变量的初始值，$f(\infty)$ 是待求变量的稳态值，τ 是电路换路后的时间常数。

初始值、稳态值、时间常数则称为三要素。

先求出换路前的数值，再利用换路定律即可得到变量的初始值 $f(0_+)$。$f(\infty)$ 是待求变量新的稳态值，可以将电路中的电感短路、电容开路，再由 KVL、KCL、欧姆定律列出电路方程进行求解。τ 是反映过渡过程持续时间长短的时间常数，由换路后的电路本身决定，与激励无关，在 RC 电路中 $\tau=RC$，RL 电路中 $\tau=L/R$，其中 R 是换路后电路在移去动态元件后所形成的二端口看进去的等效电阻，即戴维宁等效电路中的等效电阻，在同一电路中 τ 只有一个值。

例 6　如图 4-19 所示电路，已知 $R_1=1\ \mathrm{k\Omega}$，$R_2=2\ \mathrm{k\Omega}$，$C=3\ \mu\mathrm{F}$，$U_{S1}=3\ \mathrm{V}$，$U_{S2}=6\ \mathrm{V}$，开关 S 长期合在位置 1 上，如果在 $t=0$ 时将 S 合到位置 2 上，求电容器上电压的变化规律。

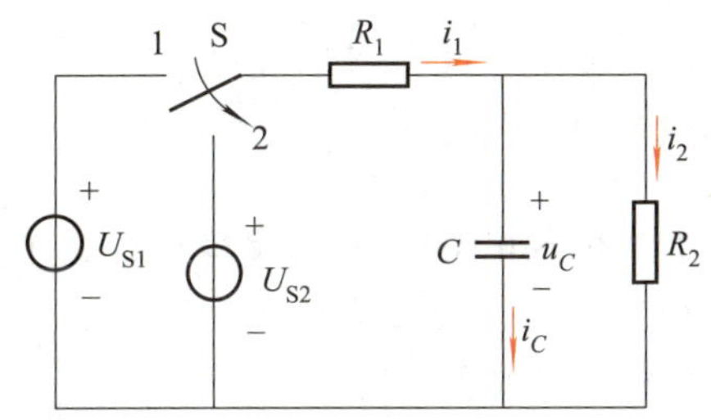

图 4-19　例 6 图

解：S 合在 1 上，电路已经处于稳定状态，因此在 $t=0_-$ 时，有

$$u_C(0_-)=U_{S1}\frac{R_2}{R_1+R_2}=3\times\frac{2}{2+1}\ \mathrm{V}=2\ \mathrm{V}$$

当 S 合到位置 2 上后，由换路定律可得换路后 u_C 的初始值为

$$u_C(0_+)=u_C(0_-)=2\ \mathrm{V}$$

根据电容"隔直"的特点，可得 u_C 的稳态值为

$$u_C(\infty)=U_{S2}\frac{R_2}{R_1+R_2}=6\times\frac{2}{3}\ \mathrm{V}=4\ \mathrm{V}$$

换路后电路的时间常数为

$$\tau=(R_1\ /\!/\ R_2)C=\frac{2\times1}{2+1}\times10^3\times3\times10^{-6}\ \mathrm{s}=2\ \mathrm{ms}$$

根据三要素法，可得电容两端电压为

$$\begin{aligned}u_C&=u_C(\infty)+[u_C(0_+)-u_C(\infty)]\mathrm{e}^{-\frac{t}{\tau}}\\&=4\ \mathrm{V}+(2-4)\mathrm{e}^{-500t}=4\ \mathrm{V}-2\mathrm{e}^{-500t}\end{aligned}$$

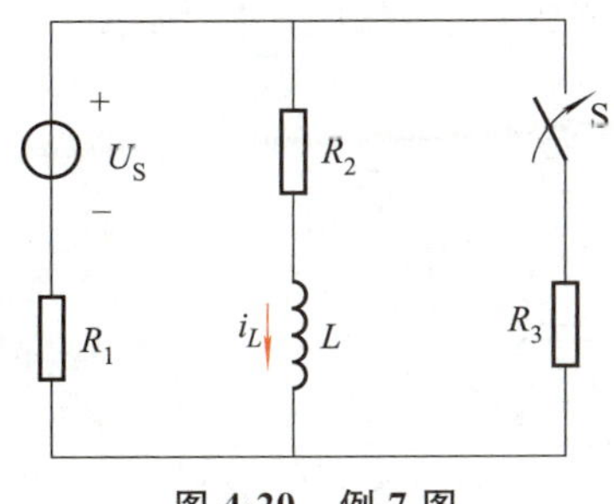

图 4-20　例 7 图

例 7　如图 4-20 所示电路，已知 $R_1=R_3=10\ \Omega$，$R_2=40\ \Omega$，$L=0.1\ \mathrm{H}$，$U_S=180\ \mathrm{V}$。在 $t=0$ 时开关 S 闭合。求 S 闭合后电感上的电流。

解：S 闭合前，即 $t=0_-$ 时，电感上的电流 i_L 为

$$i(0_-)=\frac{U_S}{R_1+R_2}=\frac{180}{10+40}\ \mathrm{A}=3.6\ \mathrm{A}$$

S 闭合后，电路进入新的稳态，时间常数为

$$\tau=\frac{L}{R_2+R_1\ /\!/\ R_3}=\frac{0.1}{40+10\ /\!/\ 10}\ \mathrm{s}=0.002\ 2\ \mathrm{s}$$

i_L 的稳态值为

$$i_L(\infty)=\frac{U_S}{R_1+R_2\ /\!/\ R_3}\times\frac{R_3}{R_2+R_3}=2\ \mathrm{A}$$

于是有

$$i_L=i_L(\infty)+[i_L(0_+)-i_L(\infty)]\mathrm{e}^{-\frac{t}{\tau}}=2\ \mathrm{A}+1.6\mathrm{e}^{-\frac{t}{0.002\ 2}}$$

做一做

在 Multisim 软件中绘制仿真电路如图 4-21 所示，取 U_{S1}（图中为 V1）=10 V，U_{S2}（图中为 V2）=5 V，电路稳定后变换开关位置，过渡过程开始。用示波器观察电容电压变化情况，绘制变化波形。

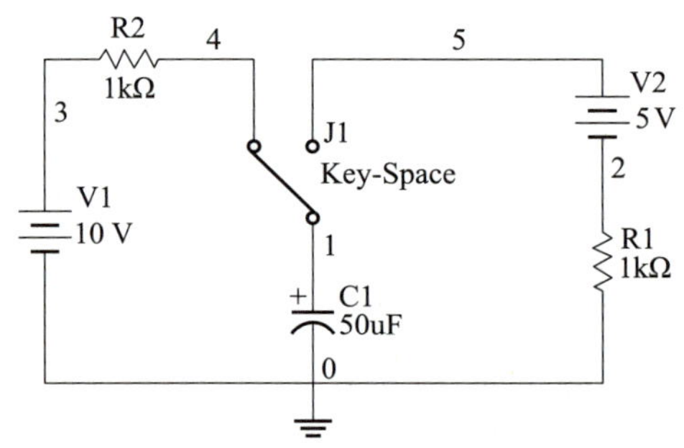

图 4-21　全响应仿真电路

取 $U_{S1}=10$ V，$U_{S2}=10$ V，绘制过渡过程电容电压变化波形。

取 $U_{S1}=10$ V，$U_{S2}=15$ V，绘制过渡过程电容电压变化波形。

4.5 微分电路和积分电路

微分电路和积分电路实际上就是 RC 串联的充放电电路，只是由于所选的电路时间常数不同，从而构成了激励（输入）与响应（输出）之间的特定关系（微分或积分）。

构成微分电路的条件：RC 串联电路，输出电压为电阻 R 两端电压，如图 4-22 所示。

构成积分电路的条件：RC 串联电路，输出电压为电容 C 两端的电压，如图 4-23 所示。

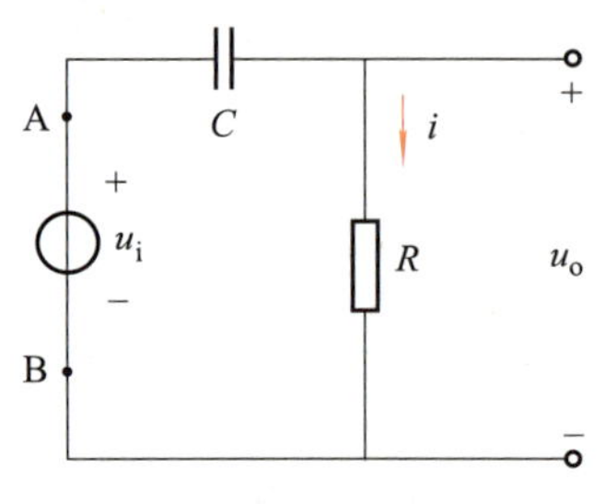

图 4-22　微分电路

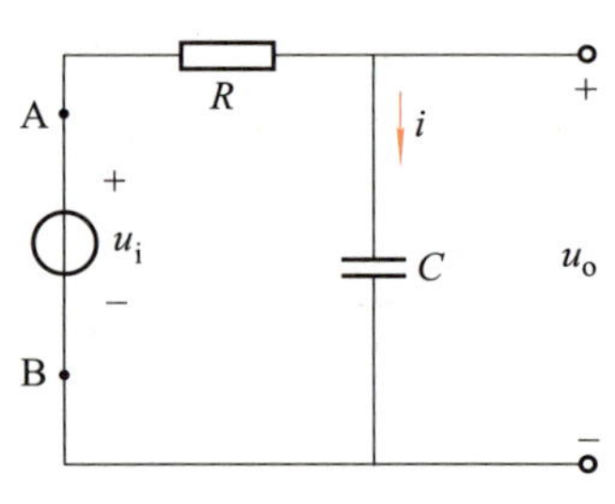

图 4-23　积分电路

4.5.1 微分电路

当信号 u_i 开始作用时，由于电容两端电压 u_C 不能突变，由KVL 可知，电阻 R 上的电压 u_R 将从零突变为 E。接着电容开始充电，如果电路时间常数很小，即 $\tau \ll t_P$（t_P 为输入脉冲的宽度），电容充电很快就完毕，使 u_C 达到 E，同时 u_R 也随之衰减到零。这时的输出信号 u_o 为一个正的尖脉冲；在 $t=t_P$ 时信号 u_i 消失，因此时 u_C 保持不变，则 u_R 立即由零下降到 $-E$，之后电容开始放电，放电结束后，u_R 的绝对值也很快衰减至零，此时输出信号为一个负的尖脉冲。即在一个矩形脉冲信号的作用下，在 RC 串联电路中的电阻上将产生两个幅值相等方向相反的尖脉冲。

根据图 4-22 所示的微分电路，有

$$u_o = u_R = Ri = RC\frac{\mathrm{d}u_C}{\mathrm{d}t} \tag{4-20}$$

因为 $\tau \ll t_P$，电容的充放电很快就结束，电容两端的电压 u_C 近似等于输入电压 u_i，即

$$u_i \approx u_C$$

所以有

$$u_o = RC\frac{\mathrm{d}u_i}{\mathrm{d}t} \tag{4-21}$$

即输出信号 u_o 与输入信号 u_i 的微分成正比，把这种从电阻两端输出且满足 $u_o = RC\frac{\mathrm{d}u_i}{\mathrm{d}t}$ 关系的 RC 串联电路称为微分电路。

微分电路能把输入信号进行微分处理后再输出。在脉冲电路中，常用微分电路把矩形脉冲电压变换为尖脉冲，作为触发信号。如果电路时间常数 $\tau \gg t_P$，该 RC 电路将变成一个 RC 耦合电路，输出波形与输入波形一样。

4.5.2 积分电路

当信号 u_i 开始作用时，电容开始充电，因为电路的时间常数很大，即 $\tau \gg t_P$，电容充电很慢，u_C 的变化近似一条斜率很小的直线。在 $t=t_P$ 时信号消失，电容开始放电，因 $\tau \gg t_P$，放电速度也很慢，这样在一个信号周期内，u_C 的图像就近似为一个锯齿波（或三角波）。

图 4-23 所示的积分电路，因为 $\tau \gg t_P$，电容的充放电过程很长，电阻两端的电压 u_R 近似等于输入电压 u_i，即

$$u_i = u_R + u_o \approx u_R \tag{4-22}$$

$$i = \frac{u_R}{R} \approx \frac{u_i}{R} \tag{4-23}$$

所以有

$$u_o = u_C = \frac{1}{C}\int i\mathrm{d}t = \frac{1}{RC}\int u_i\mathrm{d}t \tag{4-24}$$

即输出信号 u_o 与输入信号 u_i 的积分成正比，把这种从电容端输出且满足关系 $u_i \approx u_R$ 的 RC 串联电路称为积分电路。

积分电路能把输入信号进行积分处理后再输出。在脉冲电路中，常用积分电路把矩形脉冲电压变换为近似三角波，作为电视接收机场扫描信号。

做一做

Multisim 软件中绘制仿真电路如图 4-24 所示，$t=0$ 时在 0、1 两端施加一个矩形脉冲信号 u_i，脉冲信号参数如图 4-24 所示对话框设置。

计算此时 $t_P=$__________ s，$\tau=$__________ s，是否满足 $\tau \ll t_P$？

观察输出信号 u_o（即电阻两端电压 u_R）的变化规律。

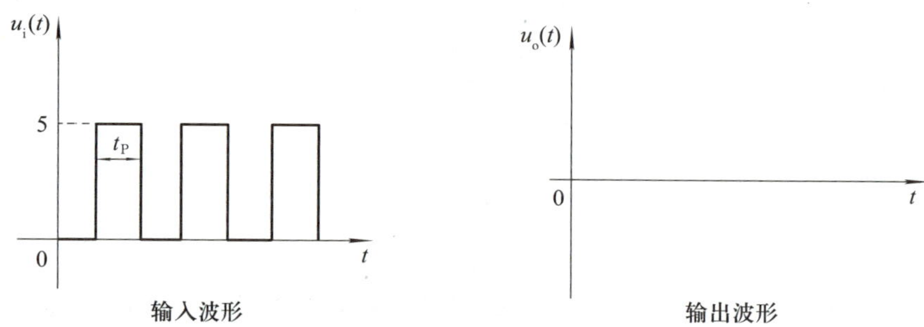

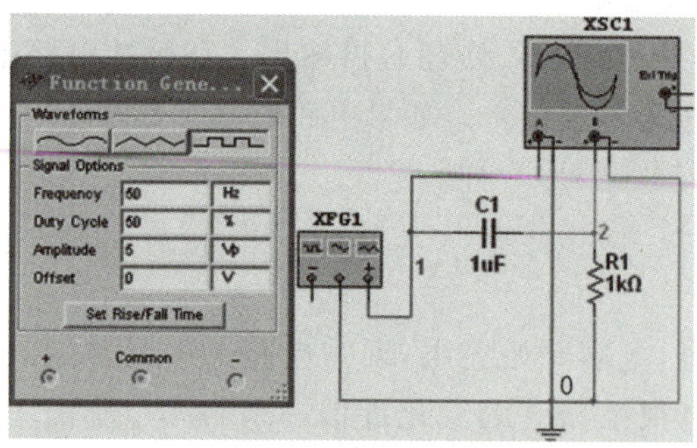

图 4-24　微分电路仿真图

实训项目

零输入响应的认识

一、实训目的

1. 通过实训理解零输入响应电路的特点。
2. 理解零输入响应曲线。
3. 了解时间常数对电路响应的影响。

二、实训分析

外加激励为零，仅由动态元件初始储能使电路产生电流、电压现象，称为电路的零输入响应。电容对电阻放电时产生的电流、电感对电阻放电时产生的电压等都是零输入响应现象。

三、实训器材

实训材料清单见表 4-3。

表 4-3　实训材料清单

名　称	规格型号	编　号	单　位	数　量	备　注
仿真软件	Multisim		套	1	
电　容	120 μF	C1	个	1	
电　阻	1 kΩ	R1　R2	个	2	
电压源	10 V	V1	个	1	
示波器		XSC1	个	1	
开　关		J1	个	1	

四、实训步骤

在 Multisim 仿真软件中绘制电路如图 4-25 所示，仿真开始先对电容充电，待电容电压等于电源电压后，选定某一时刻作为 $t=0$，改变开关 J1 位置，观察示波器参数，填写表 4-4，并根据表中记录数据绘制零输入响应曲线。

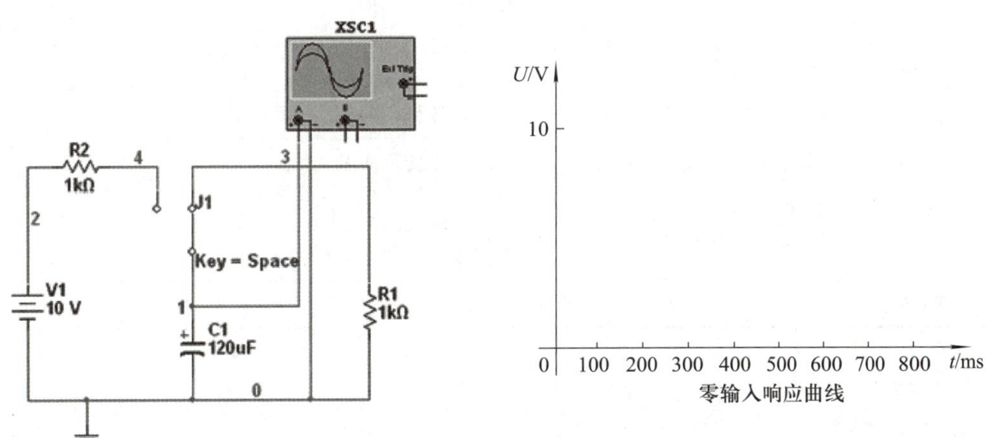

图 4-25　零输入响应仿真电路

表 4-4　实训数据记录(一)

t/ms	0	120	240	360	480	600	720	840
u_C/V								

改变图 4-25 所示电路中 C1 值为 50 μF，重复上述步骤，将数据填入表 4-5。

表 4-5　实训数据记录(二)

t/ms	0	50	100	150	200	250	300	350
u_C/V								

电容两端电压衰减的速度取决于 RC。设 $\tau=RC$，当 R 的单位为欧(Ω)，C 的单位为法(F)时，τ 的单位为秒(s)。

思考：

(1) 时间常数 $\tau=RC$，R 在图 4-25 所示电路中取 R1 还是 R2?

(2) 电路中的时间常数 τ 越大，过渡过程持续的时间就越________。

(3) 过渡过程结束需要________s。该时间与 τ 有什么关系(约为 τ 的几倍)? 过渡过程结束即电容两端的电压衰减到可以忽略不计的程度，电路中的电流小到可以忽略不计，电路进入另一个稳定状态。

五、评分标准

评分标准见表 4-6。

表 4-6　零输入响应评分标准

序号	考核内容	评分要素	配分	评分标准	得分
1	原理图的正确绘制	(1) 仿真软件的使用 (2) 原理图是否正确	30	原理图绘制错误，每处扣 5 分	
2	元件的选择	正确选择实训所需元件	10	选择错误一项扣 2 分	
3	实训内容	理解零输入响应电路特点	30	根据原理图在仿真软件里面虚拟仿真，仿真错误每处扣 5 分	
4	实训结果	(1) 正确绘制零输入响应曲线 (2) 分析实训结果	20	(1) 零输入响应曲线，错误扣 5 分 (2) 改变开关 J1 位置，观察示波器参数，记录数据，每缺失一处数据扣 5 分	
5	安全生产	(1) 工具使用 (2) 仪表使用 (3) 安全操作规程	10	(1) 工具使用正确，无损坏 (2) 仪表使用正确，无损坏 (3) 按规程操作，无违纪行为 出现以上问题，本项不得分	
日期：　　年　　月　　日			教师签名：		

本章小结

含有电感、电容(即动态元件)的电路称为动态电路，RC 电路能产生短时间大电流脉冲，RL 电路阻止电流快速变化。许多电子设备就是利用 RC 或 RL 电路短或长时间常数的特点设计而成。本章中知识点包括：

1. 含有电容或电感元件的电路，从一个稳定状态到另一个稳定状态不能在瞬间完成，而是需要经历一段时间，这个阶段称为过渡过程。

2. 在换路瞬间，电容元件的电流值有限时，其电压不能跃变；电感元件的电压值有限时，其电流不能跃变。这一结论称为换路定律。

3. 电路中其他响应在换路后的一瞬间，即 $t=0_+$ 时的值，统称初始值。求解初始值，通常采用 $t=0_+$ 等效电路法。

4. 外加激励为零，仅由动态元件初始储能使电路产生电流、电压现象，称为电路的零输入响应。

5. 零初始状态的电路，在换路后受到（直流）激励作用而产生的电流、电压，称为电路的零状态响应。

6. 全响应是指电路处于非零初始状态下，在（直流）激励作用下，电路中产生电流、电压的过程。全响应可以看成零输入响应和零状态响应两者的叠加。

7. 一阶电路的三要素法：一阶电路中变量的全响应公式的一般形式，即

$$f(t)=f(\infty)+[f(0_+)-f(\infty)]e^{-\frac{t}{\tau}}$$

式中，$f(t)$ 是待求电路变量的全响应，$f(0_+)$ 是待求变量的初始值，$f(\infty)$ 是待求变量的稳态值，τ 是电路换路后的时间常数。

8. 三要素法的关键是确定 $f(0_+)$、$f(\infty)$ 和时间常数 τ。$f(0_+)$，利用换路定律和 $t=0_+$ 的等效电路求得；$f(\infty)$，由换路后 $t=\infty$ 的等效电路求得；时间常数 τ，只与电路的结构和参数有关，RC 电路的 $\tau=RC$，RL 电路的 $\tau=L/R$，其中电阻 R 是换路后电路的等效内阻。

9. 微分电路 $u_o=RC\dfrac{du_i}{dt}$。构成微分电路的条件：RC 串联电路，输出电压为电阻 R 两端电压；电路的时间常数要比输入脉冲的宽度小得多，即 $\tau\ll t_P$。

10. 积分电路 $u_o=\dfrac{1}{RC}\int u_i dt$。构成积分电路的条件：$RC$ 串联电路，输出电压为电容 C 两端的电压；电路的时间常数要比输入脉冲的宽度大得多，即 $\tau\gg t_P$。

习　题　4

一、简答题

1. 什么是动态元件？什么是动态电路？

2. 什么是过渡过程？动态电路出现过渡的条件是什么？

3. 什么是全响应？什么是零输入响应和零状态响应？什么是暂态分量和稳态分量？

4. 一阶电路的全响应与零输入、零状态响应有何异同？

5. 什么是一阶电路的时间常数？什么是三要素法？

二、计算题

1. 电路如图 4-26 所示。开关 S 在 $t=0$ 时闭合，求 $i_L(0_+)$。

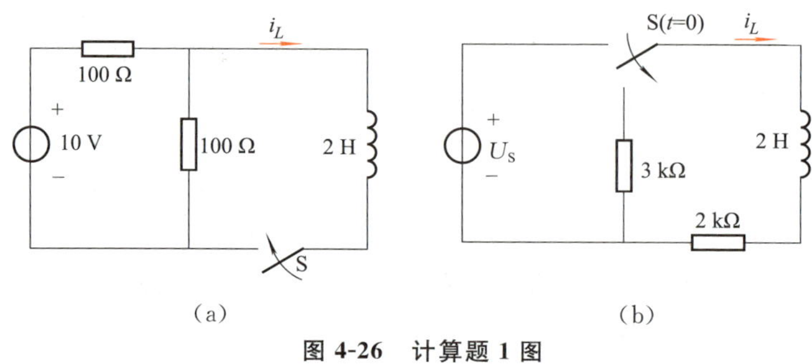

图 4-26　计算题 1 图

2. 如图 4-27 所示，$t=0$ 时打开开关 S。求 $u_C(0_+)$，$i_C(0_+)$。

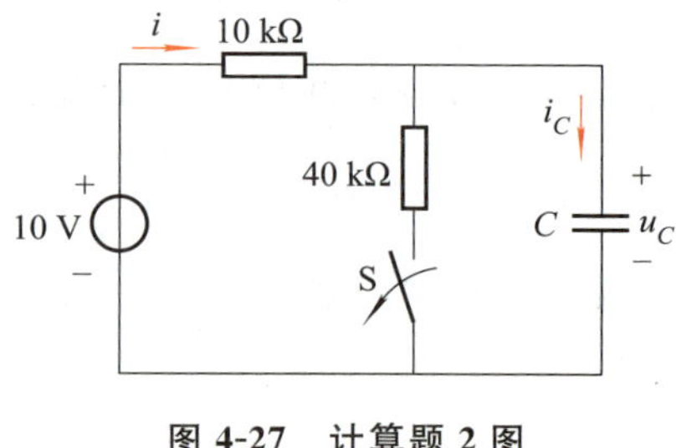

图 4-27　计算题 2 图

3. 如图 4-28 所示，$t=0$ 时合上开关 S，求换路后的 $u_C(t)$。

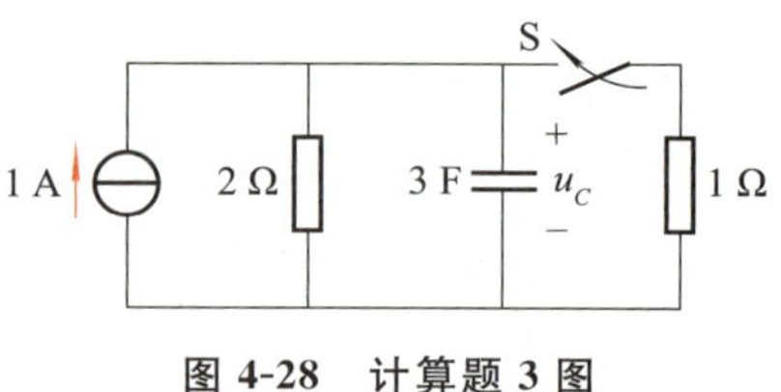

图 4-28　计算题 3 图

4. 在图 4-29 所示电路中，已知 $R=10\ \text{k}\Omega$，$C=3\ \mu\text{F}$，开关未闭合前，电容已充过电，$u_C(0_-)=10\ \text{V}$，求开关闭合后 100 ms 时，电容上的电压。

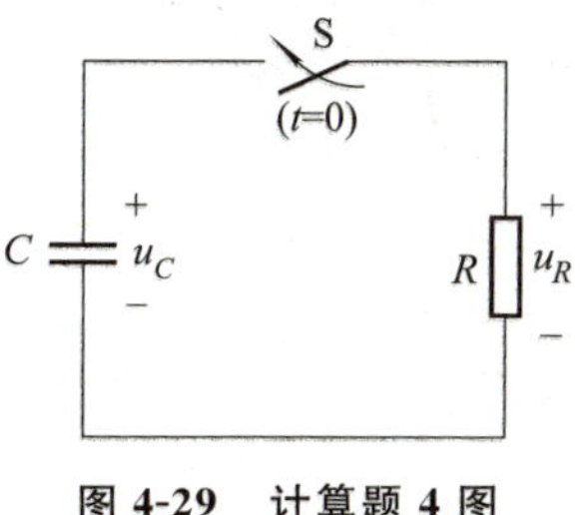

图 4-29　计算题 4 图

5. 测量发电机励磁绕组直流电阻的电路如图 4-30 所示，已知电压表的读数为 100 V，内阻 $R_V=5\ \text{k}\Omega$，电流表的读数为 200 A，内阻 $R_A=0$，励磁绕组的电感 $L=0.4\ \text{H}$。

求：(1) 若测量完毕后直接断开关 S，问在 S 断开瞬间电压表所承受的电压为多少？

(2) 换路后 RL 回路的时间常数为多少？

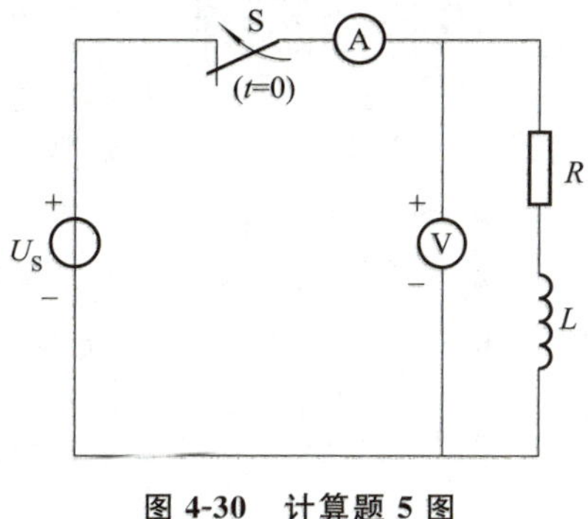

图 4-30　计算题 5 图

DIANGONG JICHU

第 5 章 铁芯线圈与变压器

学习目标

- 了解磁路的基本物理量和基本定律；
- 了解磁性材料的磁性能及磁损耗概念；
- 理解交流铁芯线圈电路的基本电磁关系及电压、电流关系；
- 了解电磁铁的基本结构及工作原理；
- 了解变压器的基本结构、同极性端及特殊变压器的特点；
- 掌握变压器的工作原理及变压器额定值的意义；
- 培养严谨、求是、务实的职业精神；
- 培养节能环保意识和产品质量意识，养成良好的工作方法、工作作风和职业道德；
- 培养敬业奉献、诚实守信的职业操守；
- 培养创新思维和意识。

5.1 磁路的基本概念

所谓磁路，就是集中磁通的闭合路径。也就是说，磁路是封闭在一定范围里的磁场，所以描述磁场的物理量也适用于磁路。

5.1.1 磁场的基本物理量

1. 磁感应强度

磁感应强度是表示磁场内某点的磁场强弱和方向的物理量，是一个矢量，用 B 表示。磁感应强度的方向就是该点磁场的方向，它与电流之间的方向可用右手螺旋定则来确定，其大小是用一根电导线在磁场中受力的大小来衡量的（该导线与磁场方向垂直）。即

$$B=\frac{F}{Il} \tag{5-1}$$

式中，F 为磁力，单位为牛(N)；I 为通过导线的电流，单位为安(A)；l 为导线的长度，单位为米(m)。在国际单位制中，B 的单位为特(韦/米^2)，用 T(Wb/m^2)表示。

磁感应强度的大小也可用通过垂直于磁场方向单位面积的磁力线数来表示。

2. 磁通

在磁场中，磁感应强度 B 与垂直于磁场方向的某一截面积 S 的乘积称为磁通 Φ，即

$$\Phi=BS,\ B=\frac{\Phi}{S} \tag{5-2}$$

也就是说，磁通 Φ 是垂直穿过某一截面磁感线的总数。

根据电磁感应定律的公式有

$$e=-N\frac{\mathrm{d}\Phi}{\mathrm{d}t} \tag{5-3}$$

在国际单位制中，Φ 的单位为伏秒(V・s)，通常称为韦，用 Wb 表示。

3. 磁场强度

磁场强度是进行磁场计算时引用的一个辅助计算量，也是矢量，用 H 表示。通过它来确定磁场与电流间的关系。

在工程上，要确定通过导线和线圈的电流与其产生磁通之间的关系是工程计算的重要内容之一。例如，电磁铁的吸力大小就取决于铁芯中磁通的多少，而磁通的多少又与通入线圈的励磁电流大小有关。对于空心线圈，磁场与励磁电流之间的关系比较简单，因为介质是空气，它的导磁系数是个常量，所以空心线圈产生的磁通是与励磁电流成正比的。

当线圈中具有铁芯时，因为铁磁物质的磁饱和现象，导磁系数不是常量，磁通与励磁电流之间不再是正比关系，这样在研究与计算磁路时就比较麻烦。为了简化起见，引入磁场强度这样一个辅助量，当磁路由一种磁性材料组成，且各处截面积 S 相等，根据磁路的安培环路定律，磁路的磁场强度为

$$H=\frac{IN}{l} \tag{5-4}$$

式中，I 为励磁电流，N 为线圈匝数，l 为磁路的平均长度，H 的单位为安/米，用 A/m 表示。

4. 磁导率

磁导率 μ 是一个用来表示磁场介质磁性的物理量，也就是用来衡量物质导磁能力的物理量。在国际单位制中，μ 的单位为亨/米，用 H/m 表示。真空的磁导率是一个常量，用 μ_0 表示。$\mu_0=4\pi\times10^{-7}$ H/m，任一种物质的磁导率 μ 和真空的磁导率 μ_0 的比值，称为该物质的相对磁导率 μ_r，即

$$\mu_r = \frac{\mu}{\mu_0} \tag{5-5}$$

引入磁导率 μ 后，磁感应强度 B 的大小等于磁导率 μ 与磁场强度 H 的乘积，即

$$B = \mu H \tag{5-6}$$

这说明在相同磁场强度的情况下，物质的磁导率愈高，整体的磁场效应愈强。

5.1.2 磁性材料的磁性能

磁性材料主要是指铁、镍、钴及其合金以及铁氧体等，其磁导率很高，是制造变压器、电机等各种电工设备的主要材料。它们具有强磁化性、磁饱和性、磁滞性等基本特性。

1. 强磁化性

磁性材料之所以能被磁化是由其内部的结构决定的。磁性材料由许多称为磁畴的微小区域组成。在无外磁场存在的情况下，磁畴的磁矩方向各不相同，磁性材料对外不显示磁性。在外磁场作用下，与外磁场方向成小角度的磁畴的体积随着外磁场的增大而扩大并使磁畴的磁化方向进一步转向外磁场方向，而与外磁场方向成大角度的磁畴的体积则逐渐缩小。这时磁性材料对外呈现宏观磁性。

所有磁性材料的导磁能力都比真空大得多，它们的相对磁导率多在几百甚至上万，也就是说，在相同励磁条件下，用磁性材料做铁芯建立的磁场要比用非磁性材料做铁芯建立的磁场大几百倍甚至上万倍。这种特性使得各种电器、电机和电磁仪表等一切需要获取强磁场的设备，无不采用磁性材料作为导磁体。利用这种材料在同样的电能下可以大大减轻设备体积和质量并能提高电磁器件的效率。

2. 磁饱和性

磁性材料在磁化过程中，磁感应强度 B 随磁场强度 H 变化的曲线称为磁化曲线，如图 5-1 所示。通过实验测取的磁化曲线说明磁性材料的基本特征。

该曲线由零开始，分四段，单调增加，其中 OA 段部分是初始磁化阶段，AB 部分是磁性变化急剧阶段，BC 部分是磁性变化缓慢阶段，CD 部分是磁性饱和阶段。初始磁化时，外磁场微弱，OA 部分上升很慢。过 A 点后在外磁场作用下，磁畴转向与外磁场方向趋于接近，故磁感应强度 B 值上升很快。最后的 CD 段为磁化接近饱和段，这时磁畴已全部转到与外磁场方向或接近外磁场方向，使磁化进入饱和。这里的 B 点称为膝点（又称拐点），即转折的意思。

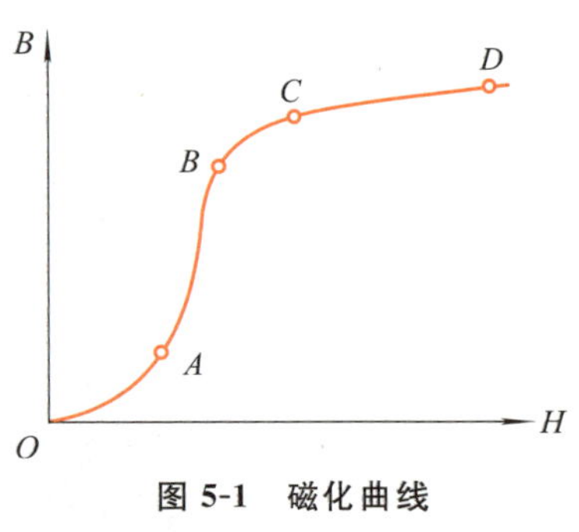

图 5-1 磁化曲线

磁性物质磁饱和现象的存在使磁感应强度 B 与磁场强度 H 的关系不成正比，由于磁通 Φ 与 B 成正比，产生磁通的电流 I 与 H 成正比，因而电流 I 与磁通 Φ 为非线性关系，这使磁路问题的分析成为非线性问题。

3. 磁滞性

如图 5-2 所示，当把磁场强度 H 减小到零，磁感应强度 B 并不沿着原来的曲线回降，而是沿着一条比它高的曲线 ab 段缓慢下降。在 H 已等于零时，磁感应强度 B 并不等于零，而

仍保留一定的磁性，如图中 B_r 所示，这个 B_r 值叫做剩磁，通常资料中给出的剩磁值均指磁感应强度自饱和状态回降后剩余的数值。

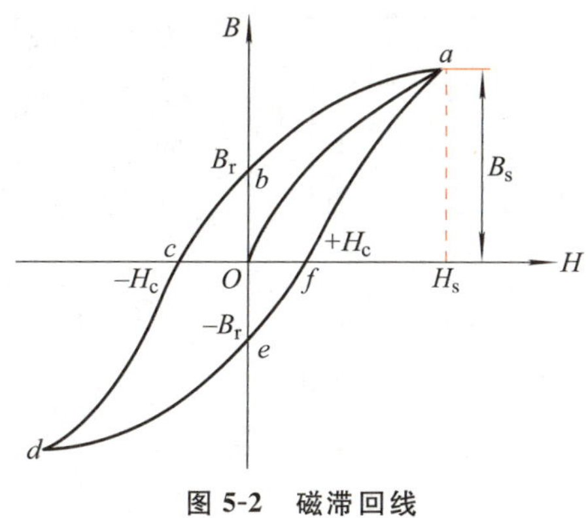

图 5-2　磁滞回线

为了消除剩磁，即使 $B=0$，在负方向所加的磁场强度的大小 H_c 称为矫顽力，它表示磁性材料反抗退磁的能力。如磁场强度继续在反方向增加，材料进行反向磁化到饱和，如曲线上的 *cd* 段。然后在反方向减小磁场强度到零，磁化状态变到 $-B_r$。这时沿正向增加磁场强度直到 H_c，$B=0$。当 $H=H_s$ 时，则磁感应强度增加到 B_s。为取得较为稳定的曲线，此实验过程往往要反复进行多次，最后所得 *B*-*H* 曲线为对称封闭曲线。

从绘制曲线过程中，可以看到磁感应强度 *B* 的变化始终落后磁场强度 *H* 的变化，这种现象称为磁滞，由此所得的封闭曲线称为磁滞回线。

不同的磁性材料的磁滞回线形状也不相同，如图 5-3 所示给出三种不同磁性材料的磁滞回线。

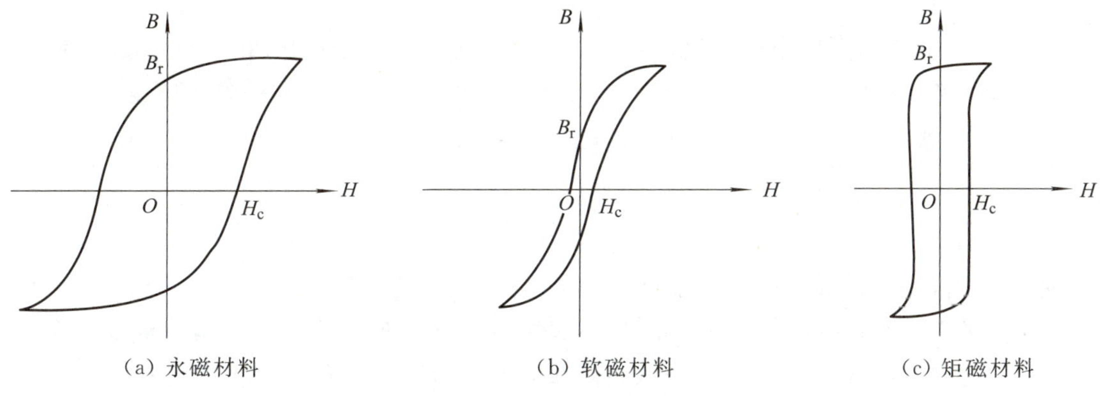

图 5-3　不同磁性材料的磁滞回线

永磁材料多称为硬磁材料，具有较大的剩磁 B_r、较高的矫顽力 H_c 和较大的磁滞回线面积，属于这类材料的有铝镍钴、硬磁铁氧体、稀土钴及碳钢铁等合金的永磁钢。主要用来制造各种用途的永磁铁。

软磁材料的磁滞回线窄而长，磁滞回线范围面积小，剩磁和矫顽力值都很小，属于这类材料的有铸铁硅钢片、铁镍合金及软磁铁氧体等。主要用来做电磁设备的铁芯。

矩磁材料的磁滞回线接近矩形，剩磁大，矫顽力小，属于这类材料的有镁锰铁氧体和某些铁镍合金等。在计算机和自动控制中广泛用作记忆元件、开关元件和逻辑元件。

5.1.3　磁路的欧姆定律

图 5-4 所示为最简单的磁路。设一铁芯上绕有 *N* 匝线圈，铁芯的平均长度为 *l*，截面积

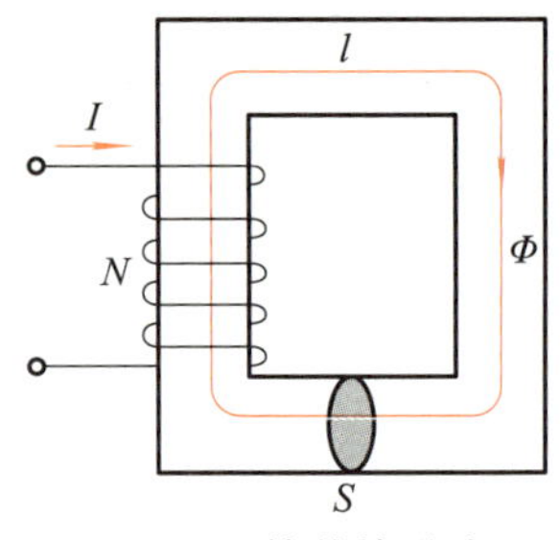

图 5-4　简单的磁路

为 S，铁芯材料的磁导率为 μ。当线圈通以电流 I 后，将建立起磁场，铁芯中有磁通 Φ 通过。假定不考虑漏磁，沿整个磁路的 Φ 相同，则

$$\Phi = BS = \mu SH = \mu S\frac{NI}{l} = \frac{NI}{\frac{l}{\mu S}} \tag{5-7}$$

从式(5-7)可以看出，NI 愈大则 Φ 愈大，$\frac{l}{\mu S}$ 愈大则 Φ 愈小，NI 可理解为产生磁通的源，故称为磁动势，用符号 F 表示，它的单位是安·匝(A·匝)。$\frac{l}{\mu S}$ 对通过磁路的磁通有阻碍作用，故称为磁阻，用 R_m 表示，它的单位是 1/亨(1/H)，记为 H^{-1}。

$$[R_m] = \frac{[l]}{[\mu][S]} = \frac{m}{(H/m)m^2} = H^{-1} \quad (\text{[　]表示该量的单位}) \tag{5-8}$$

于是有

$$\Phi = \frac{F}{R_m} \tag{5-9}$$

式(5-9)与电路的欧姆定律相似，故称为磁路的欧姆定律。磁动势相当于电动势，磁阻相当于电阻，磁通相当于电流。即线圈产生的磁通与磁动势成正比，与磁阻成反比。若磁路上有 n 个线圈通以不同电流，则建立磁场的总磁动势为

$$F = \sum_{i=1}^{n} N_i I_i \tag{5-10}$$

必须指出，式(5-9)表示的磁路欧姆定律，只有在磁路的气隙或非铁磁物质部分是正确的，才保持磁通与磁动势成正比例的关系。在有铁磁材料的各段，R_m 因 μ 随 B 或 Φ 变化而不是常量，这时必须利用 B 与 H 的非线性曲线关系，由 B 决定 H 或由 H 决定 B。

5.2 铁芯线圈电路

将线圈绕制在铁芯上便构成了铁芯线圈。根据线圈励磁电源的不同，可分为直流铁芯线圈和交流铁芯线圈，它们的磁路分别为直流磁路和交流磁路。

5.2.1 直流铁芯线圈电路

将直流铁芯线圈接到直流电源上，即形成直流铁芯线圈电路。因为线圈中通过直流电流，磁路中的磁通恒定，在铁芯中不会产生涡流，因此其铁芯可以是整块铁。

直流铁芯线圈电路的特点是：

① 励磁电流 $I = U/R$，I 由外加电压 U 及励磁线圈的电阻 R 决定，与磁路的特性无关。

② 直流铁芯线圈中磁通 Φ 的大小不仅与线圈的电流 I 及磁动势 NI 有关，还取决于磁路中的磁阻 R_m，即与磁路的导磁材料有关。

③ 直流铁芯线圈的功率损耗 $P=I^2R$，由线圈中电流和线圈电阻决定。

5.2.2 交流铁芯线圈电路

将交流铁芯线圈接到交流电源上，即形成交流铁芯线圈电路。由于线圈中通过交流电流，在线圈和铁芯中将产生感应电动势。为了减小涡流损耗，交流铁芯线圈的铁芯应该是叠片状的。

下面介绍交流铁芯线圈电路的特点。

1. 基本电磁关系

在交流铁芯线圈电路中，当外加交流电压 u 时，线圈中便产生交流励磁电流 i。由磁动势 Ni 产生两部分交变磁通，即主磁通 Φ 和漏磁通 Φ_σ。这两个磁通又分别在线圈中产生两个感应电动势，即主磁电动势 e 和漏磁电动势 e_σ。两个电动势与主磁通 Φ 的参考方向之间符合右手螺旋定则。

根据基尔霍夫电压定律，铁芯线圈的电压平衡方程式为

$$u=Ri-e_\sigma-e$$

式中，R 为线圈电阻。由于线圈电阻上的压降 Ri 及漏磁电动势 e_σ 与主磁电动势 e 相比较都非常小，均可忽略不计，故上式可写成

$$u\approx -e \tag{5-11}$$

由电磁感应定律，主磁感应电动势为

$$e=-N\frac{\mathrm{d}\Phi}{\mathrm{d}t} \tag{5-12}$$

将主磁通 $\Phi=\Phi_m\sin\omega t$ 代入式(5-12)中，则得

$$e=-N\frac{\mathrm{d}\Phi}{\mathrm{d}t}=N\Phi_m\omega\sin(\omega t-90^\circ) \tag{5-13}$$

由式(5-13)可见，主磁感应电动势的有效值为

$$E=\frac{N\Phi_m\omega}{\sqrt{2}}=4.44fN\Phi_m \tag{5-14}$$

由式(5-11)可知 $U\approx E$，所以在忽略线圈电阻与漏磁通的条件下，主磁通的幅值 Φ_m 与线圈外加电压有效值 U 的关系为

$$U\approx E=4.44fN\Phi_m \tag{5-15}$$

式(5-15)反映了交流铁芯线圈电路的基本电磁关系，它是分析计算交流磁路的重要依据。式中，U(V)为线圈的外加电压，f(Hz)为电源频率，Φ_m(Wb)为主磁通最大值，N 为线圈匝数。

式(5-15)表明，当电源频率和线圈匝数一定时，磁路中的主磁通只取决于线圈的外加电压，与磁路的导磁材料和尺寸无关，这是直流铁芯线圈与交流铁芯线圈重要的区别。另外，当交流铁芯线圈的外加电压一定时，在产生同样磁通的情况下，磁路的材料不同，线圈中的电流也不同，这也是直流铁芯线圈与交流铁芯线圈的主要区别之一。

2. 功率损耗

交流铁芯线圈中的功率损耗有两部分，一部分是铜损 P_{Cu}($P_{Cu}=I^2R_{Cu}$)，它是线圈电阻 R_{Cu}通过电流发热产生的损耗；另一部分是铁芯的磁滞损耗 P_h 和涡流损耗 P_e，两者合称为铁损，用 P_{Fe}表示。为了减小磁滞损耗，应选择软磁性材料做铁芯。为了减小涡流损耗，交流铁芯线圈的铁芯都做成叠片状，交流铁芯线圈总的功率损耗可表示为

$$P_{Cu}+P_{Fe}=I^2R_{Cu}+P_h+P_e \tag{5-16}$$

由上述分析可知，交流铁芯线圈的等效电路模型应该是电感 L 与电阻 R(包括 R_{Fe}和 R_{Cu}两部分)的串联。

许多电器是以交流铁芯线圈或直流铁芯线圈为基础做成的。在使用这些电器时要特别注意不要加错电压。例如，若将交流铁芯线圈接到与其额定电压值相等的直流电压上时，则感抗 X_L 及与 P_{Fe}对应的等效电阻 R_{Fe}将不存在，所以线圈电流 U/R_{Cu}(一般 R_{Cu}远小于 X_L 和 R_{Fe})将很大，以至烧坏线圈；若将直流铁芯线圈接到有效值与其额定电压值相同的交流电压上时，将产生感抗 X_L 以及与 P_{Fe}对应的等效电阻 R_{Fe}，磁路的磁通达不到额定状态，而且铁芯(整块铁)将会严重发热。

5.3 电磁铁

电磁铁是常用的一种控制电器，另外许多电工设备也是以电磁铁为基本组成部分。例如，机床上的电磁离合器、液压或气压传动系统中的电磁阀等，都是基于电磁吸力的原理工作的。

图 5-5 是常见的电磁铁的结构形式。电磁铁是由线圈、定铁芯及衔铁三部分基本结构组成的。

电磁铁的定铁芯和线圈是固定不动的，当线圈通电时产生电磁吸力而将衔铁吸合。当线圈断电时电磁吸力消失，衔铁释放。这样，与衔铁相连的部件就会随着线圈的通、断电而产生机械运动。

根据电磁铁励磁电流的不同，可以分为直流电磁铁和交流电磁铁。

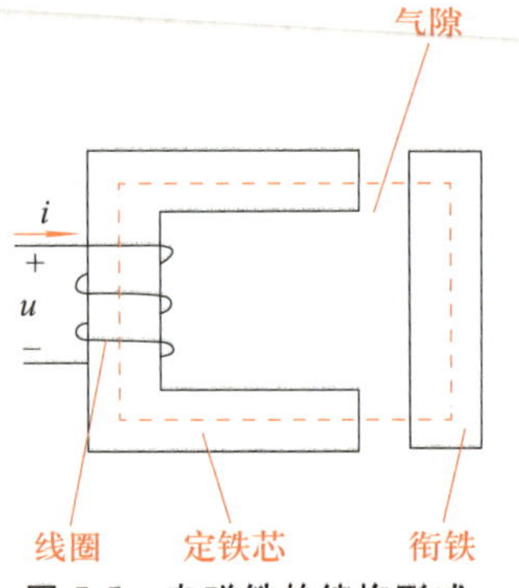

图 5-5 电磁铁的结构形式

5.3.1 直流电磁铁

直流电磁铁是典型的直流铁芯线圈，由于磁路中磁通恒定，所以直流电磁铁的铁芯和衔铁可以用整块的铸钢、软钢制成。

电磁吸力是电磁铁的主要参数之一，计算电磁吸力的公式为

$$F=\frac{10^7}{8\pi}B_0^2S_0 \tag{5-17}$$

式中，B_0 和 S_0 分别是定铁芯及衔铁之间气隙的磁感应强度和截面积。由式(5-17)可见，吸力的大小是和气隙处磁感应强度的平方成正比的。

由式(5-17)可知，直流电磁铁在衔铁吸合过程中吸力是不断增强的。

5.3.2 交流电磁铁

交流电磁铁是典型的交流铁芯线圈。由于磁感应强度周期性交变，因而其吸力也周期性变化。设 $B_0=B_m\sin\omega t$，则吸力为

$$\begin{aligned}F&=\frac{10^7}{8\pi}B_m^2S_0\sin^2\omega t=\frac{10^7}{8\pi}B_m^2S_0\left(\frac{1-\cos 2\omega t}{2}\right)\\&=F_m\left(\frac{1-\cos 2\omega t}{2}\right)=\frac{1}{2}F_m-\frac{1}{2}F_m\cos 2\omega t\end{aligned} \tag{5-18}$$

$$F_m=\frac{10^7}{8\pi}B_m^2S_0 \tag{5-19}$$

式(5-19)中，F_m 为吸力的最大值。

由式(5-18)可见，交流电磁铁的吸力以两倍于电源的频率在零与最大值 F_m 之间脉动，因而衔铁在不断地做吸合、断开的动作。

为了减少交流电磁铁的铁损，要选择优质软磁性材料做成叠片状磁路，通常用硅钢片叠成铁芯。

交流电磁铁磁路中的磁通最大值是恒定不变的，所以交流电磁铁在吸合过程中吸力的大小是不变的。单线圈中电流(有效值)在吸合前后却有很大变化。这是因为随着气隙的减小，磁路的磁阻不断减小。根据磁路的欧姆定律，磁通不变时，磁阻减小，则磁动势将减小，所以交流电磁铁在吸合过程中线圈的电流是不断减小的。由上述分析可知，如果由于某种机械障碍使交流电磁铁的衔铁被卡住，造成衔铁在线圈通电后长时间不能吸合，线圈中将流过较大电流而使线圈严重发热，甚至烧毁。

5.4 变压器

变压器是根据电磁感应原理制成的一种电气设备，它具有变换电压、变换电流和变换阻抗的功能，因而获得广泛的应用。

变压器是电力系统中不可缺少的重要设备。在发电厂或电站，当输送一定的电功率、且线路的 $\cos\varphi$ 一定时，由于 $P=UI\cos\varphi$，则电压 U 越高、线路电流 I 就越小。可见高压送电既减小了输电导线的截面积，也减少了线路损耗。所以电力系统中均采用高电压输送电能，再用变压器将电压降低供用户使用。

在电子线路中，变压器可用来传递信号和实现阻抗匹配。除电力变压器外，还有用于调节电压的自耦变压器、电加工用的电焊变压器和电炉变压器、测量电路用的仪用变压器等。

5.4.1 变压器的基本结构

虽然变压器种类繁多、形状各异，但其基本结构是相同的。变压器的主要组成部分是铁芯和绕组。

铁芯构成变压器的磁路部分。按照铁芯结构的不同，变压器可分为心式和壳式两种。

铁芯通常由 0.35～0.5 mm 厚的硅钢片交错叠装而成，片与片之间涂绝缘层隔开。这样做的目的是为了尽可能减少变压器工作时铁芯的涡流损耗和磁滞损耗。图 5-6 所示为几种常见的单相变压器铁芯结构。

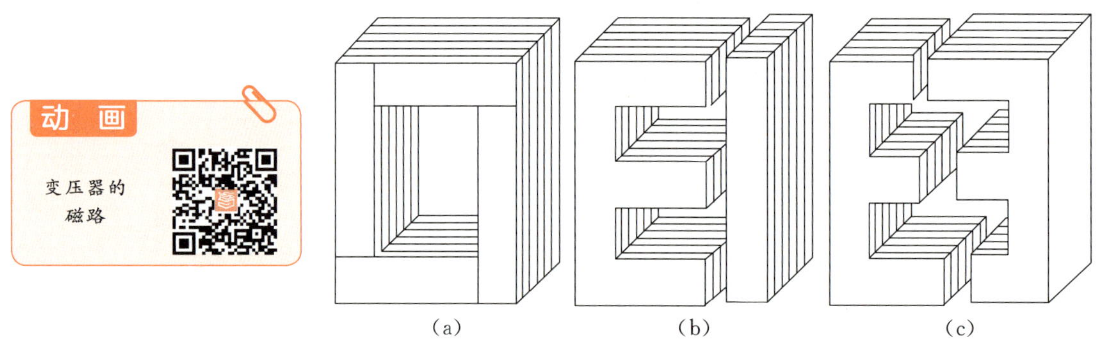

图 5-6　单相变压器铁芯结构

绕组是变压器的电路部分。与电源连接的绕组称为一次绕组（也叫原绕组或原边），与负载连接的绕组称为二次绕组（也叫副绕组或副边）。一次绕组与二次绕组及各绕组与铁芯之间都要进行绝缘。为了减小各绕组与铁芯之间的绝缘等级，一般将低压绕组绕在里层，将高压绕组绕在外层。

按铁芯和绕组的组合结构不同，变压器可分为心式变压器和壳式变压器。心式变压器的铁芯被绕组包围，如 5-7a 所示，而壳式变压器则是铁芯包围绕组，如图 5-7b 所示。

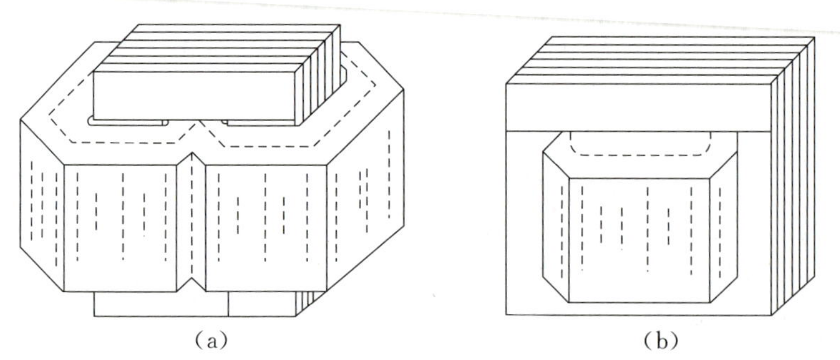

图 5-7　变压器结构示意图

大容量变压器一般都配备散热装置，如三相变压器配备散热油箱、油管等。

5.4.2 变压器的工作原理

变压器一次绕组接入交流电路中后，绕组中就有交流电流流过，交流电就在铁芯内产生交变的磁场，这个磁场在二次绕组产生感应电动势或感应电压，这个电压的大小与变压器一次绕组、二次绕组的绕组匝数比有关，这样可以通过选择不同匝数比的变压器得到需要的电压。二次绕组接上负载后就有电流流过，这样就将电能由一次绕组传送到了二次绕组。二次绕组电流也会产生磁场，反过来作用于一次绕组电流所产生的磁场，最后铁芯中的磁场是一次侧和二次侧电流共同作用的结果。

微视频
变压器的工作原理

1. 变压器空载运行

变压器工作时一次绕组接到电源上，负载接入二次绕组，为了分析方便，首先分析不接负载（空载）时的情况。图 5-8 是变压器空载时接线图，一次绕组、二次绕组匝数，电压，电动势，空载电流及磁通参考方向如图所示。

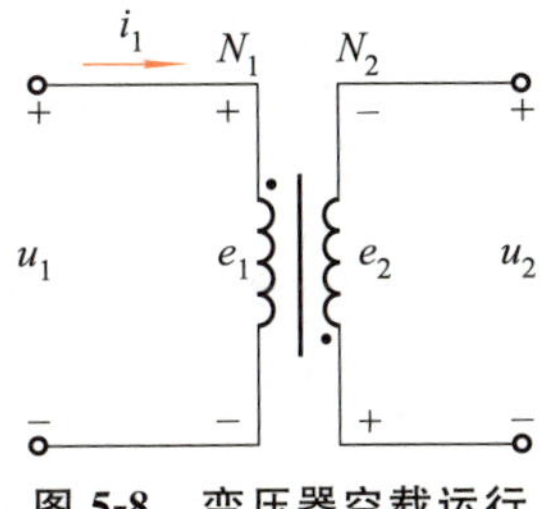

图 5-8　变压器空载运行

若忽略漏磁通，则根据电磁感应定律有

$$e_1 = -N_1 \frac{d\Phi}{dt} \text{ 和 } e_2 = -N_2 \frac{d\Phi}{dt}$$

e_1 和 e_2 的有效值分别为

$$E_1 = 4.44fN_1\Phi_m \text{ 和 } E_2 = 4.44fN_2\Phi_m \tag{5-20}$$

式(5-20)中，f 为交流电源的频率，Φ_m 为主磁通的最大值。如果忽略绕组电阻上的压降，认为一次绕组、二次绕组电动势有效值近似等于电压有效值，即

$$U_1 \approx E_1 = 4.44fN_1\Phi_m$$
$$U_2 \approx E_2 = 4.44fN_2\Phi_m$$

则有

$$\frac{U_1}{U_2} \approx \frac{4.44fN_1\Phi_m}{4.44fN_2\Phi_m} = \frac{N_1}{N_2} = k \tag{5-21}$$

变压器空载运行时，一次绕组、二次绕组电压有效值之比等于绕组的匝数比。

当一次绕组电压为某一值时，只要选用不同变压比（一次绕组、二次绕组匝数比称为变压比，即 $k = N_1/N_2$）的变压器就可获得不同电压等级的二次绕组输出电压。

若 $k > 1$ 时，则二次绕组电压小于一次绕组电压，这种变压器称为降压变压器，即

$$U_2 = \frac{U_1}{k} < U_1 \tag{5-22}$$

若 $k < 1$ 时，则二次绕组电压大于一次绕组电压，这种变压器称为升压变压器，即

$$U_2 = \frac{U_1}{k} > U_1 \tag{5-23}$$

例 1　已知变压器铁芯截面为 20 cm^2，铁芯中磁感应强度最大不得超过 0.2 T，若要用它把 220 V 的工频交流电变换成 20 V 的同频率交流电，问一次绕组、二次绕组匝数应当为多少？

解:铁芯中的最大磁通为

$$\Phi_m = B_m S = 0.2 \times 20 \times 10^{-4}\ \text{Wb} = 0.000\ 4\ \text{Wb}$$

一次绕组的匝数为

$$N_1 = \frac{U_1}{4.44 f \Phi_m} = \frac{220}{4.44 \times 50 \times 0.000\ 4} \approx 2\ 477$$

变压器的变压比为

$$k = \frac{U_1}{U_2} = \frac{220}{20} = 11$$

因为 $k = N_1/N_2$，所以变压器二次绕组的匝数应为

$$N_2 = \frac{N_1}{k} = \frac{2\ 477}{11} \approx 225$$

2. 变压器负载运行

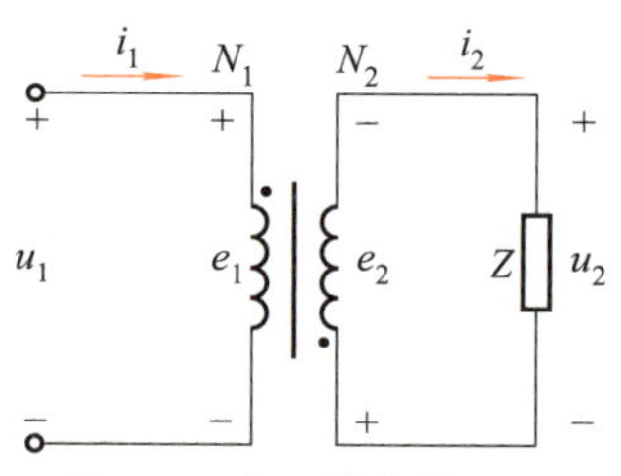

图 5-9 变压器负载运行

图 5-9 为变压器带上负载 Z 后电路图。由于二次绕组有电流(i_2)通过，从而将影响一次绕组电流的大小。

由于变压器存在内阻，负载时变压器二次绕组的输出电压将比空载时有所下降，但一般情况下内部电压降不会超过额定电压的 10%。所以可以近似认为二次绕组电压有效值仍然等于二次绕组电动势有效值，即

$$U_2 \approx E_2$$

可以认为变压器负载运行时，一次绕组、二次绕组电压之比依然等于匝数之比，即

$$\frac{U_1}{U_2} = \frac{N_1}{N_2} = k$$

但是，二次绕组负载电流的出现将极大地影响一次绕组电流，使一次绕组电流增加。变压器运行时，一次绕组电压为

$$U_1 \approx E_1 = 4.44 f N_1 \Phi_m$$

可见，只要一次绕组电源电压不变(有效值和频率)，那么磁通的最大值也应当保持基本不变。

负载运行后，磁路的磁动势由一次绕组和二次绕组共同产生，其大小应当与空载时的磁动势基本相等，即

$$I_1 N_1 + I_2 N_2 = I_{10} N_1 \tag{5-24}$$

式(5-24)中，I_{10} 是变压器空载时的空载电流，其大小一般只有额定电流的百分之几，因此式(5-24)可近似写成以下形式

$$I_1 N_1 + I_2 N_2 \approx 0$$

即

$$I_1N_1 \approx -I_2N_2 \tag{5-25}$$

由此可见，变压器负载运行时，一次、二次绕组产生磁动势方向相反，即二次绕组电流 I_2 对一次绕组电流 I_1 产生的磁通有去磁作用。

因此，当二次绕组电流（负载电流）发生变化时，一次绕组电流也随之变化；例如，二次绕组电流增加时一次绕组电流也增加；二次绕组电流减小时，一次绕组电流也随之变小。

由公式(5-25)可知，一次、二次绕组电流有效值之间存在以下近似关系：

$$\frac{I_1}{I_2} \approx \frac{N_2}{N_1} = \frac{1}{k}$$

变压器一次、二次绕组电流与电压之间的近似关系为

$$\frac{I_1}{I_2} \approx \frac{U_2}{U_1} \approx \frac{N_2}{N_1} = \frac{1}{k}$$

可见，变压器负载运行时，匝数多的绕组电压高、电流小；而匝数少的绕组电压低、电流大。

例 2　已知某一变压器 $N_1=1\,000$，$N_2=100$，$U_1=220$ V，$I_2=2$ A，负载为纯电阻，忽略变压器的漏磁与损耗，求变压器二次绕组电压 U_2、一次绕组电流 I_1 和输入、输出功率。

解：变压器的变压比为

$$k=\frac{N_1}{N_2}=\frac{1\,000}{100}=10$$

所以，变压器二次绕组电压为

$$U_2=\frac{U_1}{k}=\frac{220}{10}\ \text{V}=22\ \text{V}$$

变压器一次绕组电流为

$$I_1=\frac{I_2}{k}=\frac{2}{10}\ \text{A}=0.2\ \text{A}$$

由于是纯电阻负载，所以变压器的输出功率为

$$P_2=U_2I_2=22\times 2\ \text{W}=44\ \text{W}$$

由于忽略了变压器自身的损耗，所以输入功率为

$$P_1=U_1\times I_1=220\times 0.2\ \text{W}=44\ \text{W}$$

可见，当不计变压器的功率损耗时，它的输入功率等于输出功率，这是符合能量守恒定律的。

变压器在电能输送中起的作用十分重大，在远距离电能输送时，需要升压变压器把电压升得很高后再进行输送，此时线路中的电流可以很小，这样可以减小导线的截面积以节省材料，同时也减少了线路上能量的损耗和电压的损失；当电能到达用户后再用降压变压器降到

合适的电压等级即可使用。

3. 阻抗变换

除了进行电压变换和电流变换以外，变压器还可以用于阻抗变换，这一点在电子电路中应用十分广泛。

图 5-10a 是利用变压器进行阻抗变换的原理图，图 5-10b 是其等效电路。在电路中实际负载为 Z_L，电路等效后的等效负载为 Z_L'。

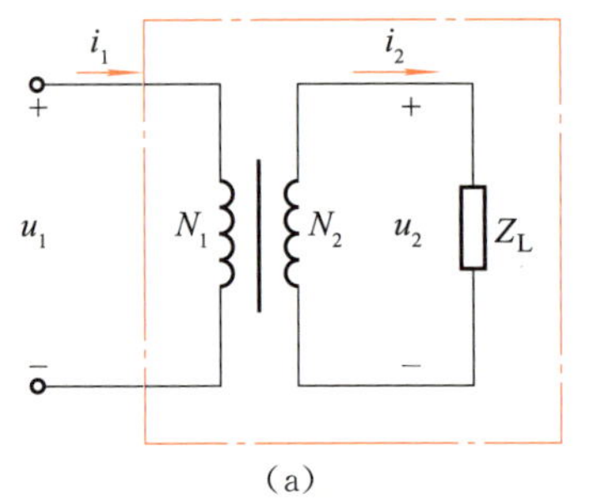

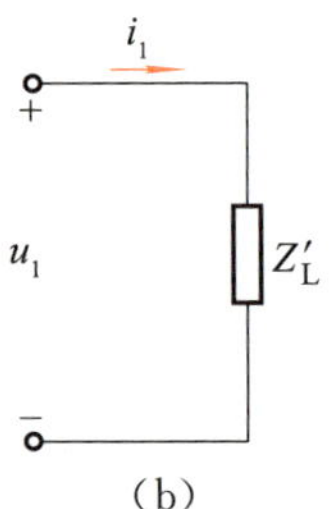

图 5-10　变压器阻抗变换原理图

等效阻抗的大小为

$$|Z_L'|=\frac{U_1}{I_1}=\frac{\frac{N_1}{N_2}\times U_2}{\frac{N_2}{N_1}\times I_2}=\left(\frac{N_1}{N_2}\right)^2|Z_L|=k^2|Z_L| \tag{5-26}$$

阻抗值为 $|Z_L|$ 的负载通过变压器接到电源上，相当于将阻抗值扩大(或缩小) k^2 倍后直接接到电源上，也就是说变压器把阻抗 $|Z_L|$ 变换为 $k^2|Z_L|$。

因此，只要选择合适的变压比，可以把实际负载阻抗变换为所需要的数值，这就是变压器阻抗变换的意义。

例 3　某交流信号源的电动势 $E=120\text{ V}$，内阻 $R_0=800\ \Omega$，负载电阻 $R_L=8\ \Omega$。试求：

(1) 若将负载直接与信号源相连，如图 5-11a 所示，信号源的输出功率有多大？

(2) 若要使信号源输送给负载的功率达到最大值，应当用变压比是多少的变压器进行阻抗变换？变换后的等效阻抗和负载上得到的功率分别是多少？

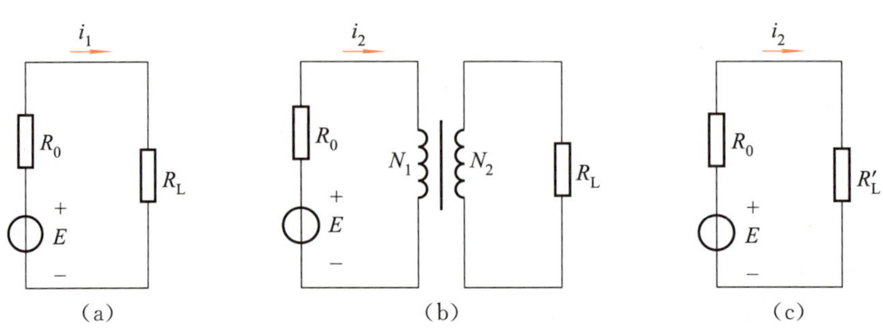

图 5-11　例 3 图

解：由电路图 5-11a 可知，直接相连时负载得到的功率为

$$P = I^2 R_L = \left(\frac{E}{R_0 + R_L}\right)^2 \times R_L = \left(\frac{120}{800+8}\right)^2 \times 8\ \text{W} = 0.176\ \text{W}$$

若用变压器进行阻抗变换，电路如图 5-11b 所示，当等效阻抗等于电源内阻时，负载上得到的功率最大，即

$$R'_L = R_0 = 800\ \Omega$$

根据阻抗变换原理，变压器的变压比为

$$k = \frac{N_1}{N_2} = \sqrt{\frac{R'_L}{R_L}} = \sqrt{\frac{800}{8}} = 10$$

可见，变压器变换后的等效电路如 5-11c 所示，此时信号源的输出功率应为

$$P = I_2^2 R'_L = \left(\frac{E}{R_0 + R'_L}\right)^2 \times R'_L = 4.5\ \text{W}$$

由此可见，进行变换后负载上得到的功率远大于直接接入时负载上的功率。

在电子电路中，为了提高信号的传输功率，常用变压器将负载功率变换为适当的数值，使其与放大电路的输出阻抗相匹配，这种做法称为阻抗匹配。

5.4.3 变压器的主要技术指标和额定值

正确使用变压器，不仅能保证变压器正常工作，并能延长其使用寿命，因此了解变压器的技术指标和额定值是很必要的。变压器的额定值如下所述。

1. 额定电压 U_{1N}/U_{2N}

额定电压为变压器二次绕组开路(空载)时，一次绕组、二次绕组允许的电压值。

2. 额定电流 I_{1N}/I_{2N}

额定电流为变压器满载运行时，一次绕组、二次绕组允许的电流值。

3. 额定容量 S_N

额定容量为变压器输出的额定视在功率，即

$$S_N = U_{1N} I_{1N} = U_{2N} I_{2N}\text{(理想)} \tag{5-27}$$

4. 额定效率

额定效率为变压器输出功率与输入功率的比值，即

$$\eta = \frac{P_{2N}}{P_{1N}}$$

前面对变压器的讨论均忽略了其各种损耗，而变压器是典型的交流铁芯线圈电路，运行时，一次绕组和二次绕组必然有铜损和铁损，所以实际上变压器并不是百分之百传递电能的。大型电力变压器的效率可达 99%，小型变压器的效率为 60%～90%。

5. 额定频率

额定频率为电源的工作频率。我国工业用电的标准频率是 50 Hz。

6. 电压调整率

电压调整率指变压器由空载到满载(输出额定电流)时,二次绕组电压的相对变化量,可表示为

$$\Delta U=\frac{U_{20}-U_2}{U_{20}}\times 100\%$$

变压器二次绕组电阻压降和漏磁感应电动势都很小,所以加载后,U_2 的变化都不大,电压调整率为 3%~6%。

5.4.4 变压器的同极性端和同名端标记

微视频

变压器的同极性端

1. 变压器的同极性端

使用变压器时,绕组必须正确连接,否则不仅不能正常工作,有时还会损坏变压器。为了保证正确连接变压器绕组,引出了同极性端的概念。

所谓同极性端,是指感应电动势极性相同的不同绕组的两个出线端,或者当电流从两个同极性端同时流进(或同时流出)时,产生的磁通方向一致。

确定变压器的同极性端是为了能正确地进行变压器绕组的连接。

如图 5-12 所示,当电流从 a 端流入并增大时,由于 N_2 的绕向不同而在其上产生的互感电压的方向也不相同:图 5-12a 中互感电压的方向为 c→d,而图 5-12b 中互感电压的方向为 d→c。由此可见,要知道互感电压的方向必须知道线圈相互间的实际绕向。

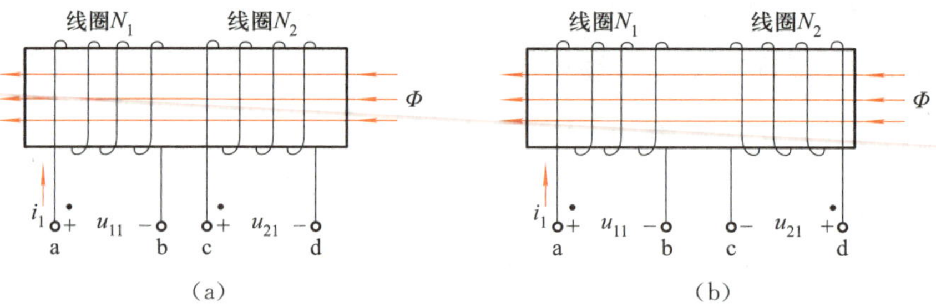

图 5-12 互感电压方向与线圈绕向的关系

线圈制造完成后往往密封在一个外壳中,看不到内部具体绕向,且在电路中要画出线圈的实际绕向也很不方便。为了表示线圈的相对绕向以确定互感电压的极性,在工程上常采用标记同名端的方法加以解决。

2. 同名端的标记原则

如果在两个互感线圈中同时通以电流 i_1 和 i_2,若它们所产生的磁通在线圈内是相互增强的,那么,这两个电流的流入端(或流出端)就互为同名端;如果磁通相互削弱,则两个电流流入端(或流出端)就互为异名端。

同名端用标记“·”或“*”标出。另一端则无须再标。

在图 5-12a 所示电路中，线圈 N_1 的 a 端和线圈 N_2 的 c 端互为同名端（b 端与 d 端也互为同名端）；而在图 5-12b 所示电路中，线圈 N_1 的 a 端和线圈 N_2 的 d 端互为同名端（b 端与 c 端也互为同名端）。

在引入同名端的概念后，互感电压的极性（或方向）可以由产生互感电压的线圈的自感电压的极性来判断，即变化电流引起的感应电压（自感电压与互感电压）在线圈的同名端引起的感应电压的极性是相同的。

例 4 在图 5-13 所示电路中，标出相互联系的线圈的同名端。

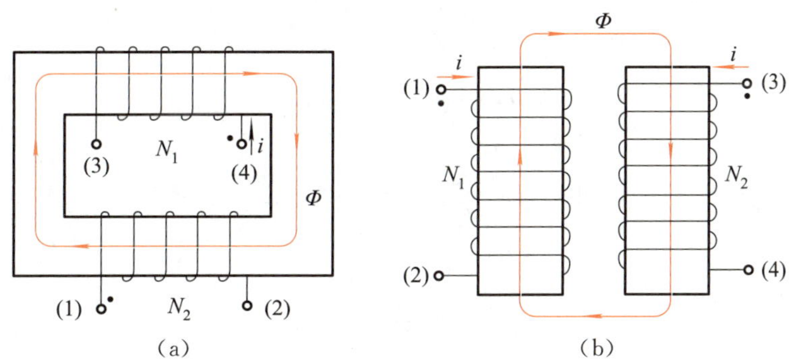

图 5-13 例 4 图

解：根据同名端的意义，在图 5-13a 中，当电流从线圈 N_1 的（4）端和线圈 N_2 的（1）端流入时，在线圈中产生的磁场是互相增强的，因此（4）和（1）互为同名端。同理，在图 5-13b 中，（1）和（3）互为同名端。

5.4.5 特殊变压器

下面介绍几种特殊用途的变压器。

微视频
特殊变压器

1. 电压互感器

高压电很危险，所以在测量高压电路的电压时，往往要把电压按一定比例降到一定值（低压）然后再进行测量。

电压互感器是一种把高电压转变为低电压的电压转换器（图 5-14），它由铁芯和线圈两部分组成，线圈有一次绕组和二次绕组之分，一次绕组匝数很多而二次绕组匝数很少；一次绕组和二次绕组绕制在同一个铁芯上。

图 5-14 电压互感器

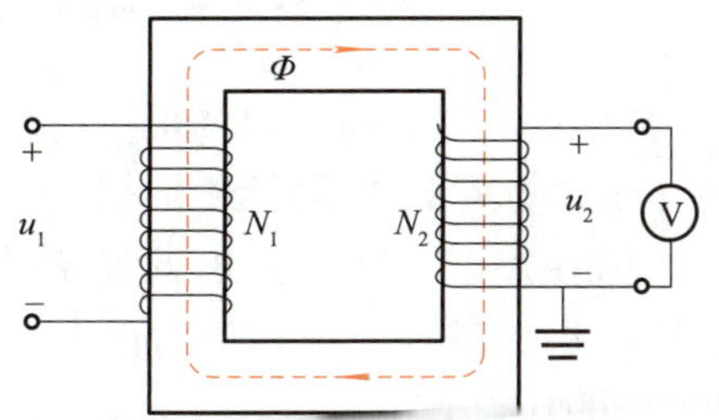

图 5-15 电压互感器原理示意图

电压互感器工作时一次绕组并联在高压侧，而二次绕组则与电压表等测量器件连接。图 5-15 是一个电压互感器原理示意图。

若忽略磁路的漏磁通，则根据电磁感应定律有

$$u_1 = N_1 \times \frac{\mathrm{d}\Phi}{\mathrm{d}t}$$

$$u_2 = N_2 \times \frac{\mathrm{d}\Phi}{\mathrm{d}t}$$

因此有

$$\frac{u_1}{u_2} = \frac{N_1 \dfrac{\mathrm{d}\Phi}{\mathrm{d}t}}{N_2 \dfrac{\mathrm{d}\Phi}{\mathrm{d}t}} = \frac{N_1}{N_2}$$

结合正弦交流电路的特点可知，高压侧电压有效值(U_1)与低压侧电压有效值(U_2)之间有以下关系

$$\frac{U_1}{U_2} = \frac{N_1}{N_2} = k \tag{5-28}$$

式(5-28)中，k 称为变压比。由于电压互感器一次绕组匝数多，二次绕组匝数少，所以一般有 $k > 1$；只要适当选择变压比 k，就能根据二次电压算出一次电压，从而避免直接测量高压电路。

2. 电流互感器

电流互感器可以将电路中的大电流转变为小电流，是一种进行电流变换的器件。电力电路中，为了安全测量大电流往往需要用电流互感器把大电流变为小电流后再用电流表进行测量。

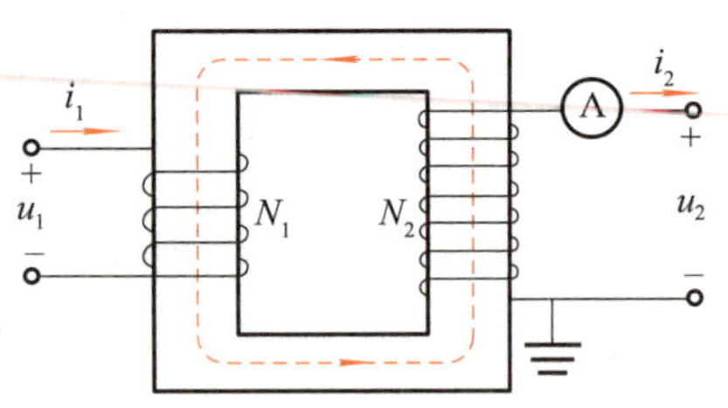

图 5-16　电流互感器原理示意图

电流互感器的结构与电压互感器基本相同，电流互感器的一次绕组匝数少、导线粗，而二次绕组则匝数多、导线细；使用时一次绕组串联接入被测电路中，二次绕组则接相应的仪器或仪表。图 5-16 是电流互感器原理示意图。图中电流与匝数之间存在以下关系

$$\frac{I_1}{I_2} = \frac{N_2}{N_1} = \frac{1}{k} \tag{5-29}$$

式(5-29)中，k 称为变流比，由一次绕组和二次绕组匝数决定，一般 $k < 1$；只要适当选择变流比 k，就能根据二次电流的大小测出一次电流，从而避免直接测量大电流电路。

在电力电路中，直接用电流表测量电流时，需要切断电源将电流表串联接入电路中，这样既不方便也不安全，因此工程上通常用钳形电流表进行电流测量，如图 5-17a 所示，其工作原理示意图如图 5-17b 所示。

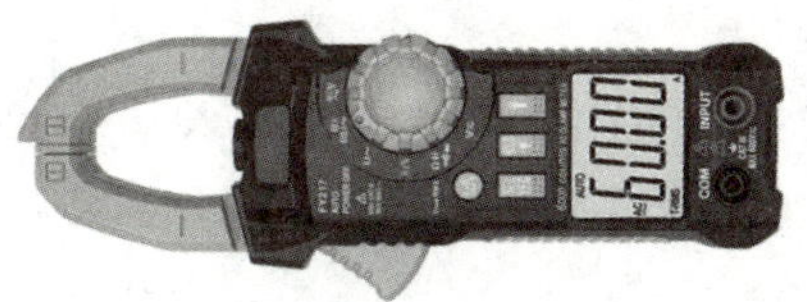

(a) 钳形电流表

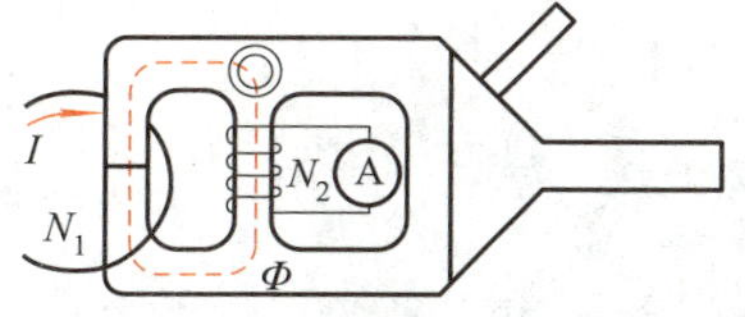

(b) 钳形电流表工作原理示意图

图 5-17　钳形电流表实物图及工作原理示意图

用钳形电流表测量时，可用手柄将钳口(铁芯)张开，把需要测量电流的导线套入钳形铁芯内，被测量的导线就是电流互感的一次绕组 N_1(只有一匝)，二次绕组(匝数为 N_2)接电流表，从电流表中可以直接读出被测电流的大小，这样既可以测量较大的电流，又不用断开电路，使用起来非常方便。

实训项目

认识变压器

变压器主要用于传输电能或电信号，它具有变压、变流和阻抗变换等作用。

图 5-18a 所示为电力变压器，供输配电系统中升压或降压用；图 5-18b 所示为控制变压器，作为机床和机械设备中一般电器的控制照明及指示灯等的电源用；图 5-18c 所示为电源变压器，变换交流电用。本次实训选择图 5-18c 所示电源变压器，铭牌标记如图 5-19 所示。

(a) 电力变压器

(b) 控制变压器

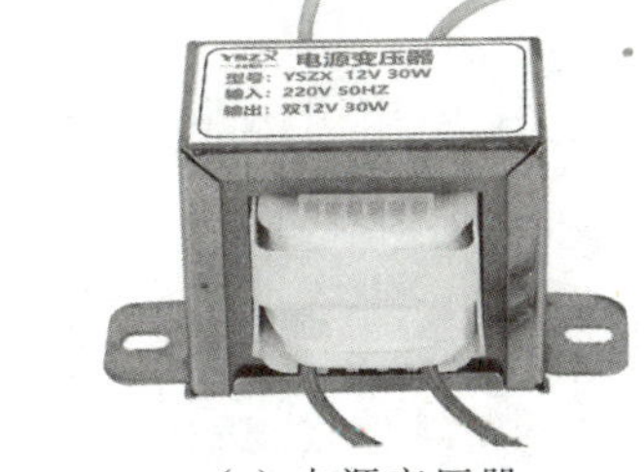

(c) 电源变压器

图 5-18　变压器

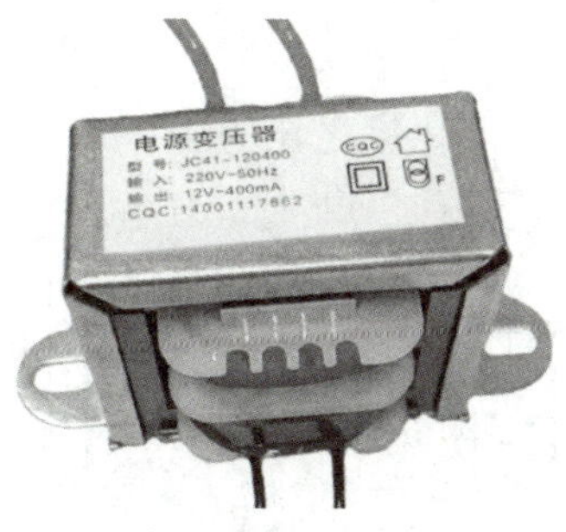

图 5-19　电源变压器铭牌

一、实训目的

1. 观察变压器的结构和铭牌数据。
2. 通过训练了解变压器电压变换关系。

图 5-20　变压器接线图

二、实训步骤

按图 5-20 所示将变压器输入端接入市电 220 V，50 Hz，用示波器观察输出波形，在下方空白处画出输出波形，并记录波形参数。

参数记录：峰峰值________V；频率________Hz。

思考：

记录的峰峰值与变压器铭牌标记的输出电压值是否一致？若不一致，它们有什么关系吗？

本章小结

在实际使用中，常常需要不同电压的交流电，变压器可以改变交流电压、电流、阻抗等参数。变压器接入交流电路中要注意一次绕组（输入端）和二次绕组（输出端）切勿接反。

1. 当线圈中产生感应电压不是线圈自身的电流变化引起时，这种现象就是互感现象；互感是电磁感应的基本内容之一。

2. 互感线圈产生的互感电压的极性与线圈的相对绕向有关，为了便于判断，引入了同名端的概念。注意同名端的意义和判别方法。

3. 在生产与生活中利用互感现象工作的器件很多，电压互感器、电流互感器以及选频电路的天线都是利用互感原理工作的。

习　题　5

一、单选题

1. 如图 5-21 所示，一次绕组与二次绕组匝数比为 2∶1 的理想变压器正常工作时，以下说法不正确的是（　　）。

A. 一次绕组与二次绕组磁通量之比为 2∶1

B. 一次绕组与二次绕组电流之比为 1∶2

C. 输入功率和输出功率之比为 1∶1

D. 一次绕组与二次绕组磁通量变化率之比为 1∶1

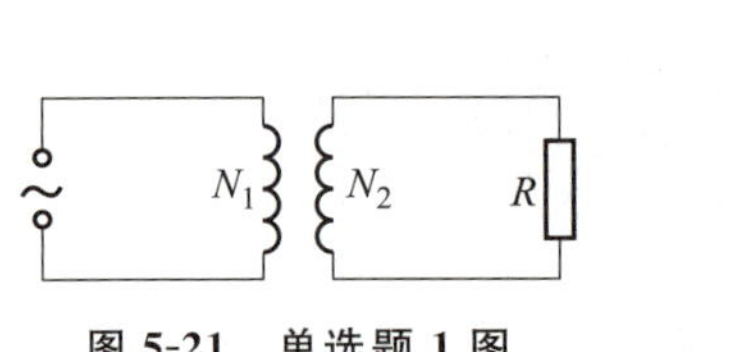

图 5-21　单选题 1 图

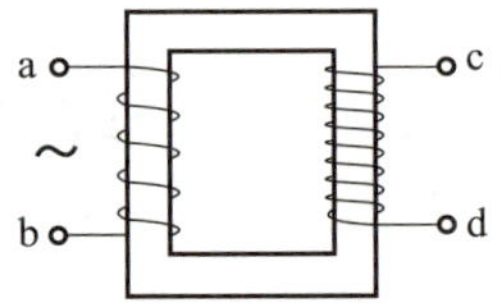

图 5-22　单选题 2 图

2. 一理想变压器如图 5-22 所示，一次绕组为 50 匝，二次绕组为 100 匝，当一次绕组接入正弦交变电流时，二次绕组的输出电压为 10 V，则铁芯中磁通量变化率的最大值为（　　）。

A. 0.14 Wb/s　　B. 0.4 Wb/s　　C. 0.2 Wb/s　　D. 0.28 Wb/s

3. 如图 5-23 所示，变压器视为理想变压器，电表均可视为理想电表，一次绕组接线柱接电压 $u = 311\sin 314t$ V 的交流电源。当滑动变阻器的滑片向下滑动时，下列说法正确的是（　　）。

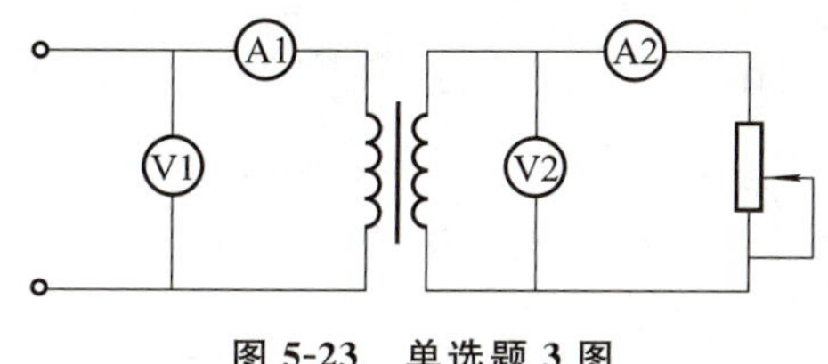

图 5-23　单选题 3 图

A. A1 示数变小　　B. A2 示数变小　　C. A1 示数不变　　D. V2 示数变大

4. 图 5-24 所示变压器中，可以将电压升高给电灯供电的变压器是（　　）。

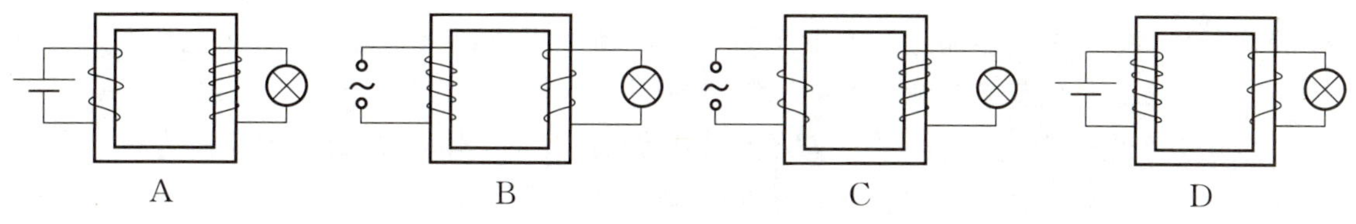

图 5-24　单选题 4 图

5. 如图 5-25 所示电路，当开关 S 突然闭合的瞬间，电流 i 增加，电感线圈 L_1 中产生的自感电压为上正下负，则说明线圈 L_2 中电流是从 c 经电压表流向 d，由此可知互感电压的极性是 c(+)、d(−)；若电压表反向偏转，则说明互感电压的极性为 c(−)、d(+)。下列说法正确的是（　　）。

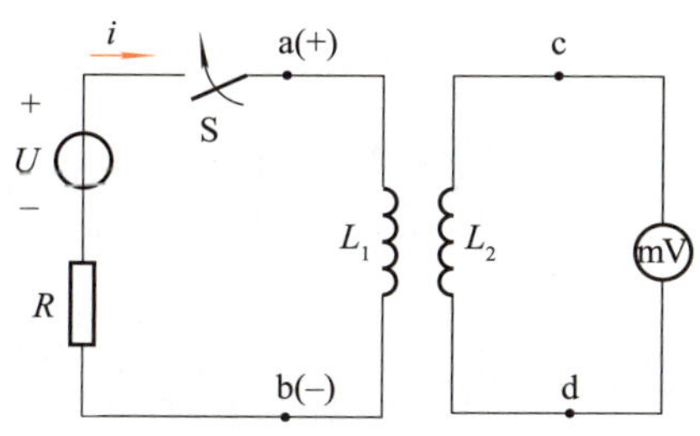

图 5-25　单选题 5 图

A. 若此时电压表正向偏转，a、c 互为同名端

B. 若此时电压表正向偏转，a、d 互为同名端

C. 若此时电压表反向偏转，a、d 互为同名端

D. 若此时电压表反向偏转，b、d 互为同名端

二、填空题

1. 由流过线圈本身的电流发生变化而产生感应电动势的现象称为________。

2. 自感电动势的方向用楞次定律来判断，其表达式中的负号表示自感电动势的方向与外电流变化的方向相反，自感电动势是________线圈中电流变化的。

3. ________是一种把高电压转变为低电压的电压转换器。

4. ________可以将电路中的大电流转变为小电流，是一种进行电流变换的器件。

5. 变压器负载运行时，匝数多的绕组________；而匝数少的绕组________。

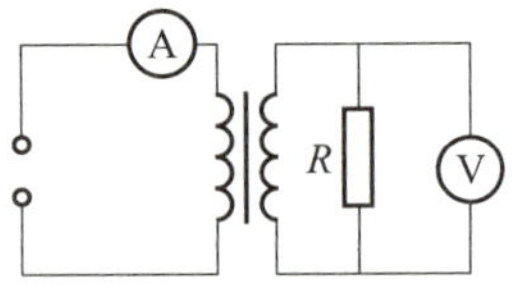

6. 如图 5-26 所示，理想变压器一次绕组和二次绕组的线圈匝数之比为 4∶1。一次绕组接入一电压为 $u=U_0\sin\omega t$ 的交流电源，二次绕组接一个 $R=27.5\ \Omega$ 的负载电阻。若 $U_0=220\sqrt{2}$ V，$\omega=100\pi$ Hz，则二次绕组中电压表的读数为________，一次绕组中电流表的读数为________。

图 5-26　填空题 6 图

三、判断题

1. 变压器空载运行时，一次绕组和二次绕组电压有效值之比等于绕组的匝数比。　（　　）

2. 由于变压器存在内阻，负载时变压器二次绕组的输出电压将比空载时有所下降，但一般情况下内部电压降不会超过额定电压的 10%。所以可以近似认为二次绕组电压有效值仍然等于二次绕组电动势有效值。　（　　）

3. 在电子电路中，为了提高信号的传输功率，常用变压器将负载功率变换为适当的数值，使其与放大电路的输出阻抗相匹配，这种做法称为阻抗匹配。　（　　）

4. 如果在两个互感线圈中同时通以电流 i_1 和 i_2，若它们所产生的磁通在线圈内是相互增强的，那么，这两个电流的流入端（或流出端）就互为异名端。如果磁通相互削弱，则两个电流流入端（或流出端）就互为同名端。　（　　）

5. 电磁感应分为自感和互感。　（　　）

四、简答题

1. 什么是变压器的空载运行，有何特点？

2. 什么是变压器的负载运行，有何特点？

3. 变压器有哪些主要部件，它们的主要作用是什么？

4. 变压器一次绕组若接在直流电源上，二次绕组会有稳定直流电压吗？为什么？

5. 变压器一次绕组、二次绕组和额定电压的含义是什么？

6. 从物理意义上说明变压器为什么能变压，而不能变频率？

7. 若减少变压器一次绕组线圈匝数（二次绕组线圈匝数不变），二次绕组线圈的电压将如何变化？

五、计算题

1. 有一台 D-50/10 单相变压器，$S_N=50\ \text{kV}\cdot\text{A}$，$U_{1N}/U_{2N}=10\ 500\ \text{V}/230\ \text{V}$，试求变压器一次绕组、二次绕组的额定电流？

2. 有一台 SSP-125000/220 三相电力变压器，一次侧星形联结有中性线引出，二次侧三角形联结，$U_{1N}/U_{2N}=220\ \text{V}/10.5\ \text{kV}$，求：

(1) 变压器额定电压和额定电流；

(2) 变压器一次、二次绕组的额定电流和额定电流。

DIANGONG JICHU

第 6 章 常用低压电器

学习目标

- 了解常用低压电器的结构及工作原理；
- 了解常用低压电器的作用、分类、型号意义及技术参数；
- 会识读电气原理图；
- 会用万用表对低压电器进行检测；
- 会合理选用常用低压电器的类型和参数；
- 会用仪表和工具拆装和维修常用低压电器；
- 进一步增强节能环保和产品质量意识，养成爱护器材和节约耗材的良好品质；
- 增强主动学习电工新技术、新材料、新产品、新方法的意识，提高学生的综合素质与职业能力；
- 培养动手实践能力和自我钻研精神；
- 提高分析问题和解决问题的能力。

6.1 电器的基本知识

6.1.1 电器的分类

电器是接通和断开电路或调节、控制和保护电路及电气设备用的电工器具。由控制电器组成的自动控制系统称为继电器-接触器控制系统，简称电器控制系统。

电器的用途广泛，功能多样，种类繁多，结构各异。下面是几种常见的电器分类。

1. 按工作电压等级分类

(1) 高压电器：用于交流电压 1 200 V、直流电压 1 500 V 及以上电路中的电器，如高压断路器、高压隔离开关、高压熔断器等。

（2）低压电器：用于交流 50 Hz（或 60 Hz）、额定电压 1 200 V 以下，直流额定电压 1 500 V 及以下的电路中的电器，如接触器、继电器等。

2. 按动作原理分类

（1）手动电器：用手或依靠机械力进行操作的电器，如手动开关、控制按钮、行程开关等主令电器。

（2）自动电器：借助于电磁力或某个物理量的变化自动进行操作的电器，如接触器、各种类型的继电器、电磁阀等。

3. 按用途分类

（1）配电电器：主要用于低压配电系统中。要求系统发生故障时准确动作、可靠工作，在规定条件下具有相应的动稳定性与热稳定性，使电器不会被损坏。常用的配电电器有刀开关、转换开关、熔断器、断路器等。

（2）控制电器：用于各种控制电路和控制系统的电器，如接触器、继电器、电动机起动器等。

（3）主令电器：用于自动控制系统中发送动作指令的电器，如按钮、行程开关、万能转换开关等。

（4）保护电器：用于保护电路及用电设备的电器，如熔断器、热继电器、各种保护继电器、避雷器等。

（5）执行电器：用于完成某种动作或传动功能的电器，如电磁铁、电磁离合器等。

4. 按工作原理分类

（1）电磁式电器：依据电磁感应原理来工作，如接触器、各种类型的电磁式继电器等。

（2）非电量控制电器：依靠外力或某种非电物理量的变化而动作的电器，如刀开关、行程开关、按钮、速度继电器、温度继电器等。

6.1.2 低压电器的作用

低压电器能够依据操作信号或外界现场信号的要求，自动或手动地改变电路的状态、参数，实现对电路或被控对象的控制、保护、测量、指示、调节。低压电器有以下几种主要作用。

微视频

低压电器的作用

（1）控制作用：如电梯的上下移动、快慢速自动切换与自动停层等。

（2）保护作用：能根据设备的特点，对设备、环境以及人身实行自动保护，如电机的过热保护、电网的短路保护、漏电保护等。

（3）测量作用：利用仪表及与之相适应的电器，对设备、电网或其他非电参数进行测量，如电流、电压、功率、转速、温度、湿度等。

（4）调节作用：低压电器可对一些电量和非电量进行调整，以满足用户的要求，如柴油机油门的调整、房间温湿度的调节、光照度的自动调节等。

（5）指示作用：利用低压电器的控制、保护等功能，检测出设备运行状况与电气电路工作情况，如绝缘监测等。

(6) 转换作用:在用电设备之间转换或对低压电器、控制电路分时投入运行,以实现功能切换,如励磁装置手动与自动的转换、供电的市电与自备电的切换等。

当然,低压电器作用远不止这些,随着科学技术的发展,新功能、新设备会不断出现,常用低压电器的主要种类和用途见表 6-1。

表 6-1 常用的低压电器的主要种类和用途

序号	类别	主要品种	用途
1	断路器	塑料外壳式断路器 框架式断路器 限流式断路器 漏电保护式断路器 直流快速断路器	主要用于电路的过负荷保护、短路、欠电压、漏电压保护,也可用于不频繁接通和断开的电路
2	刀开关	开关板用刀开关 负荷开关 熔断器式刀开关	主要用于电路的隔离,有时也能分断负荷
3	转换开关	组合开关 换向开关	主要用于电源切换,也可用于负荷通断或电路的切换
4	主令电器	按钮 限位开关 微动开关 接近开关 万能转换开关	主要用于发布命令或程序控制
5	接触器	交流接触器 直流接触器	主要用于远距离频繁控制负荷,切断带负荷电路
6	起动器	磁力起动器 星三角起动器 自耦减压起动器	主要用于电动机的起动
7	控制器	凸轮控制器	主要用于控制回路的切换
8	继电器	电流继电器 电压继电器 时间继电器 中间继电器 温度继电器 热继电器	主要用于控制电路中,将被控量转换成控制电路所需电量或开关信号

续　表

序号	类　别	主要品种	用　　　途
9	熔断器	有填料熔断器	主要用于电路短路保护，也用于电路的过载保护
		无填料熔断器	
		半封闭插入式熔断器	
		快速熔断器	
		自复熔断器	
10	电磁铁	制动电磁铁	主要用于制动、起重、牵引等场合
		起重电磁铁	
		牵引电磁铁	

对低压配电电器要求是灭弧能力强、分断能力好、热稳定性能好、限流准确等。对低压控制电器，则要求其动作可靠、操作频率高、寿命长并具有一定的负载能力。

6.2 刀开关

开关是最普通、使用最早的电器，其作用是分合电路、开断电流。常用的有刀开关、隔离开关、负荷开关、转换开关（组合开关）、自动空气开关（空气断路器）等。

6.2.1 刀开关的结构和用途

1. 刀开关

在低压电路中，刀开关作为不频繁地手动接通、断开电路和作为电源隔离开关使用。刀开关主要由手柄、触刀、静插座和绝缘底板组成，如图 6-1 所示。刀开关的触刀应垂直安装，手柄要向上为合闸状态，向下为分闸状态，不得倒装或平装，避免由于重力自动下落，引起误动合闸。接线时，应将电源线接在上端，负载线接在下端。

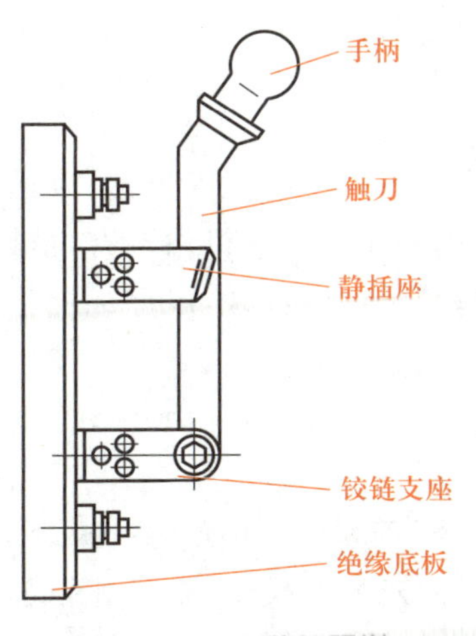

图 6-1　刀开关结构图

图 6-2　瓷底胶盖刀开关

2. 开启式负荷开关(HK 系列)

开启式负荷开关又称瓷底胶盖刀开关，主要用作电气照明电路和电热电路的控制开关。与刀开关相比，负荷开关增设了熔丝和防护外壳胶盖。负荷开关内部装设了熔丝，可以实现短路保护，由于有胶盖，在分断电路时产生的电弧不致飞出，同时防止极间飞弧造成相间短路，实物外形如图 6-2 所示。其安装注意事项和普通刀开关相同，电源进线应接在静插座一边的进线端，用电设备应接在动触刀一边的出线端，当刀开关断开时，触刀和熔丝均不带电，以保证更换熔丝时的安全。

3. 封闭式负荷开关(HH 系列)

封闭式负荷开关又称铁壳开关，主要由闸刀、熔断器、灭弧装置、操作机构和金属外壳构成。三相动触刀固定在一根绝缘的方轴上，通过操作手柄操纵。其外形和结构如图 6-3 所示。铁壳开关常用在农村和工矿的电力照明、电力排灌等配电设备中，与刀开关一样，铁壳开关也不能用于频繁的通断控制。

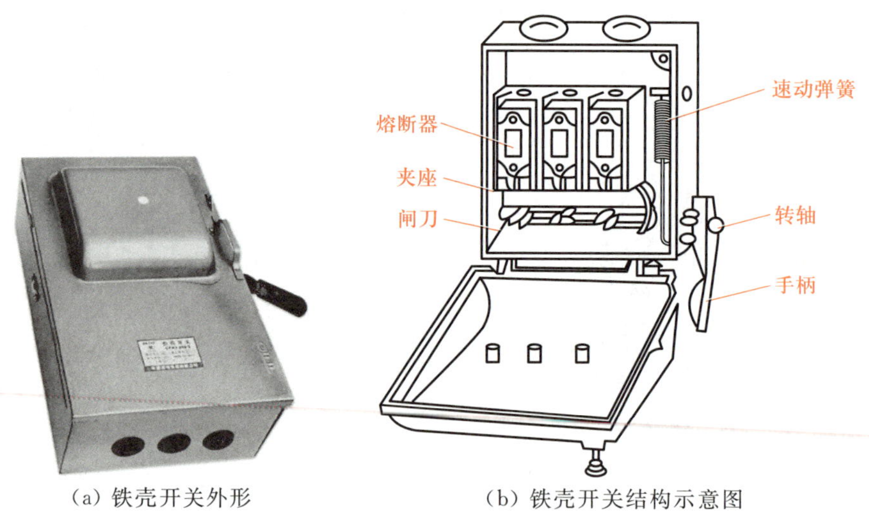

(a) 铁壳开关外形　　(b) 铁壳开关结构示意图

图 6-3　铁壳开关外形和结构

操作机构采用储能合闸方式，在操作机构中装有速动弹簧，使开关迅速通断电路，其通断速度与操作手柄的操作速度无关，有利于迅速断开电路，熄灭电弧。操作机构装有机械联锁，保证盖子打开时手柄不能合闸，当手柄处于闭合位置时，盖子不能打开，以保证操作安全。

微视频

刀开关的型号和符号

6.2.2 刀开关的型号和符号

刀开关可以分为单极、双极和三极三种，有单方向投掷(单掷)的单投开关和双方向投掷(双掷)的双投开关，有带灭弧罩的刀开关和不带灭弧罩的刀开关，带熔丝的开启式负荷开关，带灭弧装置和熔断器的封闭式负荷开关等。常用的产品有：HD11～HD6 和 HS11～HS13 系列刀开关，HK1、HK2 系列瓷底胶盖刀开关，HH3、HH4 系列铁壳开关。

1. 型号

常用刀开关的型号标志组成及其含义如图 6-4 所示。

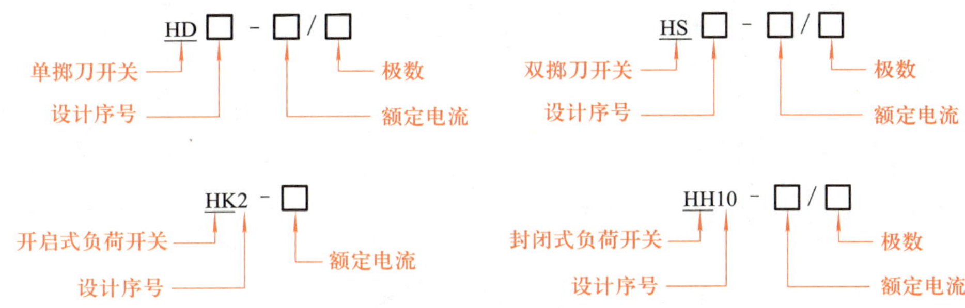

图 6-4　常用刀开关型号标志组成及其含义

2. 电气符号

刀开关的图形符号及文字符号如图 6-5、图 6-6 所示。

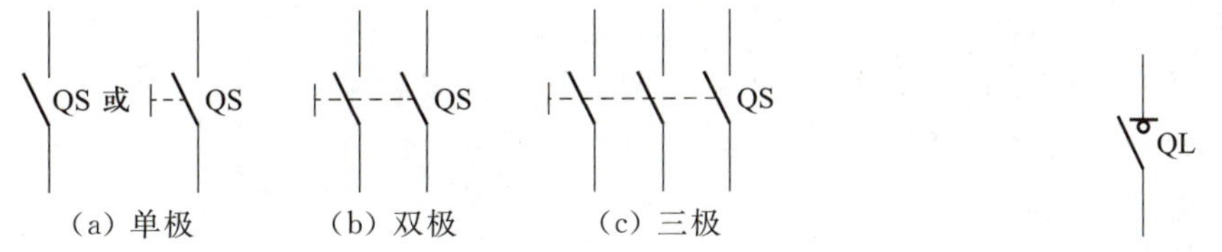

图 6-5　刀开关图形、文字符号　　图 6-6　负荷开关的图形符号和文字符号

6.2.3 刀开关的主要技术参数

刀开关的主要技术参数有额定电压、额定电流、通断能力、动稳定电流、热稳定电流等。

① 通断能力是指在规定条件下，能在额定电压下接通和分断的电流值。

② 动稳定电流是指电路发生短路故障时，刀开关并不因短路电流产生的电动力作用而发生变形、损坏或触刀自动弹出等现象，这一短路电流（峰值）即称为刀开关的动稳定电流。

③ 热稳定电流是指电路发生短路故障时，刀开关在一定时间内（通常为 1 s）通过某一短路电流，并不会因温度急剧升高而发生熔焊现象，这一最大短路电流称为刀开关的热稳定电流。

表 6-2 列出了 HK1 系列瓷底胶盖刀开关的技术参数。近年来还有很多新系列的刀形隔离开关、熔断器式隔离开关等。

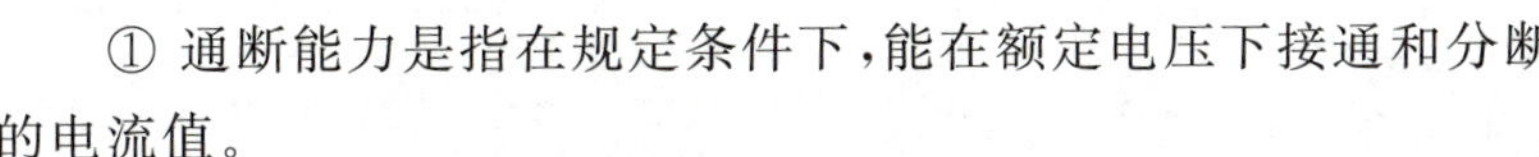

表 6-2　HK1 系列瓷底胶盖刀开关的技术参数

额定电流值/A	极数	额定电压值/V	可控制电动机最大容量值/kW		触刀极限分断能力($\cos\varphi=0.6$)/A	熔丝极限分断能力/A	配用熔丝规格			
			220 V	380 V			熔丝成分/%			熔丝直径/mm
15	2	220	—	—	30	500	98	1	1	1.45～1.59
30	2	220	—	—	60	1 000				2.30～2.52
60	2	220	—	—	90	1 500	98	1	1	3.36～4.00
15	2	380	1.5	2.2	30	500				1.45～1.59
30	2	380	3.0	4.0	60	1 000				2.30～2.52
60	2	380	4.4	5.5	90	1 500				3.36～4.00

6.2.4 刀开关的选择与常见故障的处理方法

1. 刀开关选择的注意点

① 根据使用场合，选择刀开关的类型、极数及操作方式。

② 刀开关额定电压应大于或等于线路电压。

③ 刀开关额定电流应等于或大于线路的额定电流。对于电动机负载，开启式负荷开关的额定电流可取电动机额定电流的 3 倍，封闭式负荷开关的额定电流可取电动机额定电流的 1.5 倍。

2. 刀开关的常见故障及处理方法

刀开关的常见故障及处理方法见表 6-3。

表 6-3　刀开关的常见故障及处理方法

故障现象	产生原因	处理方法
合闸后一相或两相没电	(1) 插座弹性消失或开口过大 (2) 熔丝熔断或接触不良 (3) 插座、触刀氧化或有污垢 (4) 电源进线或出线头氧化	(1) 更换插座 (2) 更换熔丝 (3) 清洁插座或触刀 (4) 检查进出线头
触刀和插座过热或烧坏	(1) 开关容量太小 (2) 分、合闸时动作太慢造成电弧过大，烧坏触点 (3) 夹座表面烧毛 (4) 触刀与插座压力不足 (5) 负载过大	(1) 更换较大容量的开关 (2) 改进操作方法 (3) 用细锉刀修整 (4) 调整插座压力 (5) 减轻负载或调换较大容量的开关
封闭式负荷开关的操作手柄带电	(1) 外壳接地线接触不良 (2) 电源线绝缘损坏碰壳	(1) 检查接地线 (2) 更换导线

6.3 熔断器

熔断器主要由熔体和安装熔体的绝缘管（绝缘座）组成。熔断器是对电路、用电设备短路和过载进行保护的电器。熔断器一般串接在电路中，当电路正常工作时，熔断器就相当于一根导线；当电路出现短路或过载时，流过熔断器的电流很大，熔断器就会开路，从而保护电路和用电设备。

文本

新型熔断器安装工器具

6.3.1 熔断器的分类

熔断器的种类很多，常见的有 RC 瓷插式熔断器、RL 螺旋式熔断器、RM 无填料封闭管式熔断器、RS 快速熔断器、RT 有填料封闭管式熔断器和 RZ 自复熔断器等。常用熔断器的类型、特点和应用场合见表 6-4。

微视频

熔断器的分类

表 6-4　常用熔断器的类型、特点和应用场合

类　型	图　片	特　点	应用场合
RC1A 系列瓷插式熔断器		结构简单，价格低廉，更换方便，使用时将瓷盖插入瓷座，拔下瓷盖便可更换熔丝	在额定电压 380 V 及以下、额定电流为 5～200 A 的低压线路末端或分支电路中，作线路和用电设备的短路保护，在照明线路中还可起过载保护作用
RL1 系列螺旋式熔断器		熔断体内装有石英砂、熔丝和带小红点的熔断指示器，石英砂用以增强灭弧性能。熔丝熔断后有明显指示	在交流额定电压 500 V、额定电流 200 A 及以下的电路中，作为短路保护器件
RM10 系列无填料封闭管式熔断器		熔断体为钢纸制成，两端为黄铜制成的可拆式管帽，管内熔体为变截面的熔片，更换熔体较方便	用于交流额定电压 380 V 及以下、直流 440 V 及以下、电流在 600 A 以下的电力线路中
RT0 系列有填料封闭管式熔断器		熔体是两片网状紫铜片，中间用锡桥连接。熔体周围填满石英砂起灭弧作用	用于交流 380 V 及以下、短路电流较大的电力输配电系统中，作为线路及电气设备的短路保护及过载保护

续　表

类　　型	图　　片	特　　点	应用场合
NG30 系列有填料封闭管式圆筒帽形熔断器		熔断体由熔管、熔体、填料组成，由纯铜片制成的变截面熔体封装于高强度熔管内，熔管内充满高纯度石英砂作为灭弧介质，熔体两端采用点焊与端帽牢固连接	用于交流 50 Hz、额定电压 380 V、额定电流 63 A 及以下工业电气装置的配电线路中
RS0、RS3 系列有填料快速熔断器		在 6 倍额定电流时，熔断时间不大于 20 ms，熔断时间短，动作迅速	主要用于半导体硅整流元件的过电流保护
自复熔断器		在故障短路电流产生的高温下，其中的局部液态金属钠迅速气化而蒸发，阻值剧增，即瞬间呈现高阻状态，从而限制了短路电流。当故障消失后，温度下降，金属钠蒸气冷却并凝结，自动恢复至原来的导电状态	用于交流 380 V 的电路中与断路器配合使用。熔断器的电流有 100 A、200 A、400 A、600 A 四个等级

6.3.2 熔断器的型号和符号

1. 型号

熔断器的型号标志组成及其含义如图 6-7 所示。

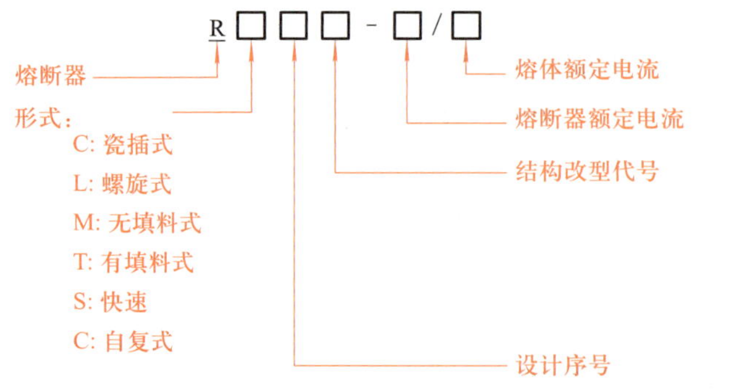

图 6-7　熔断器的型号标志组成及其含义

FU

图 6-8　熔断器的图形符号和文字符号

2. 电气符号

熔断器的图形符号和文字符号如图 6-8 所示。

6.3.3 熔断器的主要技术参数

熔断器的主要技术参数包括额定电压、熔体额定电流、熔断器额定电流、极限分断能力等。

(1) 额定电压：指熔断器长时间工作所能承受的电压。如果熔断器实际工作电压大于其额定电压，熔体熔断时可发生电弧不能熄灭的危险。

(2) 熔体额定电流：指熔体长期通过而不会熔断的电流。

(3) 熔断器额定电流：指保证熔断器能长期正常工作的电流。它由熔断器各部分长期工作时允许的温升决定。

(4) 极限分断能力：指熔断器在额定电压下所能开断的最大短路电流。在电路中出现的最大电流一般指短路电流值，所以，极限分断能力也反映了熔断器分断短路电流的能力。

6.3.4 熔断器的选择与常见故障的处理方法

1. 熔断器的选择

熔断器的额定电流应大于等于所装熔体的额定电流，因此确定熔体电流是选择熔断器的主要任务，具体来说有下列几条原则：

① 对于照明线路或电阻炉等没有冲击性电流的负载，熔断器作过载和短路保护用，熔体的额定电流应大于或等于负载的额定电流，即 $I_{RN} \geqslant I_N$，其中，I_{RN} 为熔体的额定电流，I_N 为负载的额定电流。

② 电动机的起动电流很大，熔体在短时通过较大的起动电流时，不应熔断，因此熔体的额定电流选得较大，熔断器对电动机只宜作短路保护而不用作过载保护。

- 保护单台长期工作的电动机熔体电流可按最大起动电流选取，也可按下式选取：

$$I_{RN} \geqslant (1.5 \sim 2.5) I_N$$

式中，I_{RN} 为熔体额定电流，I_N 为电动机额定电流。如果电动机频繁起动，式中系数可适当加大至 3～3.5，具体应根据实际情况而定。

- 保护多台长期工作的电动机，出现尖峰电流时，熔断器不应熔断，则应按下式计算：

$$I_{RN} \geqslant (1.5 \sim 2.5) I_{Nmax} + \sum I_N$$

式中，I_{Nmax} 为容量最大的一台电动机的额定电流，$\sum I_N$ 为其余各台电动机额定电流之和。

③ 快速熔断器熔体额定电流的选择。

在小容量变流装置中(晶闸管整流元件的额定电流小于 200 A)，熔断器的熔体额定电流应按下式计算：

$$I_{RN} = 1.57 I_{SCR}$$

式中，I_{SCR} 为晶闸管整流元件的额定电流。

2. 熔断器的常见故障及处理方法

熔断器的常见故障及处理方法见表 6-5。

表 6-5 熔断器的常见故障及处理方法

故障现象	产生原因	处理方法
电路接通瞬间熔体熔断	熔体电流等级选择过小	更换熔体
	负载侧短路或接地	排除负载故障
	熔体安装时受机械损伤	更换熔体
熔体未熔断但电路不通	熔体或接线座接触不良	重新连接

6.3.5 熔断器的安装与使用

微视频

熔断器的安装与使用

熔断器在安装和使用时应注意：

① 用于安装和使用的熔断器应完好无损，并标有额定电压、额定电流值。

② 熔断器安装时应保证熔断体与载熔件、载熔件与熔断器底座接触良好。瓷插式熔断器应垂直安装。螺旋式熔断器接线时，电源线应接在下接线座上，负载线应接在上接线座上，以保证能安全地更换熔断管。

③ 熔断器内要安装合格的熔体，不能用小规格的熔体并联代替一根大规格的熔体。在多级保护的场合，各级熔体应相互配合，上级熔断器的额定电流等级以大于下级熔断器的额定电流等级两级为宜。

④ 更换熔体时必须切断电源，尤其不允许带负荷操作，以免发生电弧灼伤。管式熔断器的熔体应用专用的绝缘插拔器进行更换。

⑤ 对 RM10 系列熔断器，在切断过三次相当于分断力的电流后，必须更换熔断管，以保证能可靠地切断所规定分断能力的电流。

⑥ 熔体熔断后，应分析原因排除故障后，再更换新的熔体。在更换新的熔体时不能轻易改变熔体的规格，更不能使用铜丝或铁丝代替熔体。

⑦ 熔断器兼做隔离器件使用时，应安装在控制开关的电源进线端；若仅作短路保护用，应装在控制开关的出线端。

6.4 低压断路器

低压断路器又称自动开关、空气开关，用于低压配电电路中不频繁的通断控制和保护。在电路发生短路、过载或欠电压等故障时能自动分断故障电路，是一种控制兼保护用电气开关。

6.4.1 低压断路器的分类

微视频

低压断路器的分类

1. 塑料外壳式断路器（DZ 型）

塑料外壳式断路器又称为装置式断路器，它采用封闭式结构，除按钮或手柄外，其余的部件都安装在塑料外壳内。这种断路器的电流容量较小，分断能力弱，但分断速度快。它主要用在照明配电和电动机控制电路中，起保护作用。

常见的塑料外壳式断路器有 DZ5 系列和 DZ10 系列。其中 DZ5 系列为小电流断路器，额定电流范围一般为 10～50 A；DZ10 系列为大电流断路器，额定电流等级有 100 A、250 A、600 A 三种。图 6-9 所示为低压断路器外形。

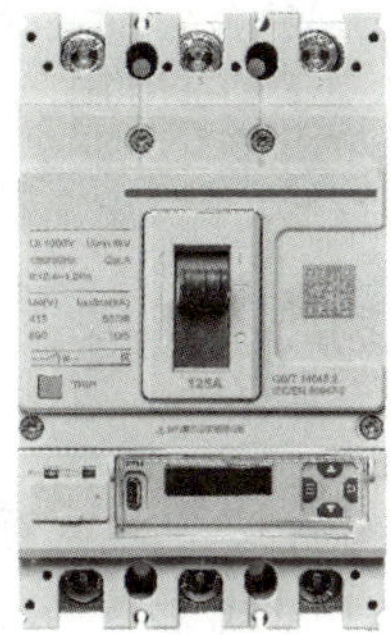
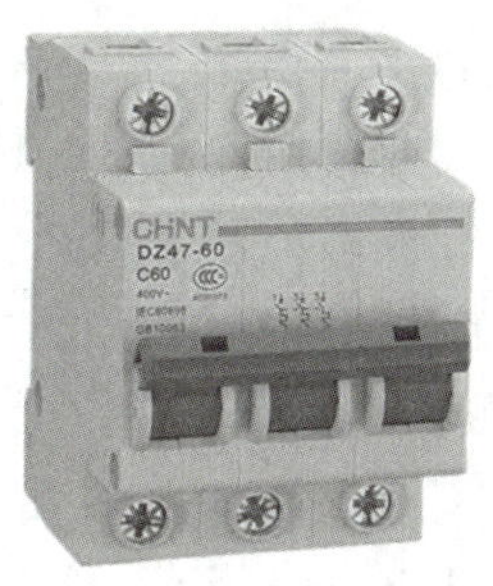

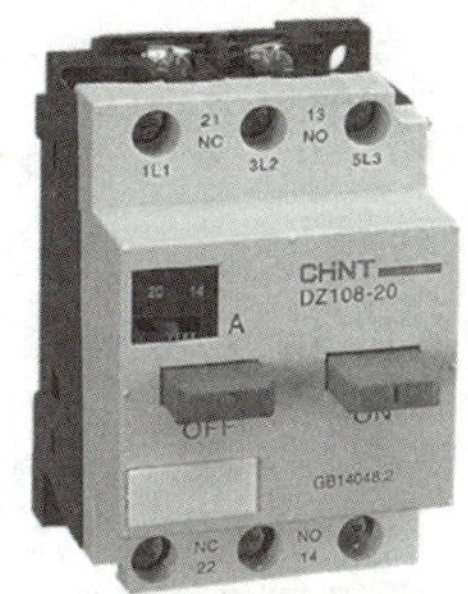

图 6-9　低压断路器外形

2. 框架式断路器(DW 型)

框架式断路器又称万能式断路器，它一般都有一个钢制的框架，所有的部件都安装在这个框架内。这种断路器电流容量大，分断能力强，热稳定性好。它主要用在 380 V 的低压配电系统中作过电流、欠电压和过热保护。

常见的框架式断路器有 DW10 系列和 DW15 系列，其额定电流等级有 200 A、400 A、600 A、1 000 A、1 500 A、2 500 A 和 4 000 A 七种。

3. 限流式断路器(DWX 型)

当电路出现短路故障时，限流式断路器能在短路电流还未达到预期的电流峰值前，迅速将电路断开。这种断路器由于具有分断速度快的特点，因此常用在分断能力要求高的场合。

常见的限流式断路器有 DWX 系列和 DZX 系列等。

6.4.2　低压断路器的结构和工作原理

低压断路器的结构如图 6-10 所示，低压断路器主要由触点、灭弧系统、各种脱扣器和操

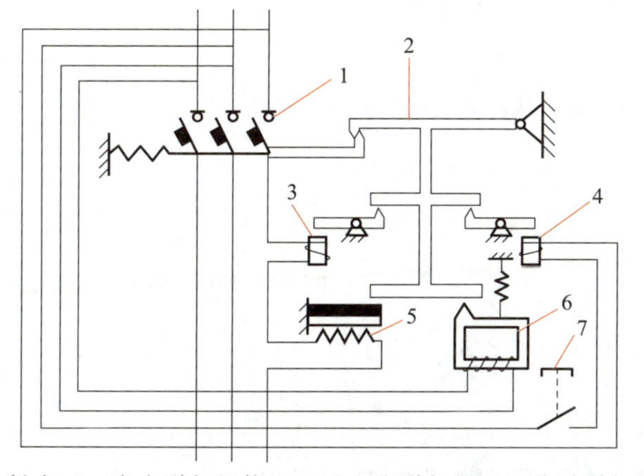

1—触点；2—自由脱扣机构；3—过电流脱扣器；4—分励脱扣器；5—热脱扣器；6—欠电压脱扣器；7—按钮。

图 6-10　低压断路器的结构

作机构等组成，包括过电流脱扣器、欠电压（失压）脱扣器、热脱扣器、分励脱扣器和自由脱扣机构。

断路器开关是靠手动或电动操作机构合闸的，触点闭合后，自由脱扣机构将触点锁扣在合闸位置上。

过电流脱扣器用于线路的短路和过电流保护，当线路的电流大于整定的电流值时，过电流脱扣器所产生的电磁力使挂钩脱扣，触点在弹簧的拉力下迅速断开，实现断路器的跳闸功能。

热脱扣器用于线路的过载保护，工作原理和热继电器相同，过载时热元件发热使双金属片受热弯曲到位，推动脱扣器动作使断路器分闸。

欠电压（失压）脱扣器用于欠电压保护。欠电压脱扣器的线圈直接接在电源上，衔铁处于吸合状态，断路器可以正常合闸；当断电或电压很低时，欠电压脱扣器的吸力小于弹簧的反力，弹簧使动铁芯向上使挂钩脱扣，实现断路器的跳闸功能。

分励脱扣器用于远程控制，当在远方按下按钮时，分励脱扣器通电流产生电磁力，使其脱扣跳闸。

不同断路器的保护特性是不同的，使用时应根据需要选用，保护功能主要有短路、过载、欠电压漏电等。

6.4.3 低压断路器的型号和符号

1. 型号

低压断路器的标志组成及其含义如图 6-11 所示。

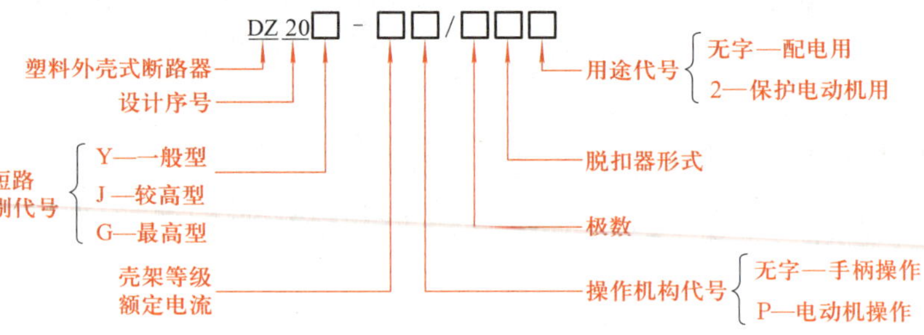

图 6-11 低压断路器的标志组成及其含义

2. 电气符号

低压断路器的图形符号和文字符号如图 6-12 所示。

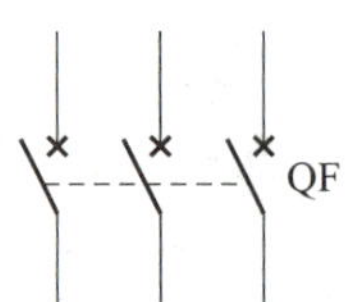

图 6-12 低压断路器的图形符号和文字符号

6.4.4 低压断路器的选择与常见故障的处理方法

1. 低压断路器的选用原则

低压断路器的选择应从以下几方面考虑：

微视频
低压断路器的选择与常见故障的处理方法

① 根据使用场合和保护要求来选择断路器类型。如照明线路、电动机控制一般选用塑料外壳式，配电线路短路电流很大时选用限流式断路器，额定电流比较大或有选择性保护要求时选用框架式。

② 保护含有半导体器件的直流电路时应选用直流快速断路器等。

③ 断路器额定电压、额定电流应不小于线路、设备的正常工作电压、工作电流。

④ 断路器极限通断能力不小于线路可能出现的最大短路电流。

⑤ 欠电压脱扣器额定电压应等于线路额定电压。

⑥ 过电流脱扣器额定电流不小于线路的最大负载电流。

2. 低压断路器的常见故障及处理方法

低压断路器的常见故障及处理方法见表 6-6。

表 6-6 低压断路器常见故障及处理方法

故障现象	产生原因	处理方法
手动操作断路器不能闭合	(1) 电源电压太低 (2) 热脱扣器的双金属片尚未冷却复原 (3) 欠电压脱扣器无电压或线圈损坏 (4) 储能弹簧变形，导致闭合力减小 (5) 反作用弹簧力过大	(1) 检查线路并调高电源电压 (2) 待双金属片冷却后再合闸 (3) 检查线路，施加电压或调换线圈 (4) 调换储能弹簧 (5) 重新调整弹簧反力
电动操作断路器不能闭合	(1) 电源电压不符 (2) 电源容量不够 (3) 电磁铁拉杆行程不够 (4) 电动机操作定位开关变位	(1) 调换电源 (2) 增大操作电源容量 (3) 调整或调换拉杆 (4) 调整定位开关
电动机起动时断路器立即分断	(1) 过电流脱扣器瞬时整定值太小 (2) 脱扣器某些零件损坏 (3) 脱扣器反力弹簧断裂或落下	(1) 调整瞬时整定值 (2) 调换脱扣器或损坏的零部件 (3) 调换弹簧或重新装好弹簧
分励脱扣器不能使断路器分断	(1) 线圈短路 (2) 电源电压太低	(1) 调换线圈 (2) 检修线路调整电源电压
欠电压脱扣器噪声大	(1) 反作用弹簧力太大 (2) 铁芯工作面有油污 (3) 短路环断裂	(1) 调整反作用弹簧 (2) 清除铁芯油污 (3) 调换铁芯
欠电压脱扣器不能使断路器分断	(1) 反力弹簧弹力变小 (2) 储能弹簧断裂或弹簧力变小 (3) 机构生锈卡死	(1) 调整弹簧 (2) 调换或调整储能弹簧 (3) 清除锈污

6.5 接触器

接触器是一种用来自动接通或断开大电流电路的电器。它可以频繁地接通或分断交直流电路，并可实现远距离控制。其主要控制对象是电动机，也可用于电热设备、电焊机、电容器组等其他负载。它还具有低电压释放保护功能，接触器具有控制容量大、过载能力强、寿命长、设备简单、经济等特点，是电力拖动自动控制线路中使用最广泛的电气元件。接触器按其主触点通过电流的种类可分为交流接触器和直流接触器。交流接触器又可分为电磁式和真空式两种。这里主要介绍常用的电磁式交流接触器。

6.5.1 交流接触器的结构和工作原理

1. 外形、结构及工作原理

交流接触器的外形如图 6-13 所示。

微视频

交流接触器的结构和工作原理

(a) CJ20 交流接触器

(b) CJ10 交流接触器

图 6-13 交流接触器的外形

图 6-14 所示为电磁式交流接触器的结构示意图，它分别由电磁系统、触点系统、灭弧装置和其他部件组成。

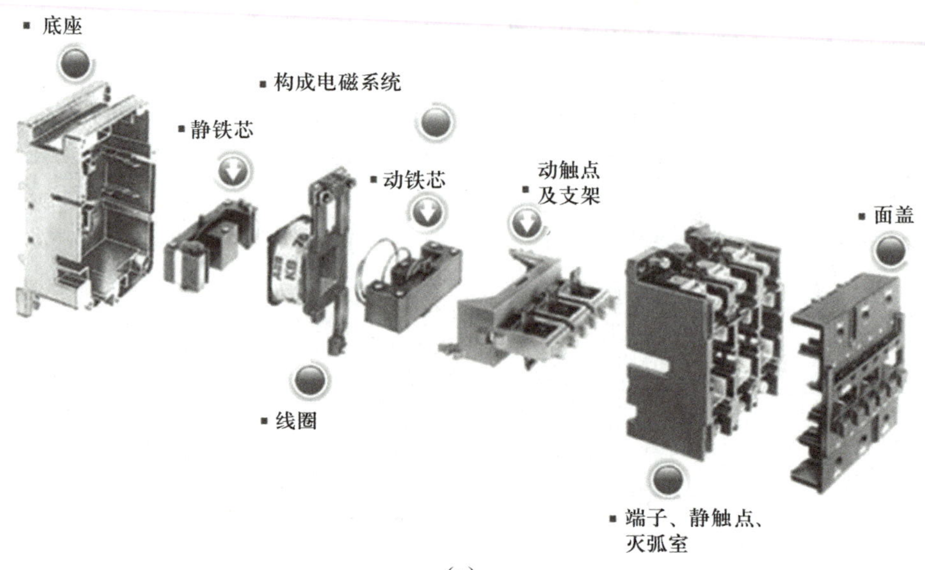

(a)

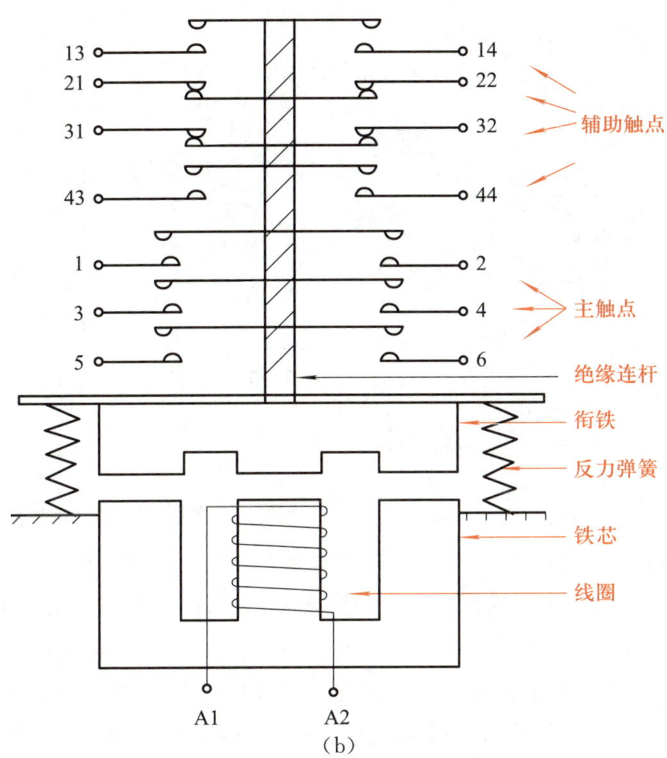

图 6-14 电磁式交流接触器的结构示意图

动 画

交流接触器的结构示意

(1) 电磁系统:电磁系统由线圈、动铁芯(衔铁)和静铁芯组成,其作用是将电磁能转换成机械能,产生电磁吸力带动触点动作。

(2) 触点系统:包括主触点和辅助触点。主触点用于通断主电路,通常为三对动合触点。辅助触点用于控制电路,起电气联锁作用,故又称联锁触点,一般动合、动断各两对。

(3) 灭弧装置:容量在 10 A 以上的接触器都有灭弧装置,对于小容量的接触器,常采用双断口触点灭弧、电动力灭弧、相间弧板隔弧及陶土灭弧罩灭弧。对于大容量的接触器,采用纵缝灭弧罩及栅片灭弧。高压接触器多采用真空灭弧。

(4) 其他部件:包括反力弹簧、缓冲弹簧、触点压力弹簧、传动机构及外壳等。

接触器上标有端子标号,线圈为 A1、A2,主触点 1、3、5 接电源侧,2、4、6 接负载侧。辅助触点用两位数表示,前一位为辅助触点顺序号,后一位的 3、4 表示动合触点,1、2 表示动断触点。

电磁式接触器的工作原理如下:线圈通电后,在铁芯中产生磁通及电磁吸力。此电磁吸力克服弹簧反力使得衔铁吸合,带动触点机构动作,动断触点打开,动合触点闭合,互锁或接通线路。线圈失电或线圈两端电压显著降低时,电磁吸力小于弹簧反力,使得衔铁释放,触点机构复位,断开线路或解除互锁。这个功能就是接触器的欠电压保护功能。

2. 短路环

为了消除交流接触器工作时的振动和噪声,交流接触器的电磁铁芯上必须装有短路环。

图 6-15 所示为交流接触器上短路环示意图。

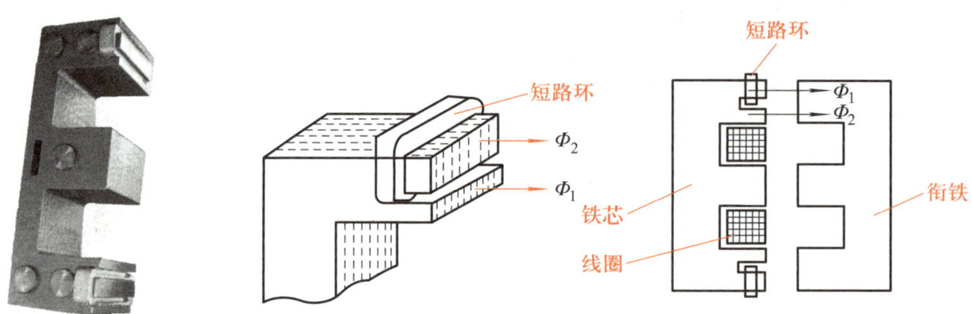

图 6-15　短路环示意图

交流接触器在运行过程中，线圈中通入的交流电在铁芯中产生交变磁通，因而铁芯与衔铁间的吸力是变化的。这会使衔铁产生振动，发出噪声。更主要的是会影响到触点的闭合。为消除这一现象，在交流接触器的铁芯两端各开一个槽，槽内嵌装铜短路环，如图 6-15 所示。加装短路环后，当线圈通以交流电时，线圈电流 I_1 产生磁通 Φ_1，Φ_1 的一部分穿过短路环，环中感应出电流 I_2，I_2 又会产生一个磁通 Φ_2，两个磁通的相位不同，即 Φ_1、Φ_2 不同时为零，这样就保证了铁芯与衔铁在任何时刻都有吸力，衔铁将始终被吸住，解决了振动的问题。

6.5.2　交流接触器的主要技术参数

微视频

交流接触器的主要参数、型号和符号

(1) 额定电压：接触器的额定电压有两种，一是指主触点的额定电压(线电压)，交流有 220 V、380 V 和 660 V，在特殊场合应用的额定电压高达1 160 V；二是指吸引线圈的额定电压，交流有 36 V、127 V、220 V 和 380 V。

(2) 额定电流：接触器的额定电流是指主触点的额定工作电流。它是在一定的条件(额定电压、使用类别和操作频率等)下规定的，目前常用的电流等级为 9～800 A。

交流接触器的使用类别、典型用途及主触点接通和分断能力见表 6-7。

表 6-7　交流接触器的使用类别、典型用途及主触点接通和分断能力

使用类别	主触点接通和分断能力	典型用途
AC1	允许接通和分断额定电流	无感或微感负载、电阻炉
AC2	允许接通和分断 4 倍额定电流	绕线式感应电动机的起动和制动
AC3	允许接通 6 倍额定电流和分断额定电流	笼型感应电动机的起动和分断
AC4	允许接通和分断 6 倍额定电流	笼型感应电动机的起动、反转、反接制动

(3) 通断能力：可分为最大接通电流和最大分断电流。最大接通电流是指触点闭合时不会造成触点熔焊时的最大电流值，最大分断电流是指触点断开时能可靠灭弧的最大电流。

(4) 动作值:动作值是指接触器的吸合电压和释放电压。规定接触器的吸合电压大于线圈额定电压的 85%时应可靠吸合,释放电压不高于线圈额定电压的 70%。

(5) 额定操作频率:接触器的额定操作频率是指每小时允许的操作次数,一般为 300 次/h、600 次/h 和 1 200 次/h。

(6) 寿命:包括电气寿命和机械寿命。目前接触器的机械寿命已达一千万次以上,电气寿命是机械寿命的 5%~20%。

6.5.3 接触器的型号和符号

1. 型号

接触器的标志组成及其含义如图 6-16 所示。

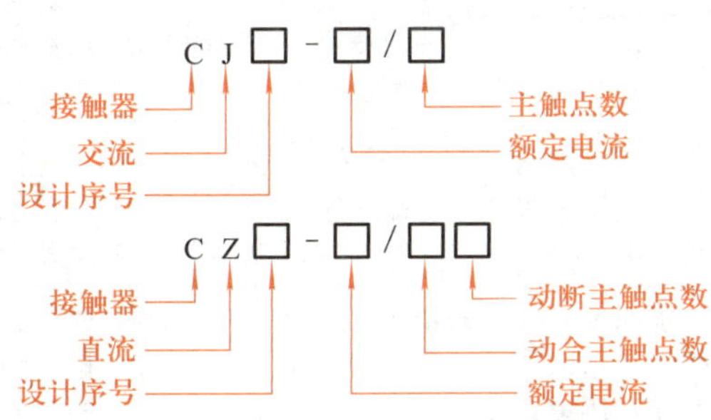

图 6-16 接触器的标志组成及其含义

2. 电气符号

接触器的图形符号和文字符号如图 6-17 所示。

图 6-17 接触器的图形符号和文字符号

6.5.4 接触器的选择与常见故障的处理方法

1. 接触器的选择应遵循的原则

① 根据负载性质选择接触器的结构形式及使用类别。

② 主触点的额定工作电流应大于或等于负载电路的电流。要注意的是,接触器的额定工作电流是在规定的条件下(额定工作电压、使用类别、操作频率等)能够正常工作的电流值,当实际使用条件不同时,这个电流值也将随之改变。

③ 主触点的额定工作电压应大于或等于负载电路电压。

④ 吸引线圈的额定电压应与控制电路电压相一致。当控制线路简单,使用电器较少

时，为节省变压器，可直接选用 380 V 或 220 V 的交流电压；当线路复杂，使用电器超过 5 个时，从人身和设备安全角度考虑，吸引线圈电压要选低一些，可用 36 V 或 110 V 的交流电压线圈。

⑤ 接触器触点数和种类应满足主电路和控制电路的要求。

2. 接触器的常见故障及处理方法

接触器的常见故障及处理方法见表 6-8。

表 6-8　接触器的常见故障及处理方法

故障现象	产生原因	处理方法
接触器不吸合或吸不牢	（1）电源电压过低 （2）线圈断路 （3）线圈技术参数与使用条件不符 （4）铁芯机械卡阻	（1）调高电源电压 （2）调换线圈 （3）调换线圈 （4）排除卡阻物
线圈断电，接触器不释放或释放缓慢	（1）触点熔焊 （2）铁芯极面有油污 （3）触点弹簧压力过小或复位弹簧损坏 （4）机械卡阻	（1）排除熔焊故障，修理或更换触点 （2）清理铁芯极面 （3）调整触点弹簧力或更换复位弹簧 （4）排除卡阻物
触点熔焊	（1）操作频率过高或过负载使用 （2）负载侧短路 （3）触点弹簧压力过小 （4）触点表面有电弧灼伤 （5）机械卡阻	（1）调换合适的接触器或减小负载 （2）排除短路故障更换触点 （3）调整触点弹簧压力 （4）清理触点表面 （5）排除卡阻物
铁芯噪声过大	（1）电源电压过低 （2）短路环断裂 （3）铁芯机械卡阻 （4）铁芯极面有油垢或磨损不平 （5）触点弹簧压力过大	（1）检查线路并提高电源电压 （2）调换铁芯或短路环 （3）排除卡阻物 （4）用汽油清洗极面或更换铁芯 （5）调整触点弹簧压力
线圈过热或烧毁	（1）线圈匝间短路 （2）操作频率过高 （3）线圈参数与实际使用条件不符 （4）铁芯机械卡阻	（1）更换线圈并找出故障原因 （2）调换合适的接触器 （3）调换线圈或接触器 （4）排除卡阻物

文本

以工匠心躬耕毫厘之间

6.6 继电器

继电器是根据某种输入信号的变化，接通或断开控制电路，实现自动控制和保护电力装置的自动电器。

继电器的种类很多，按输入信号的性质分为电压继电器、电流继电器、时间继电器、温度继电器、速度继电器、压力继电器等，按工作原理分为电磁式继电器、感应式继电器、电动式继电器、热继电器和电子式继电器等，按输出形式分为有触点继电器和无触点继电器，按用途分为控制用继电器和保护用继电器。

常用的继电器有电磁式继电器、时间继电器、热继电器、速度继电器、温度继电器、压力继电器等。

6.6.1 电磁式继电器

在低压控制系统中采用的继电器大部分是电磁式继电器，电磁式继电器的结构及工作原理与接触器基本相同。图 6-18 所示为几种常用电磁式继电器的外形。

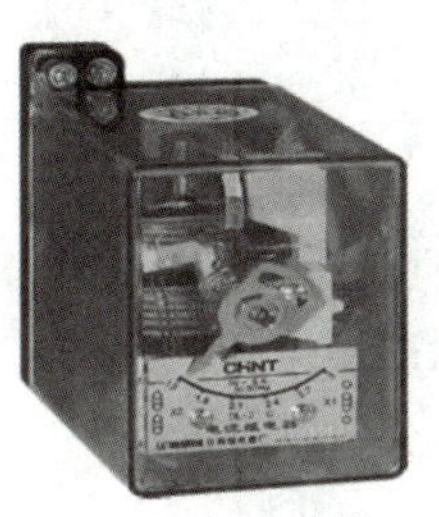
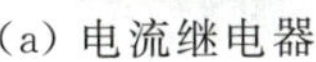

(a) 电流继电器

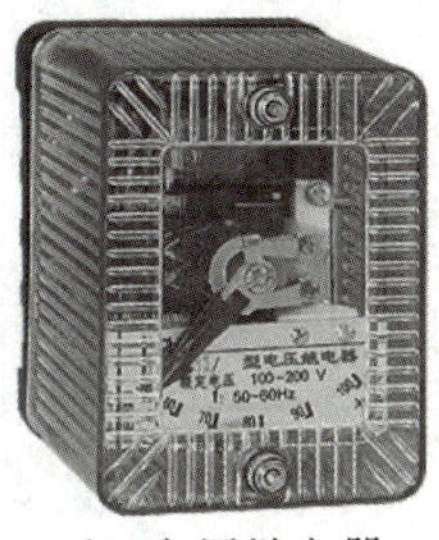

(b) 电压继电器

(c) 中间继电器

图 6-18 电磁式继电器的外形

电磁式继电器的典型结构如图 6-19 所示，它由电磁机构和触点系统组成。按吸引线圈电流的类型，可分为直流电磁式继电器和交流电磁式继电器。按其在电路中的连接方式，可分为电流继电器（过电流继电器、欠电流继电器）、电压继电器（过电压继电器、欠电压继电器）和中间继电器等。

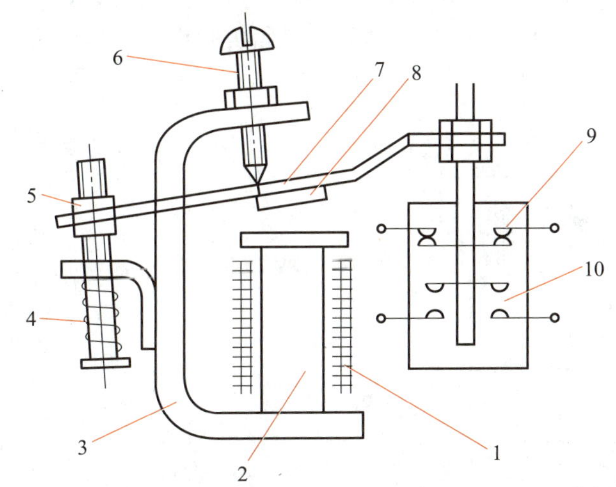

1—线圈；2—铁芯；3—磁轭；4—弹簧；5—调节螺母；6—调节螺钉；7—衔铁；8—非磁性垫片；9—动断触点；10—动合触点。

图 6-19 电磁式继电器的典型结构

6.6.2 时间继电器

时间继电器在控制电路中用于时间的控制。时间继电器的种类很多，按其动作原理可分为电磁式、空气阻尼式、电动式和电子式等，按延时方式可分为通电延时型和断电延时型。

1. 空气阻尼式时间继电器

空气阻尼式时间继电器是利用空气阻尼原理获得延时的，由电磁机构、延时机构和触点系统三部分组成。电磁机构为双正直动式，延时机构采用气囊式阻尼器，触点系统用 LX5 型微动开关。图 6-20 所示为 JS7 系列空气阻尼式时间继电器外形。

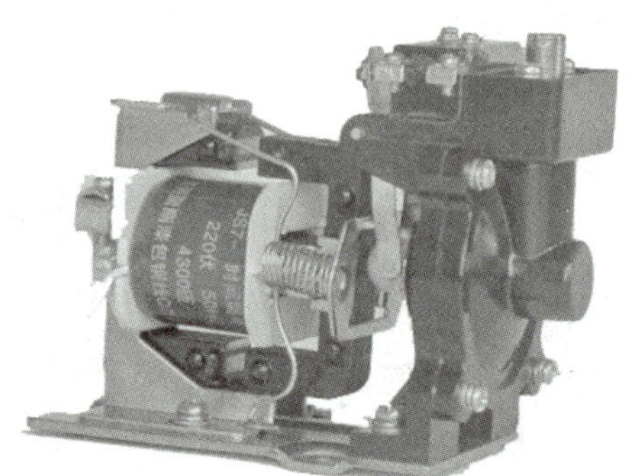

图 6-20 JS7 系列空气阻尼式时间继电器外形

空气阻尼式时间继电器，既具有由空气室中的气动机构带动的延时触点，也具有由电磁机构直接带动的瞬动触点，可以做成通电延时型，也可做成断电延时型。电磁机构可以是直流的，也可以是交流的。

改变电磁机构的安装方向，便可实现不同的延时方式：当衔铁位于铁芯和延时机构之间时为通电延时，如图 6-21a 所示；当铁芯位于衔铁和延时机构之间时为断电延时，如图 6-21b 所示。

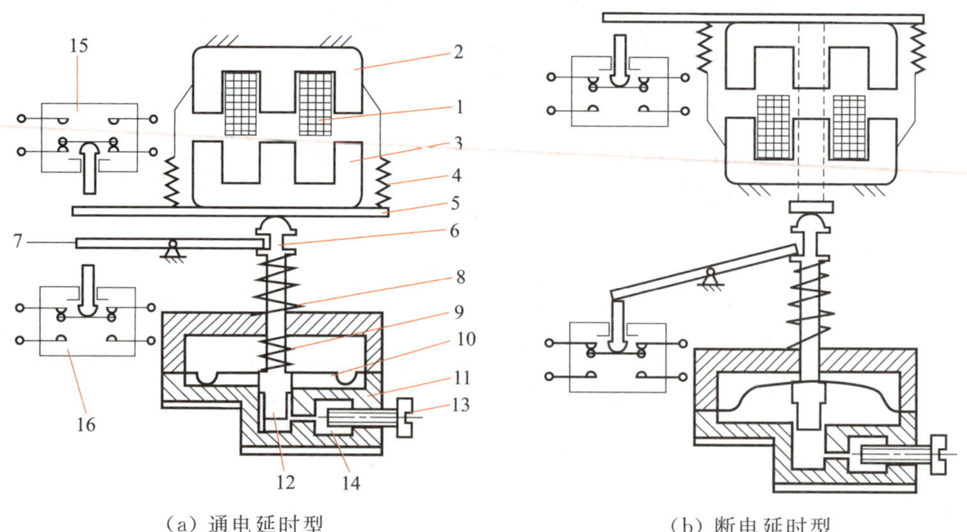

1—线圈；2—铁芯；3—衔铁；4—反力弹簧；5—推板；6—活塞杆；7—杠杆；8—塔形弹簧；9—弱弹簧；10—橡胶膜；11—空气室壁；12—活塞；13—调节螺钉；14—进气孔；15、16—微动开关。

图 6-21 JS7-A 系列空气阻尼式时间继电器结构原理图

空气阻尼式时间继电器的特点是：延时范围较大（0.4～180 s），结构简单，寿命长，价格低。但其延时误差较大，无调节刻度指示，难以确定整定延时值。对延时精度要求较高的场合不宜使用这种时间继电器。

2. 电子式时间继电器

电子式时间继电器在时间继电器中已成为主流产品，电子式时间继电器是采用晶体管或集成电路和电子元件等构成的。目前已有采用单片机控制的时间继电器。电子式时间继电器具有延时范围广、精度高、体积小、耐冲击和耐振动、调节方便及寿命长等优点，所以发展很快，应用广泛。图 6-22 所示为电子式时间继电器外形。

图 6-22　电子式时间继电器外形

3. 时间继电器的型号和符号

（1）型号

时间继电器的标志组成及其含义如图 6-23 所示。

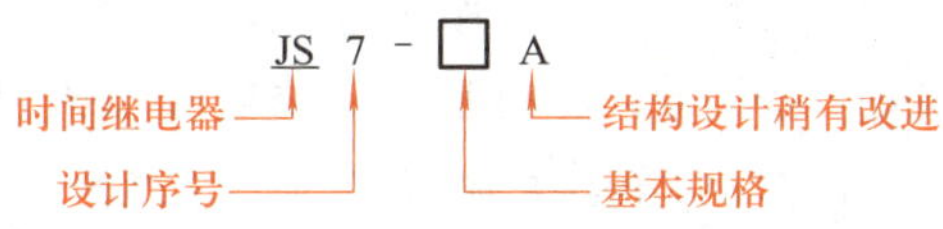

图 6-23　时间继电器的标志组成及其含义

（2）电气符号

时间继电器的图形符号和文字符号如图 6-24 所示。

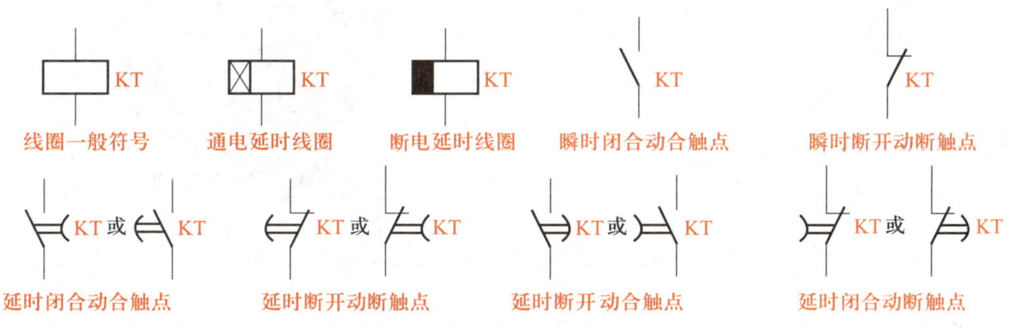

图 6-24　时间继电器的图形符号和文字符号

4. 时间继电器的选择与常见故障的处理方法

时间继电器形式多样，各具特点，选择时应从以下几方面考虑：

① 根据控制电路对延时触点的要求选择延时方式，即通电延时型或断电延时型。

② 根据延时范围和精度要求选择继电器类型。

③ 根据使用场合、工作环境选择时间继电器的类型。如电源电压波动大的场合可选空气阻尼式或电动式时间继电器；电源频率不稳定的场合不宜选用电动式时间继电器，环境温度变化大的场合不宜选用空气阻尼式和电子式时间继电器。

时间继电器常见故障及处理方法见表 6-9。

表 6-9 时间继电器常见故障及处理方法

故障现象	产生原因	处理方法
延时触点不动作	(1) 电磁铁线圈断线 (2) 电源电压低于线圈额定电压很多 (3) 电动式时间继电器的同步电动机线圈断线 (4) 电动式时间继电器的棘爪无弹性，不能刹住棘齿 (5) 电动式时间继电器游丝断裂	(1) 更换线圈 (2) 更换线圈或调高电源电压 (3) 调换同步电动机 (4) 调换棘爪 (5) 调换游丝
延时时间缩短	(1) 空气阻尼式时间继电器的气室装配不严，漏气 (2) 空气阻尼式时间继电器的气室内橡胶薄膜损坏	(1) 修理或调换气室 (2) 调换橡胶薄膜
延时时间变长	(1) 空气阻尼式时间继电器的气室内有灰尘，使气道阻塞 (2) 电动式时间继电器的传动机构缺润滑油	(1) 清除气室内灰尘，使气道畅通 (2) 加入适量的润滑油

6.6.3 热继电器

热继电器主要用于电气设备（主要是电动机）的过负荷保护。热继电器是一种利用电流热效应原理动作的继电器，它具有与电动机容许过载特性相近的反时限动作特性，主要与接触器配合使用，用于对三相异步电动机的过负荷和断相保护。图 6-25 所示为热继电器的保护特性和外形图。

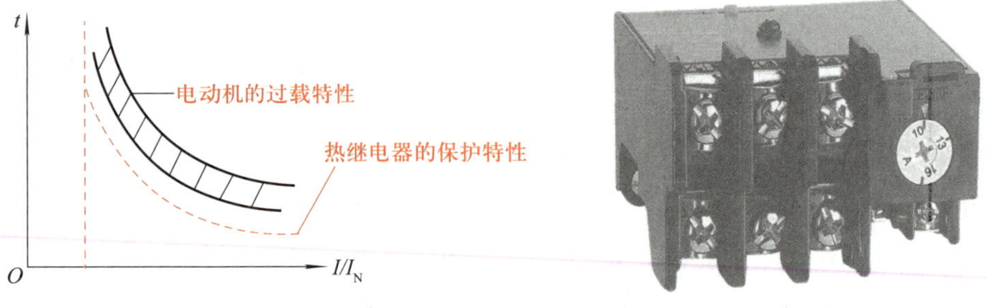

图 6-25 热继电器的保护特性和 JR16-20 热继电器外形

按相数来分，热继电器有单相式、两相式和三相式三种类型。按功能来分，三相式的热继电器又有带断相保护装置和不带断相保护装置的。按复位方式分，热继电器有自动复位的和手动复位的，自动复位是指触点断开后能自动返回。按温度补偿分，有带温度补偿的和不带温度补偿的。

1. 热继电器的结构和工作原理

图 6-26 所示是双金属片式热继电器的结构示意图。热继电器主要由双金属片、热元件、复位按钮、导板、弹簧、调节凸轮、触点和接线端子等组成。双金属片由两种热膨胀系数不同的金属碾压而成，当双金属片受热时，会出现弯曲变形。使用时，把热元件串接于电动机的定子电路中，通过热元件的电流就是电动机的

工作电流，而动断触点串接于电动机的控制电路中。

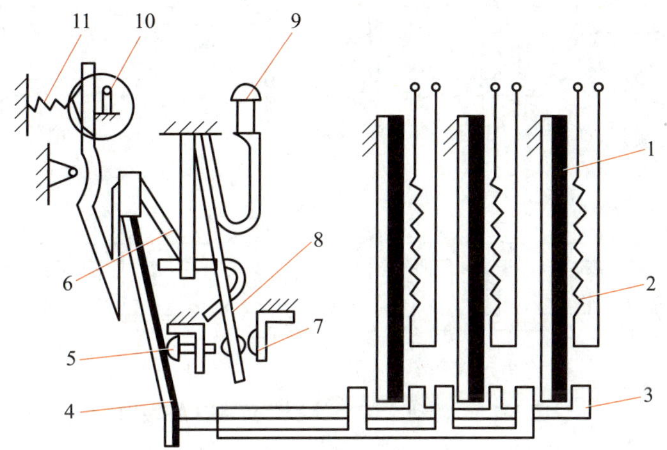

1—主双金属片；2—热元件电阻丝；3—导板；4—补偿双金属片；5—螺钉；6—推杆；7—静触点；8—动触点；9—复位按钮；10—调节凸轮；11—弹簧。

图 6-26　双金属片式热继电器的结构示意图

当电动机正常运行时，其工作电流通过热元件产生的热量不足以使双金属片变形到位，热继电器不会动作。当电动机发生过电流且超过整定值时，双金属片因受热量增大而发生弯曲，经过一定时间后，使触点动作，通过控制电路切断电动机的工作电源。热继电器动作后一般不能自动复位，要等双金属片冷却后按下复位按钮复位。

热继电器动作电流的调节可以借助旋转凸轮于不同位置来实现。

热继电器具有反时限保护特性，即过载电流大，动作时间短；过载电流小，动作时间长。当电动机的工作电流为额定电流时，热继电器应长期不动作，其保护特性见表 6-10。

表 6-10　热继电器的保护特性

序号	整定电流倍数	动作时间	试验条件
1	1.05	>2 h	冷　态
2	1.2	<2 h	热　态
3	1.6	<2 min	热　态
4	6	>5 s	冷　态

由于热继电器中发热元件有热惯性，在电路中不能做瞬时过载保护，更不能做短路保护。

电动机断相运行是电动机烧毁的主要原因之一，因此要求热继电器还应具备断相保护功能(图 6-27)。热继电器的导板采用差动机构，在断相工作时，其中两相电流增大，一相逐渐冷却，这样可使热继电器的动作时间缩短，从而更有效地保护电动机。

2. 热继电器的型号和符号

(1) 型号

热继电器的标志组成及其含义如图 6-28 所示。

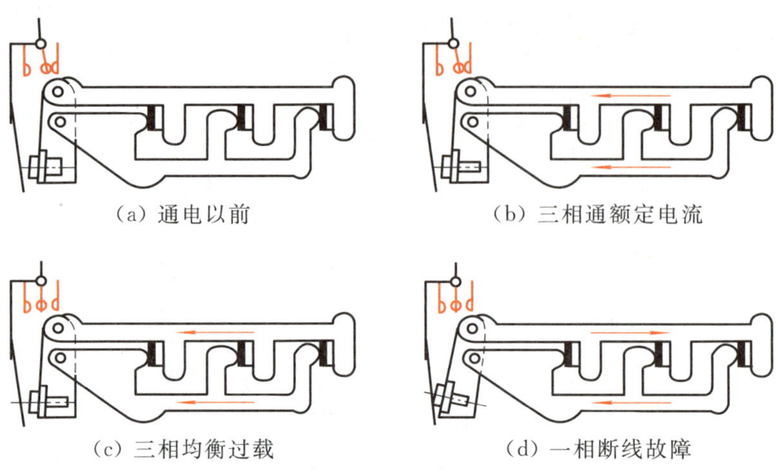

（a）通电以前　（b）三相通额定电流

（c）三相均衡过载　（d）一相断线故障

图 6-27　差动式断相保护装置动作原理图

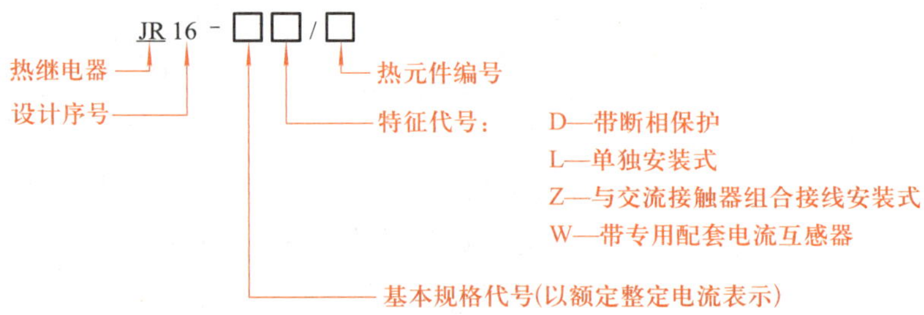

图 6-28　热继电器的标志组成及其含义

（2）电气符号

热继电器的图形符号和文字符号如图 6-29 所示。

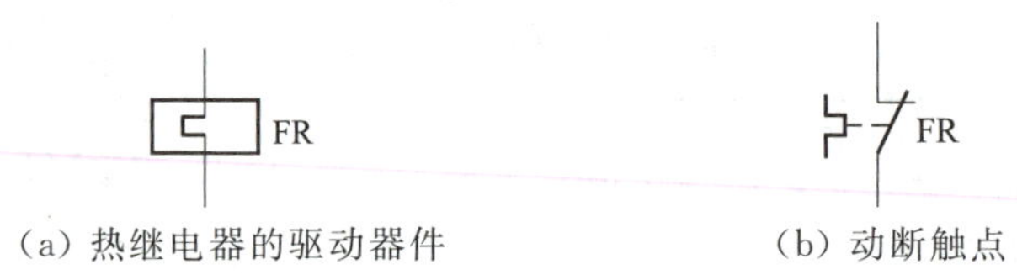

（a）热继电器的驱动器件　（b）动断触点

图 6-29　热继电器的图形符号和文字符号

3. 热继电器的主要技术参数

① 热元件额定电流：热元件的最大整定电流值。

② 整定电流：热元件能够长期通过而不致引起热继电器动作的最大电流值。

③ 热继电器额定电流：热继电器中可以安装的热元件的最大整定电流值。

4. 热继电器的选择与常见故障的处理方法

热继电器主要用于电动机的过载保护，使用中应考虑电动机的工作环境、起动情况、负载性质等因素，具体应按以下几个方面来选择。

（1）热继电器结构形式的选择

Y 接法的电动机可选用两相或三相结构热继电器；△接法的电动机应选用带断相保护装置的三相结构热继电器。

（2）起动情况

根据被保护电动机的实际起动时间选取 6 倍额定电流下具有相应可返回时间的热继电器。一般热继电器的可返回时间大约为 6 倍额定电流下动作时间的 50%～70%。

（3）热元件额定电流

热元件额定电流一般可按下式确定：

$$I_{N}=(0.95\sim1.05)I_{MN}$$

式中，I_{N}——热元件额定电流；

I_{MN}——电动机的额定电流。

对于工作环境恶劣、起动频繁的电动机，则按下式确定：

$$I_{N}=(1.15\sim1.5)I_{MN}$$

热元件选好后，还需用电动机的额定电流来调整它的整定值。

（4）针对重复升温的电动机

对于重复短时工作的电动机（如起重机电动机），由于电动机不断重复升温，热继电器双金属片的温升跟不上电动机绕组的温升，电动机将得不到可靠的过载保护。因此，不宜选用双金属片热继电器，而应选用过电流继电器或能反映绕组实际温度的温度继电器来进行保护。

热继电器常见故障及处理方法见表 6-11。

表 6-11　热继电器常见故障及处理方法

故障现象	产生原因	处理方法
热继电器误动作或动作太快	（1）整定电流偏小 （2）操作频率过高 （3）连接导线太细	（1）调大整定电流 （2）调换热继电器或限定操作频率 （3）选用标准导线
热继电器不动作	（1）整定电流偏大 （2）热元件烧断或脱焊 （3）导板脱出	（1）调小整定电流 （2）更换热元件或热继电器 （3）重新放置导板并试验动作灵活性
热元件烧断	（1）负载侧电流过大 （2）操作频率过高	（1）排除故障，调换热继电器 （2）限定操作频率或调换合适的热继电器
主电路不通	（1）热元件烧毁 （2）接线螺钉未压紧	（1）更换热元件或热继电器 （2）旋紧接线螺钉
控制电路不通	（1）热继电器动断触点接触不良或弹性消失 （2）手动复位的热继电器动作后，未手动复位	（1）检修动断触点 （2）手动复位

6.6.4　速度继电器

速度继电器是用来反映转速与转向变化的继电器，它可以按照被控电动机转速的大小使控制电路接通或断开。速度继电器通常与接触器配合工作，实现对电动机的反接制动。速度继电器实物如图 6-30 所示。

图 6-30 速度继电器实物图

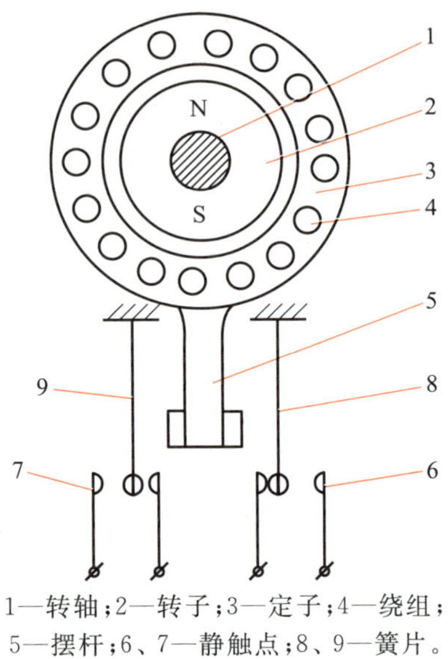

1—转轴；2—转子；3—定子；4—绕组；5—摆杆；6、7—静触点；8、9—簧片。

图 6-31 速度继电器结构图

1. 速度继电器的结构和工作原理

从结构上看，速度继电器主要由转子、转轴、定子和触点等部分组成，如图 6-31 所示。转子是一个圆柱形永磁铁，定子是一个笼形空心圆环，并装有笼形绕组。

工作过程：速度继电器的转轴和电动机的轴通过联轴器相连，当电动机转动时，速度继电器的转子随之转动，定子内的绕组便切割磁感线，产生感应电流，此电流与转子磁场作用产生转矩，使定子随转子方向开始转动。电动机转速达到某一值时，产生的转矩能使定子转到一定角度使摆杆推动动断触点动作；当电动机转速低于某一值或停转时，定子产生的转矩会减小或消失，触点在弹簧的作用下复位。

速度继电器有两组触点(每组各有一对动合触点和动断触点)，可分别控制电动机正、反转的反接制动。通常当速度继电器转轴的转速达到 120 r/min 时，触点即动作；当转速低于 100 r/min 时，触点即复位。

2. 速度继电器的型号和符号

(1) 型号

速度继电器的标志组成及其含义如图 6-32 所示。

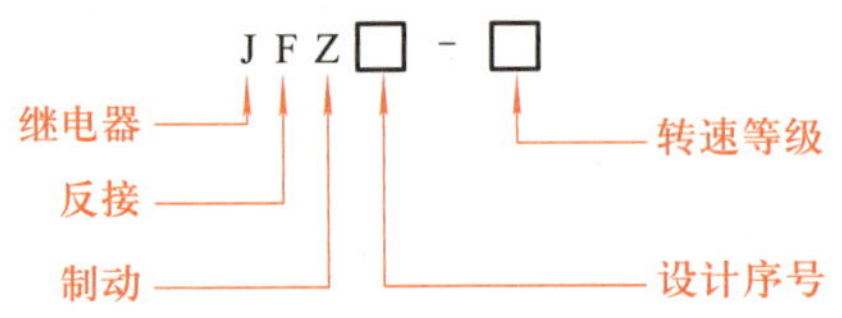

图 6-32 速度继电器的标志组成及其含义

(2) 电气符号

速度继电器的图形符号和文字符号如图 6-33 所示。

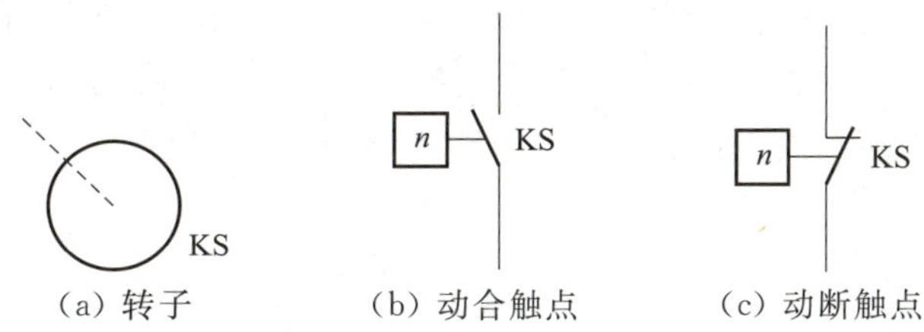

(a) 转子　(b) 动合触点　(c) 动断触点

图 6-33　速度继电器图形符号和文字符号

3. 速度继电器的选择与常见故障的处理方法

速度继电器主要根据电动机的额定转速来选择。使用时，速度继电器的转轴应与电动机同轴连接；安装接线时，正反向的触点不能接错，否则不能起到反接制动时接通和断开反向电源的作用。

速度继电器常见故障及处理方法见表 6-12。

表 6-12　速度继电器常见故障及处理方法

故障现象	产生原因	处理方法
制动时速度继电器失效，电动机不能制动	(1) 速度继电器胶木摆杆断裂 (2) 速度继电器动合触点接触不良 (3) 弹性动触片断裂或失去弹性	(1) 调换胶木摆杆 (2) 清洗触点表面油污 (3) 调换弹性动触片

6.7 主令电器

常用的主令电器有控制按钮、行程开关、接近开关、万能转换开关、主令控制器及其他主令电器，如脚踏开关、倒顺开关、紧急开关、钮子开关等。本节仅介绍几种常用的主令电器。

6.7.1 控制按钮

控制按钮是一种结构简单、使用广泛的手动主令电器，它可以与接触器或继电器配合，对电动机实现远距离的自动控制，用于实现控制线路的电气联锁。常用控制按钮外形如图 6-34 所示。

图 6-34　常用控制按钮外形

1. 控制按钮的结构和工作原理

控制按钮由按钮帽、复位弹簧、桥式触点和外壳等组成，通常做成复合式，即具有动断触点和动合触点。按下按钮时，先断开动断触点，后接通动合触点；按钮释放后，在复位弹簧的作用下，按钮触点自动复位的先后顺序相反。通常，在无特殊说明的情况下，有触点电器的触点动作顺序均为“先断后合”。控制按钮的结构如图 6-35 所示。

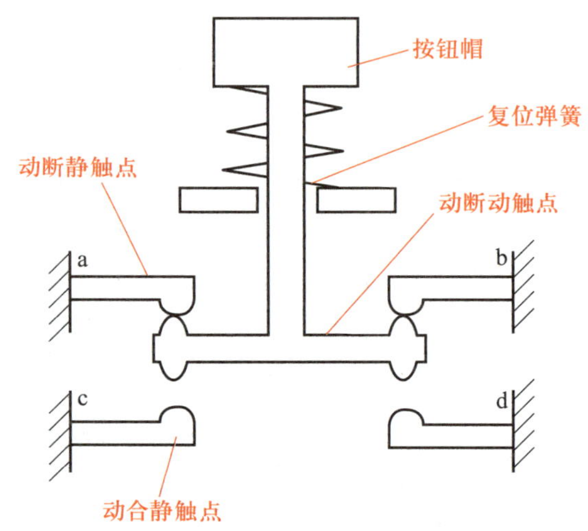

图 6-35 控制按钮结构示意图

控制按钮的种类很多，在结构上有揿钮式、紧急式、钥匙式、旋钮式、带灯式和玻璃破碎按钮。

按使用场合、作用不同，通常将按钮帽做成红、绿、黑、黄、蓝、白、灰等颜色。国标对按钮帽颜色做了如下规定：

① “停止”和“急停”按钮必须是红色的。

② “起动”按钮的颜色为绿色。

③ “起动”与“停止”交替动作的按钮必须是黑白、白色或灰色的。

④ “点动”按钮必须是黑色的。

⑤ “复位”按钮（如保护继电器的复位按钮）必须是蓝色的。

2. 控制按钮的型号和符号

（1）型号

控制按钮的标志组成及其含义如图 6-36 所示。

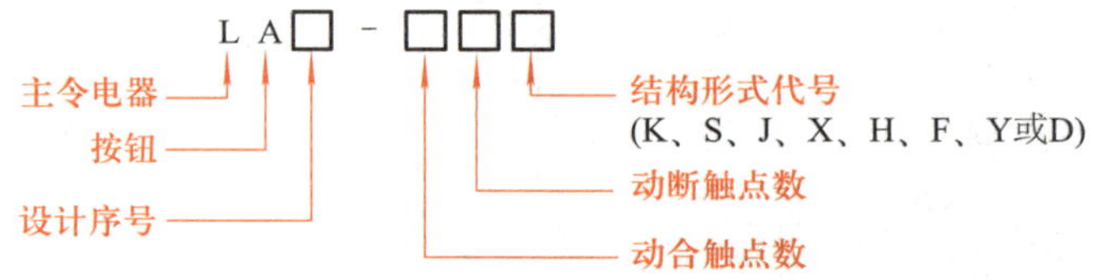

图 6-36 控制按钮的标志组成及其含义

其中，结构形式代号的含义为：K 为开启式，S 为防水式，J 为紧急式，X 为旋钮式，H 为保护式，F 为防腐式，Y 为钥匙式，D 为带灯按钮。

(2) 电气符号

控制按钮的图形符号和文字符号如图 6-37 所示。

图 6-37　控制按钮的图形符号和文字符号

3. 控制按钮的选择与常见故障的处理方法

控制按钮主要根据使用场合、用途、控制需要及工作状况等进行选择。

① 根据使用场合，选择控制按钮的种类，如开启式、防水式、防腐式等。

② 根据用途，选用合适的形式，如钥匙式、紧急式、带灯式等。

③ 根据控制回路的需要，确定不同的按钮数，如单钮、双钮、三钮、多钮等。

④ 根据工作状态指示和工作情况的要求，选择按钮及指示灯的颜色。

控制按钮的常见故障及处理方法见表 6-13。

表 6-13　控制按钮的常见故障及处理方法

故障现象	产生原因	处理方法
按下起动按钮时有触电感觉	(1) 按钮的防护金属外壳与连接导线接触 (2) 按钮帽的缝隙间充满铁屑，使其与导电部分形成通路	(1) 检查按钮内连接导线 (2) 清理按钮及触点
按下起动按钮，不能接通电路，控制失灵	(1) 接线端子脱落 (2) 触点磨损松动，接触不良 (3) 动触点弹簧失效，使触点接触不良	(1) 检查起动按钮连接线 (2) 检修触点或调换按钮 (3) 重绕弹簧或调换按钮
按下停止按钮，不能断开电路	(1) 接线错误 (2) 尘埃或机油、乳化液等流入按钮造成短路 (3) 绝缘击穿短路	(1) 更改接线 (2) 清理按钮并相应采取密封措施 (3) 调换按钮

6.7.2 行程开关

在生产过程中，一些生产机械运动部件的行程或位置要受到限制，有些生产机械的工作台要求在一定行程内自动往返运动，以便实现对工件的连续加工，提高生产率。实现这种控制要求所依靠的主要电器是行程开关。控制示意如图 6-38 所示：限位开关 SQ1 放在左端需要反向的位置，而 SQ2 放在右端需要反向的位置，机械挡铁要装在运动部件上。

行程开关又称限位开关或位置开关，其工作原理和控制按钮相同，只是靠机械运动部件的挡铁碰压行程开关而使其动合触点闭合、动断触点断开，从而对控制电路发出接通、断开的转换命令。行程开关主要用于控制生产机械的运动方向、行程的长短及限位保护。按其结构可分为直动式、滚轮式、微动式和组合式。

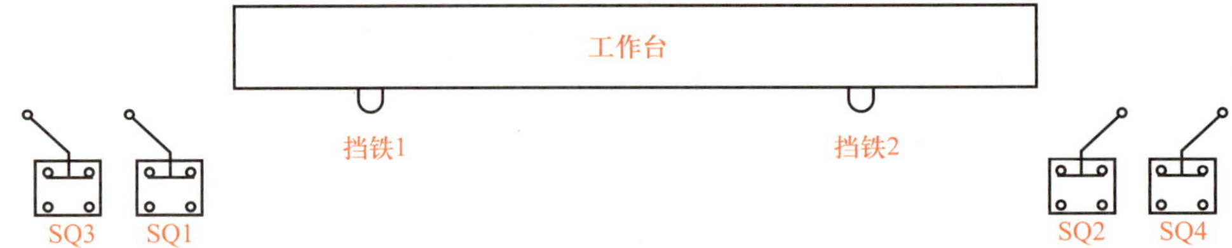

图 6-38　行程开关控制示意图

1. 直动式行程开关

直动式行程开关的外形和结构如图 6-39 所示。其作用原理与控制按钮相同，只是它用运动部件上的挡铁碰压行程开关的推杆。这种开关不宜用在碰块移动的速度小于 0.4 m/min 的场合。

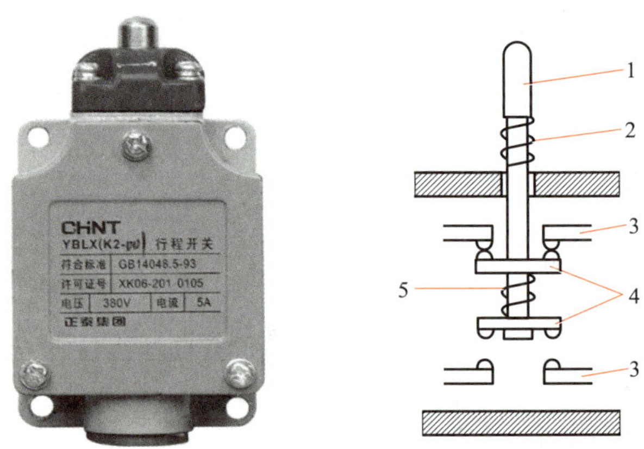

1—推杆；2—复位弹簧；3—静触点；4—动触点；5—触点弹簧。

图 6-39　直动式行程开关的外形和结构

2. 滚轮式行程开关

滚轮式行程开关的外形和结构如图 6-40 所示。为了克服直动式行程开关的缺点，可采用能瞬时动作的滚轮旋转式行程开关。

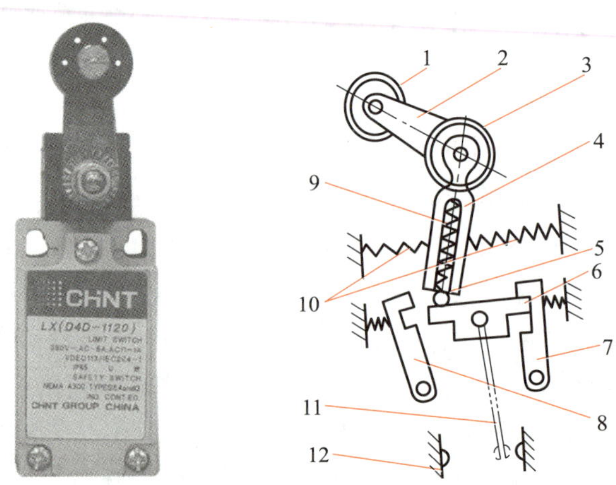

1—滚轮；2—上转臂；3—碟形弹簧；4—推杆；5—小滚轮；6—擒纵件；7、8—压板；9、10—弹簧；11—动触点；12—静触点。

图 6-40　滚轮式行程开关的外形和结构

滚轮式行程开关又分为单滚轮自动复位式和双滚轮（羊角式）非自动复位式，双滚轮行程开关具有两个稳态位置，有“记忆”作用，在某些情况下可以简化线路。

3. 微动式行程开关

微动式行程开关是行程非常小的瞬时动作开关，特点是操作力小和操作行程短，其外形和结构如图 6-41 所示。当推杆被压下时，片弹簧变形存储能量，当推杆被压下一定距离时，片弹簧瞬时动作，使其触点快速切换，当外力消失，推杆在片弹簧的作用下迅速复位，触点也复位。常用的有 LXW 系列产品。

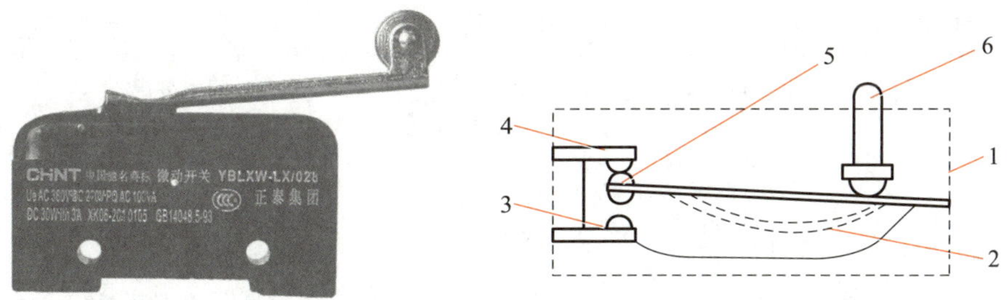

1—壳体；2—片弹簧；3—动合触点；4—动断触点；5—动触点；6—推杆。

图 6-41　微动式行程开关的外形和结构

4. 行程开关的型号和符号

（1）型号

行程开关的标志组成及其含义如图 6-42 所示。

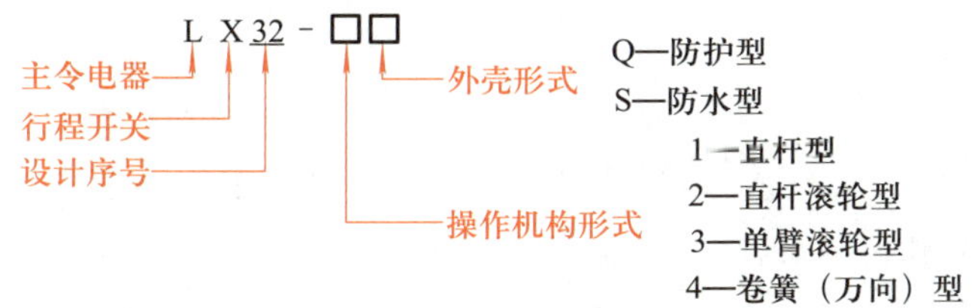

图 6-42　行程开关的标志组成及其含义

（2）电气符号

行程开关的图形符号和文字符号如图 6-43 所示。

图 6-43　行程开关的图形符号和文字符号

5. 行程开关的选择与常见故障的处理方法

行程开关的选择应注意以下几点：

① 应用场合及控制对象选择。

② 根据安装环境选择防护形式，如开启式或保护式。

③ 控制回路的电压和电流。

④ 根据机械与行程开关的传力与位移关系选择合适的头部形式。

行程开关的常见故障及处理方法见表 6-14。

表 6-14　行程开关的常见故障及处理方法

故障现象	产生原因	处理方法
挡铁碰撞位置开关后，触点不动作	(1) 安装位置不准确 (2) 触点接触不良或接线松脱 (3) 触点弹簧失效	(1) 调整安装位置 (2) 清刷触点或紧固接线 (3) 更换弹簧
杠杆已经偏转，或无外界机械力作用，但触点不复位	(1) 复位弹簧失效 (2) 内部碰撞卡阻 (3) 调节螺钉太长，顶住开关按钮	(1) 更换弹簧 (2) 清理内部杂物 (3) 检查调节螺钉

实训项目

交流接触器的拆装与检修

一、实训器材

1. 工具：螺丝刀、尖嘴钳、钢丝钳、镊子等。

2. 仪表：万用表、兆欧表等。

3. 器材：交流接触器。

二、拆装步骤

下面以 CJ10-10 交流接触器为例，一般接触器的拆装步骤如下：

1. 松开灭弧罩的紧固螺钉，取下灭弧罩。

2. 拉紧主触点的定位弹簧夹，取下主触点及主触点的压力弹簧片。拉出主触点时必须将主触点旋转 45°后才能取下。

3. 松掉辅助动合静触点的接线桩螺钉，取下动合静触点。

4. 松掉接触器底部的盖板螺钉，取下盖板。在松盖板螺钉时，要用手按住盖板，慢慢放松。

5. 取下静铁芯缓冲绝缘纸片、静铁芯、静铁芯支架及缓冲弹簧。

6. 拔出线圈接线端的弹簧导电夹片，取出线圈。

7. 取出反力弹簧。

8. 抽出动铁芯和支架。在支架上拔出动铁芯的定位销。

9. 取下动铁芯及缓冲绝缘纸片。

10. 拆卸完各部件如图 6-44 所示，仔细观察各零部件的结构特点，并做好记录。

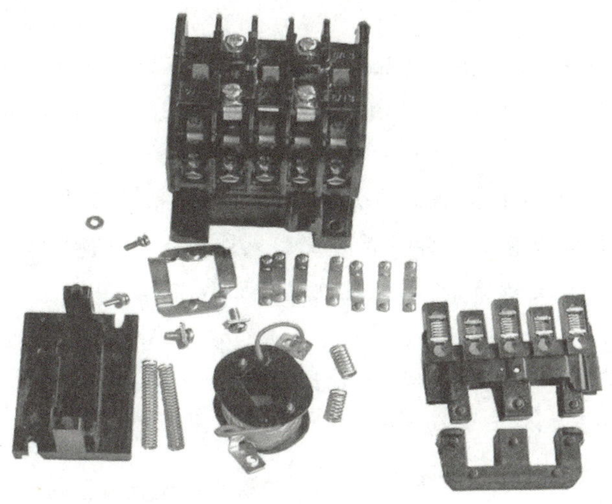

图 6-44　接触器拆卸后的零部件

11. 按拆卸的逆序进行装配。

三、注意事项

1. 在拆卸过程中，将零件放入专门的容器内，以免丢失。

2. 拆卸过程中不允许硬撬，以免损坏电器，并记住每一零件的位置及相互间的配合关系。

3. 装配时要均匀紧固螺钉，以免损坏接触器，在装配辅助动断触点时，应先按下触点支架，以防将辅助动断动触点弹簧推出支架。

四、填表

在表 6-15 中正确填写接触器型号、拆装部件名称和作用。

表 6-15　低压电器拆装表

序号	名　　称	型号和作用	备　　注
1			填写型号
2			填写拆装部件
3			填写拆装部件
4			填写拆装部件
5			填写拆装部件
6			填写拆装部件
7			填写拆装部件
8			填写拆装部件
9			填写拆装部件
10			填写拆装部件

五、检修步骤

1. 检查灭弧罩有无破裂或烧损，清除灭弧罩内的金属飞溅物和颗粒。

2. 检查触点的磨损程度，磨损严重时应更换触点。若不需更换，则清除触点表面上烧毛的颗粒。

3. 清除铁芯端面的油垢，检查铁芯有无变形及端面接触是否平整。

4. 检查触点压力弹簧及反作用弹簧是否变形或弹力不足。如有需要则更换弹簧。

5. 检查电磁线圈是否有短路、断路及发热变色现象。

六、自检方法

用万用表电阻挡检查线圈及各触点是否良好，用兆欧表测量各触点间及主触点对地电阻是否符合要求，检测值填入表 6-16 中。用手按动主触点检查运动部分是否灵活，以防产生接触不良、振动和噪声。

1. 交流接触器线圈的检查。

(1) 将万用表拨至电阻“R×100”挡，调零。

(2) 通过表笔接触接线螺钉 A1、A2(图 6-14)，测量电磁线圈电阻，若为零，说明短路；若为无穷大，说明开路；若测得电阻为几百欧左右，则正常。

2. 用万用表判断动合、动断触点对。

交流接触器有主、辅触点之分，用万用表判断动合、动断触点对。

表 6-16　接触器触点电阻及线圈电阻测量值

序号	测量项目		触点电阻阻值		备　注
			接通	断开	
1	通断电阻阻值	A			
2		B			
3		C			
4	绝缘电阻	A—B			
5		B—C			
6		C—A			
7	线圈电阻				

注：A、B、C 为接触器的触点。

提示：用万用表(电阻“R×100”挡)两表笔接触任意两触点的接线柱，若指针不动，则可能是动合触点；若指针为零，则可能是动断触点。再进一步对接触器做动态模拟检测，将两表笔接触任意一对触点的接线柱，此时指针不动，当按动机械按键，模拟接触器通电时，表笔随即指向零，可确定这对触点是动合触点；当按动机械按键，模拟接触器通电时，表针随即指向无穷大，可确认这对触点是动断触点。

七、评分标准

评分标准见表 6-17。

表 6-17　交流接触器拆装与检修评分标准

序号	考核内容	评分要素	配分	评分标准	得分
1	正确拆卸部件	(1) 拆卸步骤正确 (2) 工具使用正确	20	(1) 拆装顺序不合理，每处扣 5 分 (2) 拆装过程器件本体有损坏，每处扣 5 分 (3) 丢失螺钉，一个扣 2 分 (4) 掉落元件，每次扣 1 分 (5) 安装完成后，操作不灵活，扣 5 分 (6) 安装后有响声，扣 5 分	
2	拆装表填写	(1) 正确填写拆装表 (2) 作用清楚明了	30	(1) 少填写一项扣 2 分 (2) 填写不清楚，每项扣 1 分	
3	触点电阻测量	(1) 正确使用仪表 (2) 正确测量，读数准确	30	(1) 万用表没有机械调零，扣 2 分 (2) 选择量程挡位不合适，扣 2 分 (3) 操作方法不正确，扣 2 分 (4) 没有检查兆欧表是否正常，扣 5 分 (5) 兆欧表摇动手柄速度不是 120 r/min，每次扣 2 分 (6) 兆欧表接线不正确，扣 5 分	
4	型号说明	(1) 能说出主要性能参数 (2) 能说出线圈的工作电压	10	(1) 额定工作电压值不正确，扣 5 分 (2) 额定工作电流值不正确，扣 5 分 (3) 吸引线圈的额定工作电压不正确，扣 5 分	
5	安全生产	(1) 工具使用 (2) 仪表使用 (3) 器件拆装 (4) 安全操作规程	10	(1) 工具使用正确，无损坏 (2) 仪表使用正确，无损坏 (3) 器件拆装完好，可投入使用 (4) 按规程操作，无违纪行为 出现以上问题，本项不得分	
日期：　　　年　　月　　日			教师签名：		

本章小结

低压电器是电力拖动控制系统的基本组成元件，控制系统的可靠性、先进性、经济性与所用的低压电器有着直接的关系。熟悉常用控制电器的用途、结构、工作原理、选用及图形文字符号，为进一步学习电气控制线路的基本原理及其应用奠定坚实的基础。常用低压电器总结见表 6-18。

表 6-18　常用低压电器总结

器件名称	电路中的作用	动作特征	选用原则
接触器	低压控制电器，用来频繁接通和断开交直流主回路和大电容控制电路。主要用于控制电动机	1. 电磁线圈通电后：动断触点断开，动合触点闭合。 2. 线圈断电时：动断触点闭合，动合触点断开	1. 额定电压 (1) 主触点的额定电压应等于负载的额定电压。 (2) 电磁线圈的额定电压等于控制回路的电源电压。 2. 额定电流 主触点的额定电流应等于或稍大于负载的额定电流。

续 表

器件名称	电路中的作用	动作特征	选用原则
接触器			注：一般交流负载用交流接触器，直流负载用直流接触器，但对于频繁动作的交流负载可选用带直流电磁线圈的交流接触器。 3. 触点数目 接触器的触点数目应能满足控制线路的要求。 4. 额定操作频率
热继电器	主要用于交流电动机的过载保护、断相及电流不平衡运动的保护及其他电气设备发热状态的控制	当电动机过载时，双金属片弯曲位移增大，推动导板使动断触点断开，从而切断电动机控制电路以起到保护作用	根据电动机的额定电流确定其型号及热元件的额定电流等级：热继电器的整定电流等于或稍大于电动机的额定电流
时间继电器 通电延时	配合工艺要求，执行延时指令	1. 接收输入信号后延迟一定的时间，输出信号才发生变化。 2. 当输入信号消失后，输出延时复原	1. 对于延时要求不高和延时时间较短的，可选用空气阻尼式。 2. 当要求延时精度较高、延时时间较长时可选用晶体管式或数字式。 3. 在电源电压波动较大的场合，采用空气阻尼式较好，但它对温度变化的要求更为严格。 总之，选用时要考虑延时范围，精确度，控制系统对可靠性、经济性、工艺安装尺寸等的要求
时间继电器 断电延时		1. 接收输入信号时瞬间产生相应的输出信号。 2. 当输入信号消失后，延时一定的时间，输出才复原	
速度继电器	主要用于笼型异步电动机的反接制动控制	1. 当电动机转动时，速度继电器的转子随之转动，定子偏摆转动通过定子柄拨动触点，使动断触点断开，动合触点闭合。 2. 当电动机转速下降到接近零时，定子柄在弹簧力的作用下恢复原位，动断触点闭合，动合触点断开	速度继电器应根据电动机的额定转速进行选择
熔断器	短路保护	当电路发生短路故障时，熔体被瞬间熔断而分断电路从而起到保护作用	1. 熔断器的类型选择 根据线路的要求、使用场合和安装条件选择熔断器。 2. 熔断器额定电压的选择 应大于或等于线路的工作电压。 3. 熔断器额定电流的选择 必须大于或等于所装熔体的额定电流。 4. 熔体额定电流的选择 (1) 对于电炉、照明等电阻性负载的短路保护，熔体的额定电流等于或稍大于电路的工作电流。 (2) 一般后一等级熔体的额定电流比前一级熔体的额定电流至少大一个等级，以防止熔断器越级熔断而扩大停电范围。 (3) 考虑电动机受起动电流的冲击

续　表

<table>
<tr><th colspan="2">器件名称</th><th>电路中的作用</th><th>动作特征</th><th>选用原则</th></tr>
<tr><td colspan="2">低压断路器</td><td>手动开关；自动进行欠电压、失电压、过载和短路保护</td><td>1. 当电路短路或严重过载时，过电流脱扣器的衔铁（正常是断开的）吸合，使自由脱扣机构动作，主触点断开主电路。
2. 当电路过载时，热脱扣器的热元件发热使双金属片向上弯曲，推动自由脱扣机构动作。
3. 当电路欠电压时，欠电压脱扣器的衔铁（正常是吸合的）释放，使自由脱扣机构动作。
4. 如需远距离控制，按下起动按钮，使分励脱扣器线圈通电（正常工作时线圈是断电的），衔铁吸合带动自由脱扣机构动作，使主触点断开</td><td>1. 断路器的额定电压和额定电流应大于或等于线路、设备的正常工作电压和工作电流。
2. 断路器的极限通断能力大于或等于电路最大短路电流。
3. 欠电压脱扣器的额定电压等于线路的额定电压。
4. 过电流脱扣器的额定电流大于或等于线路的最大负载电流</td></tr>
<tr><td rowspan="2">主令电器</td><td>控制按钮</td><td>手动发出控制信号</td><td>1. 起动按钮（绿帽）：手指按下时动合触点闭合；手指松开，动合触点复位。
2. 停止按钮（红帽）：手指按下时动断触点断开；手指松开，动断触点复位。
3. 复合按钮：手指按下时，先断开动断触点再闭合动合触点；手指松开，动合触点和动断触点先后复位</td><td>按钮类型选用应根据使用场合和具体用途确定</td></tr>
<tr><td>行程开关</td><td>利用运动部件的行程位置实现控制，常用于自动往返的生产机械中</td><td>原理同上，但是利用运动部件上的挡块碰压而使触点动作</td><td>行程开关额定电压与额定电流根据控制电路的电压与电流选用。
行程开关选用时根据使用场合和控制对象确定行程开关种类</td></tr>
</table>

习　题　6

一、单选题

1. 低压断路器的瞬时动作电磁式过电流脱扣器的作用是（　　）。

A. 短路保护　　B. 过载保护　　C. 漏电保护　　D. 缺相保护

2. 选用交流接触器应全面考虑（　　）的要求。

A. 额定电流、额定电压、吸引线圈电压、辅助触点数量

B. 额定电流、额定电压、吸引线圈电压

C. 额定电流、额定电压、辅助触点数量

D. 额定电压、吸引线圈电压、辅助触点数量

3. 当负荷电流达到熔断器熔体的额定电流时，熔体将(　　)。

A. 立即熔断　　B. 长延时后熔断

C. 短延时后熔断　　D. 不会熔断

4. 低压断路器的开断电流应(　　)短路电流。

A. 大于安装地点的最小　　B. 小于安装地点的最小

C. 大于安装地点的最大　　D. 小于安装地点的最大

5. 用接触器控制一台 10 kW 三相异步电动机时，宜选用额定电流(　　)A 的交流接触器。

A. 10　　B. 20　　C. 40　　D. 100

6. 刀开关正确的安装方位在合闸后操作手柄向(　　)。

A. 上　　B. 下　　C. 左　　D. 右

7. 热继电器的动作电流整定值是可以调节的，调节范围是热元件额定电流的(　　)。

A. 50%～60%　　B. 60%～100%

C. 50%～150%　　D. 100%～200%

8. 热继电器的动作时间随着电流的增大而(　　)。

A. 急剧延长　　B. 缓慢延长

C. 缩短　　D. 保持不变

9. 铁壳开关属于(　　)。

A. 断路器　　B. 接触器　　C. 刀开关　　D. 主令电器

10. 用低压刀开关控制笼型异步电动机时，开关额定电流不应小于电动机额定电流的(　　)倍。

A. 1.5　　B. 2　　C. 2.5　　D. 3

11. 低压电器一般是指交流额定电压(　　)及以下的电器。

A. 36 V　　B. 220 V　　C. 380 V　　D. 1 200 V

12. 有填料封闭管式熔断器属于(　　)熔断器。

A. 开启式　　B. 防护式　　C. 封闭式　　D. 纤维管式

13. 热继电器的感应元件是(　　)。

A. 电磁机构　　B. 易熔元件　　C. 双金属片　　D. 控制触点

14. 热继电器属于(　　)电器。

A. 主令　　B. 开关　　C. 保护　　D. 控制

15. 一般场所下使用的剩余电流保护装置，作为人身直接触电保护时，其额定漏电动作电流和额定漏电动作时间分别应为(　　)。

A. 0，2 s　　B. 50 mA，0.1 s

C. 30 mA，0.2 s　　D. 30 mA，0.1 s

16. 交流接触器本身可兼作(　　)保护。

A. 缺相　　B. 失压　　C. 短路　　D. 过载

17. 热继电器在电路中主要用于(　　)保护。

A. 过载　　B. 短路　　C. 失压　　D. 漏电

18. 对于无冲击电流的电路,如能正确选用低压熔断器熔体的额定电流,则熔断器具有(　　)保护功能。

A. 短路　　B. 过载　　C. 短路及过载　　D. 失压

19. 行程开关属于(　　)电器。

A. 主令　　B. 开关　　C. 保护　　D. 控制

20. 低压熔断器主要用于(　　)保护。

A. 雷击　　B. 过电压　　C. 欠电压　　D. 短路

21. 无选择性切断电路的保护电器一般用于(　　)的负荷。

A. 重要　　B. 供电可靠性要求高

C. 供电连续性要求高　　D. 不重要

22. 接触器的通断能力应当是(　　)。

A. 能切断和通过短路电流

B. 不能切断和通过短路电流

C. 不能切断短路电流,能通过短路电流

D. 能切断短路电流,不能通过短路电流

23. 对于频繁起动的异步电动机,应当选用的控制电器是(　　)。

A. 铁壳开关　　B. 低压断路器　　C. 接触器　　D. 转换开关

24. 与热继电器相比,熔断器的动作延时(　　)。

A. 短得多　　B. 差不多　　C. 长一些　　D. 长得多

二、简答题

1. 什么是低压电器？分为哪两大类？常用低压电器有哪些？

2. 自动空气开关有何特点？

3. 什么是接触器？接触器由哪几部分组成？各自的作用是什么？

4. 交流接触器的短路环断开会出现什么故障现象,为什么？

5. 交流电磁线圈误接入直流电源,或直流电磁线圈误接入交流电源,将发生什么问题,为什么？

6. 为什么热继电器只能作电动机的过载保护而不能作短路保护？

7. 试举出两种不频繁地手动接通和分断电路的开关电器。

8. 交流接触器和直流接触器是以什么来定义的？它们在结构上有何区别，为什么？

9. 试举出组成继电器-接触器控制电路的两种电气元件。

10. 控制电器的基本功能是什么？

11. 电磁式继电器与电磁式接触器的区别是什么？

12. 交流接触器频繁操作后线圈为什么会过热？其衔铁卡住后会出现什么后果？

13. 空气阻尼式时间继电器的延时原理是什么？如何调节延时的长短？

14. 热继电器在电路中的作用是什么？

15. 熔断器在电路中的作用是什么？

16. 低压断路器在电路中可以起到哪些保护作用？说明各种保护作用的工作原理。

17. 画出下列电气元件的图形符号，并标出其文字符号。

(1) 熔断器；

(2) 热继电器的动断触点；

(3) 复合按钮；

(4) 时间继电器的通电延时动合触点；

(5) 时间继电器的通电延时动断触点；

(6) 热继电器的热元件；

(7) 时间继电器的断电延时动断触点；

(8) 时间继电器的断电延时动合触点；

(9) 接触器的线圈；

(10) 时间继电器的瞬时闭合动合触点；

(11) 通电延时时间继电器的线圈；

(12) 断电延时时间继电器的线圈。

18. 刀开关在安装时，为什么不得倒装？如果将电源线接在触刀下端，有什么问题？

DIANGONG JICHU

第7章 基本电气控制单元线路

学习目标

- 了解电气控制的基本知识；
- 掌握三相异步电动机的起/停、点动/长动控制线路的原理、安装和调试；
- 掌握三相异步电动机的正反转控制线路的原理、安装和调试；
- 掌握三相异步电动机顺序控制线路的原理、安装和调试；
- 掌握三相异步电动机时间控制线路的原理、安装和调试；
- 掌握根据电气原理图绘制安装接线图的方法；
- 掌握检查和测试电气元件的方法；
- 强化安全生产、节能环保意识，形成规范操作与安全文明生产的意识；
- 养成严谨、求是、务实的职业精神；
- 养成良好的职业素养、敬业精神和团队合作精神；
- 树立大局意识和全局意识。

7.1 电气控制系统图的绘制规则和常用符号

7.1.1 电气控制系统图的分类

电气控制系统是由许多电气元件和导线按照一定要求连接而成的。为了表达生产机械电气控制系统的结构、原理等设计意图，同时也为了便于电气元件的安装、接线、运行、维护，需将电气控制系统中各电气元件的连接用一定的图形表示出来，这种图就是电气控制系统图。

电气控制系统图的种类有电路图、接线图、布置图等。

1. 电路图

电路图是根据生产机械运动形式对电气控制系统的要求，采用国家统一规定的电气图形符号和文字符号，按照电气设备的工作顺序，详细表示电路、设备或成套装置的全部基本组成和连接关系的一种简图。

2. 接线图

接线图是根据电气设备和电气元件的实际位置和安装情况绘制的，用来表示电气设备和电气元件的位置、配线方式和接线方式的图形。主要用于安装接线、线路的检查维修和故障处理。

3. 布置图

布置图是根据电气元件在控制板上的实际安装位置，采用简化的外形符号（如正方形、矩形、圆形等）绘制的一种简图。它不表达电器的具体结构、作用、接线情况以及工作原理，主要用于电气元件的布置和安装。图中各电器的文字符号必须与电路图和接线图的标注相一致。

一般的情况下，电器布置图是与电器安装接线图组合在一起使用的，既起到电器安装接线图的作用，又能清晰表示出所使用的电器的实际安装位置。

7.1.2 绘制与识读电路图时应遵循的原则

下面以图 7-1 所示的 CW6132 型车床电气原理图为例介绍电路图的绘制原则、方法以及注意事项。

① 电路图一般分电源电路、主电路和辅助电路三部分进行绘制。

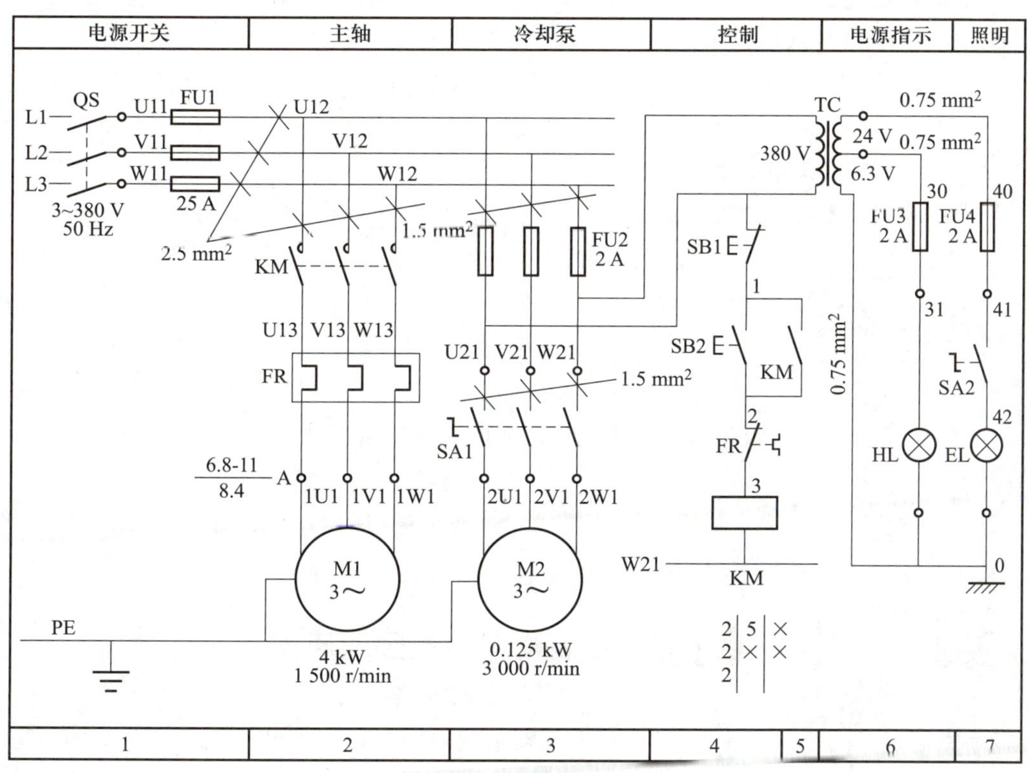

图 7-1　CW6132 型车床电气原理图

② 电路图中，各电器的触点位置都按电路未通电或电器未受外力作用时的常态位置画出。分析原理，应从触点的常态位置出发。

③ 电路图中，不画电气元件的实际外形图，而采用国家统一规定的电气图形符号。

④ 电路图中，同一电器的各元器件不按实际位置画在一起，而是按其在线路中所起作用分别绘制在不同电路中，但动作是互相关联的，因此必须标注相同的文字符号。相同的电器可以在文字符号后面加注不同的数字，以示区别，如 KM1、KM2 等。

⑤ 画电路图时，应尽可能减少线条和避免线条交叉。对有电联系的交叉导线连接点，要用小黑圆点表示；无电联系的交叉导线则不画小黑圆点。

⑥ 电路图采用电路编号法，即对电路中各个接点用字母或数字编号。

⑦ 在原理图的上方，将图分成若干图区，标明该区电路的用途与作用。原理图下方的数字是图区编号，便于检索电气线路，方便阅读和分析。

⑧ 在电气原理图的下方附图表示接触器和继电器的线圈与触点的从属关系。在接触器和继电器的线圈的下方给出相应的文字符号，文字符号的下方要标注其触点的位置的索引代号，对未使用的触点用“×”表示，如

KM				KA	
4	6	×		9	×
4	×	×		13	×
4				×	×
				×	×

对于接触器，左栏表示主触点所在的图区号，中栏表示辅助动合触点所在的图区号，右栏表示辅助动断触点所在的图区号。

对于继电器，左栏表示动合触点所在的图区号，右栏表示动断触点所在的图区号。

7.1.3 线号的标注原则和方法

仍以图 7-1 为例介绍线号的标注原则和方法。

① 主电路在电源开关的出线端按相序依次编号为 U11、V11、W11。然后按从上至下、从左至右的顺序，每经过一个电气元件后，编号要递增，如 U12、V12、W12；U13、V13、W13…单台三相交流电动机（或设备）的三根引出线按相序依次编号为 U、V、W。对于多台电动机引出线的编号，为了不致引起误解和混淆，可在字母前用不同的数字加以区别，如 1U、1V、1W；2U、2V、2W 等。

② 辅助电路编号按“等电位”原则从上至下、从左至右的顺序用数字依次编号。每经过一个电气元件后，编号要依次递增。

微视频 绘制电器布置图的原则

7.1.4 绘制电器布置图的原则

布置图的绘制原则、方法以及注意事项：

① 体积大和较重的电气元件应安装在电器安装板的下方，而发热元件应安装在电器安装板的上方。

② 强电、弱电应分开，弱电应屏蔽，防止外界干扰。

③ 需要经常维护、检修、调整的电气元件安装位置不宜过高或过低。

④ 电气元件的布置应考虑整齐、美观、对称。外形尺寸与结构类似的电器安装在一起，以利安装和配线。

⑤ 电气元件布置不宜过密，应留有一定间距。如用走线槽，应加大各排电器间距，以利布线和维修。

图 7-2 为 CW6132 型普通车床的电气元件布置图。

图 7-2　CW6132 型普通车床的电气元件布置图

7.1.5 绘制与识读接线图的原则

安装接线图主要用于电器的安装接线、线路检查、线路维修和故障处理，通常接线图与电气原理图和元件布置图一起使用。图 7-3 为 CW6132 型普通车床的互连接线图。

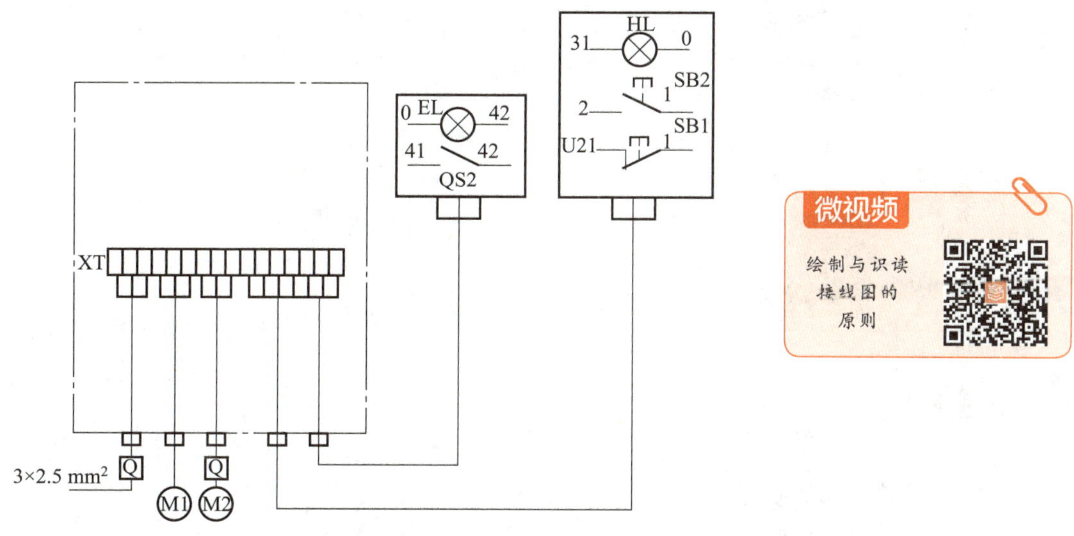

图 7-3　CW6132 型普通车床的互连接线图

接线图的绘制、识读原则：

(1) 接线图中一般示出以下内容：电气设备和电气元件的相对位置、文字符号、端子号、导线号、导线类型、导线截面积、屏蔽和导线绞合等。

(2) 所有的电气设备和电气元件都按其所在的实际位置绘制在图纸上，且同一电器的各元件根据其实际结构，使用与电路图相同的图形符号画在一起，并用点画线框上，文字符号以及接线端子的编号应与电路图的标注一致，以便对照检查线路。

(3) 接线图中的导线有单根导线、导线组、电缆等之分,可用连续线和中断线来表示。走向相同的可以合并,用线束来表示,到达接线端子或电气元件的连接点时再分别画出。另外,导线及管子的型号、根数和规格应标注清楚。

7.2 基本电气控制单元线路

任何复杂的控制线路,都是由一些基本控制线路构成的,就像搭积木游戏一样,可以通过基本的几何图形,组合成各种复杂的图案。基本的电气控制单元线路包括点动控制线路,连续运行控制线路,点动与长动结合的控制线路,正、反转控制线路,位置控制线路,顺序联锁控制线路,多点控制线路,时间控制线路等。下面逐一进行介绍。

7.2.1 点动控制线路

1. 点动正转控制线路的工作原理

图 7-4 所示是电动机点动控制线路的原理图,由主电路和控制电路两部分组成。

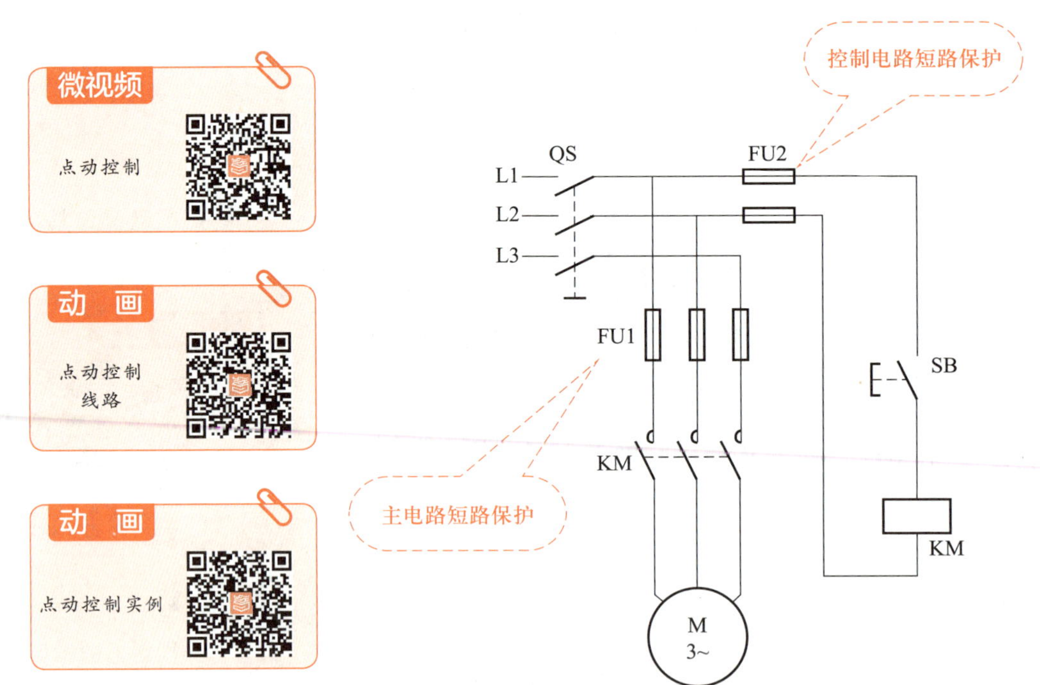

图 7-4 电动机点动控制线路的原理图

主电路由刀开关 QS、熔断器 FU1、交流接触器 KM 的主触点和笼型电动机 M 组成,控制电路由熔断器 FU2、点动按钮 SB 和交流接触器线圈 KM 组成。

主电路中刀开关 QS 为电源开关,起隔离电源的作用;熔断器 FU1 对主电路进行短路保护。由于点动控制,电动机运行时间短,有操作人员在近处监视,所以一般不设过载保护环节。

线路的工作过程如下：

起动过程：先合上刀开关 QS→按下起动按钮 SB→接触器 KM 线圈通电→KM 主触点闭合→电动机 M 通电直接起动。

停机过程：松开 SB→KM 线圈断电→KM 主触点断开→M 停电停转。

按下按钮，电动机转动，松开按钮，电动机停转，这种控制叫点动控制，它能实现电动机短时转动，常用于机床的对刀调整和电动葫芦等。

2. 点动控制线路的安装接线

点动控制线路安装接线图如图 7-5 所示。

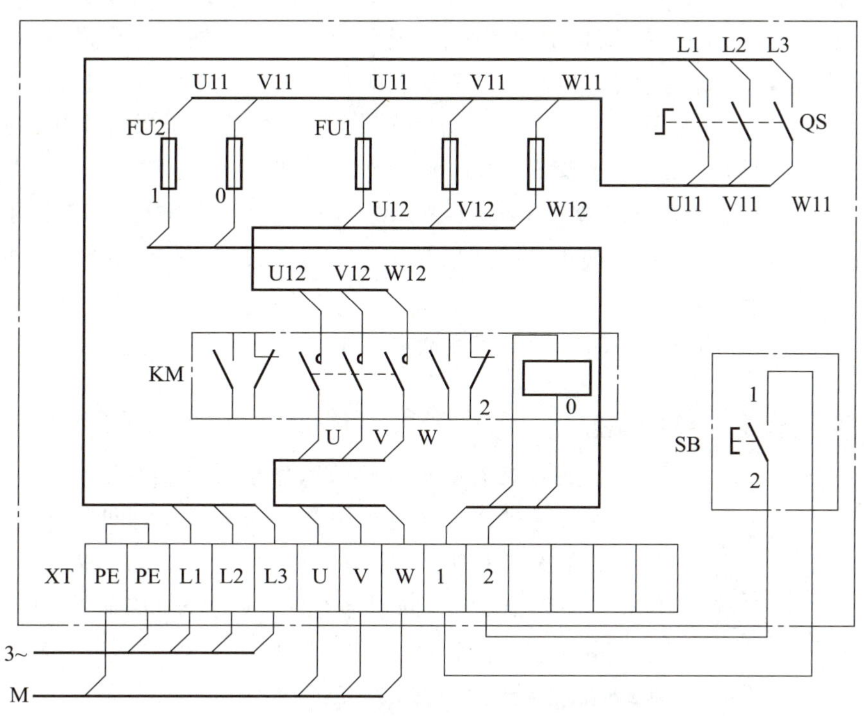

图 7-5　点动控制线路安装接线图

(1) 所需元件和工具

木质控制板一块，电工常用工具一套，交流接触器、熔断器、电源隔离开关、按钮、接线端子排、三相交流电动机、万用表、导线、号码管等。

(2) 接线步骤

① 画出电路图，分析工作原理，并按规定标注线号。

② 列出元件明细表，并进行检测，将元件的型号、规格、质量检查结果及有关测量值记入点动控制线路元件明细表中。检查内容有：电源开关的接触情况；拆下接触器的灭弧罩，检查相间隔板；检查各主触点表面情况；按压触点架观察动触点（包括电磁机构的衔铁、复位弹簧）的动作是否灵活；检查接触器电磁线圈的电压与电源电压是否相符，用万用表测量电磁线圈的通断，并记下直流电阻值；测量、记录电动机每相绕组的直流电阻值。检查中发现异常应检修或更换元器件。

③ 在配电板上布置元件,并画出元件安装布置图及接线图。绘制安装接线图时,将电气元件的符号画在规定的位置,对照原理图的线号标出各端子的编号。点动按钮 SB(使用 LA4 系列按钮盒)和电动机 M 在安装板外,通过接线端子排 XT 与安装底板上的电器连接。控制板上的各元件的安装位置应整齐、间距合理,便于检修。

④ 按照接线图规定的位置定位打孔,将电气元件固定牢靠。注意 FU1 中间一相熔断器和 KM 中间一极触点的接线端子成一直线,以保证主电路走线美观规整;开关、熔断器的受电端子应安装在控制板的外侧,若采用螺旋式熔断器,电源进线应接在螺旋式熔断器的底座中心端上,出线应接在螺纹外壳上。

⑤ 按电路图的编号在各元件和连接线两端做好编号标志。按图接线,板前明线接线时注意:控制板上的走线应平整,变换走向应垂直,避免交叉。转角处要弯成慢直角,控制板至电动机的连接导线要穿软管保护,电动机外壳要安装接地线。走线时应注意:走线通道应尽可能少,同一通道中的沉底导线应按主电路分类集中,贴紧敷面单层平行密排;同一平面的导线应高低一致或前后一致,不能交叉,当必须交叉时,该根导线应在接线端子引出时合理地水平跨越。导线与接线端子连接时,应不压绝缘层,不反圈,不露铜过长,要拧紧接线柱上的压紧螺钉;一个电气元件接线端子上的连接导线不得超过两根,每节接线端子板上的连接导线一般只允许连接一根。

⑥ 检查线路并在测量电路的绝缘电阻后通电试车。

7.2.2 连续运行控制线路

1. 连续运行控制线路的工作原理

在实际生产中往往要求电动机实现长时间连续转动,即长动控制。如图 7-6 所示,主电路由刀开关 QS、熔断器 FU1、接触器 KM 的主触点、热继电器 FR 的发热元件和电动机 M 组成,控制电路由停止按钮 SB2、起动按钮 SB1、接触器 KM 的辅助动合触点和线圈、热继电器 FR 的动断触点组成。

(1) 工作过程

起动:合上刀开关 QS→按下起动按钮 SB1→接触器 KM 线圈通电→KM 主触点闭合和辅助动合触点闭合→电动机 M 接通电源运转;利用接通的 KM 辅助动合触点自锁(松开 SB1 后),电动机 M 连续运转。

停机:按下停止按钮 SB2→KM 线圈断电→KM 主触点和辅助动合触点断开→电动机 M 断电停转。

在电动机连续运行的控制线路中,当松开起动按钮 SB1 后,接触器 KM 的线圈通过其辅助动合触点的闭合仍继续保持通电,从而保证电动机的连续运行。这种依靠接触器自身辅助动合触点的闭合而使线圈保持通电的控制方式,称自锁或自保。起到自锁作用的辅助动合触点称自锁触点。

(2) 线路中设有的保护环节

短路保护:短路时熔断器的熔体熔断而切断电路起保护作用。

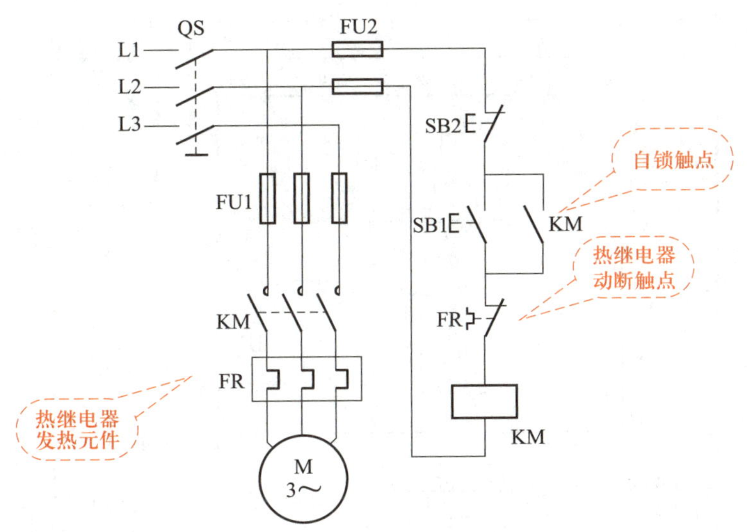

图 7-6　起动、自锁、停机控制线路

电动机长期过载保护：采用热继电器 FR，由于热继电器的热惯性较大，即使发热元件流过几倍于额定值的电流，热继电器也不会立即动作。因此在电动机起动时间不太长的情况下，热继电器不会动作，只有在电动机长期过载时，热继电器才会动作，其动断触点断开使控制线路断电，从而使 KM 主触点断开，起到保护电动机的作用。

欠电压、失电压保护：通过接触器 KM 的自锁环节来实现。当电源电压由于某种原因而严重欠电压或失电压（如停电）时，接触器 KM 断电释放，电动机停止转动。当电源电压恢复正常时，接触器线圈不会自行通电，电动机也不会自行起动，只有在操作人员重新按下起动按钮后，电动机才能起动。

（3）本控制线路的优点

① 防止电源电压严重下降时电动机欠电压运行。

② 防止电源电压恢复时，电动机自行起动而造成设备和人身事故。

2. 连续运行控制线路的安装接线

连续运行控制线路安装接线图如图 7-7 所示。

（1）所需元件和工具

木质控制板一块，电工常用工具一套，交流接触器、热继电器、熔断器、电源隔离开关、按钮、接线端子排、三相交流电动机、万用表、导线、号码管等。

（2）接线步骤

① 画出连续运行控制线路电路图，分析工作原理，并按规定标注线号。

② 列出元件明细表，并进行检测，将元件的型号、规格、质量检查结果及有关测量值记入连续运行控制线路元件明细表中。检查内容有：电源开关的接触情况；拆下接触器的灭弧罩，检查相间隔板；检查各主触点表面情况；按压触点架观察动触点（包括电磁机构的衔铁、复位弹簧）的动作是否灵活；电磁线圈的电压值和电源电压是否相符，用万用表测量电磁线圈的通断，并记下直流电阻值；测量、记录电动机每相绕组的直流电阻值。记录停止按钮和起动按钮的颜色。检查中发现异常应检修或更换元器件。

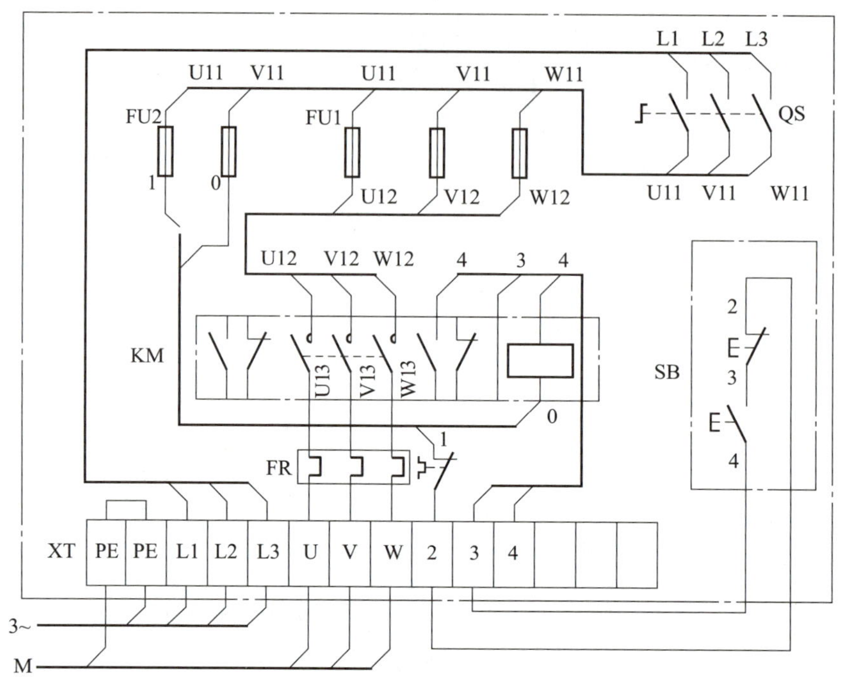

图 7-7 连续运行控制线路安装接线图

③ 在配电板上布置元件，并画出元件安装布置图及接线图。绘制安装接线图时，将电气元件的符号画在规定的位置，对照原理图的线号标出各端子的编号。注意热继电器应安装在其他发热电器的下方，整定电流装置的位置一般应安装在右边，以保证调整和复位时的安全方便。

④ 按照接线图规定的位置定位打孔，将电气元件固定牢靠。注意 FU1 中间一相熔断器和 KM 中间一极触点的接线端子成一直线，以保证主电路走线美观规整。

⑤ 按电路图的编号在各元件和连接线两端做好编号标志。按图接线，接线时注意：热继电器的发热元件要串联在主电路中，其动断触点接入控制线路，不可接错。热继电器接线的接点应紧密可靠，出线端的导线不应过粗或过细，以防止轴向导热过快或过慢，使热继电器动作不准确。接触器的自锁触点用动合触点，且要与起动按钮并联。

⑥ 检查线路并在测量电路的绝缘电阻后通电试车。热继电器的整定电流必须按电动机的额定电流自行调整，一般热继电器应置于手动复位的位置上，若需自动复位时，可将复位调节螺钉以顺时针方向向里旋足。电动机过载动作后，若需再次起动电动机，必须使热继电器复位，一般情况自动复位需 5 min，手动复位需 2 min。试车时先合 QS，再按起动按钮 SB1；停车时，先按停止按钮 SB2，再断开 QS。

微视频

点动与长动结合的控制

7.2.3 点动与长动结合的控制线路

在生产实践中，机床调整完毕后，需要连续进行切削加工，则要求电动机既能实现点动又能实现长动。控制线路如图 7-8 所示。

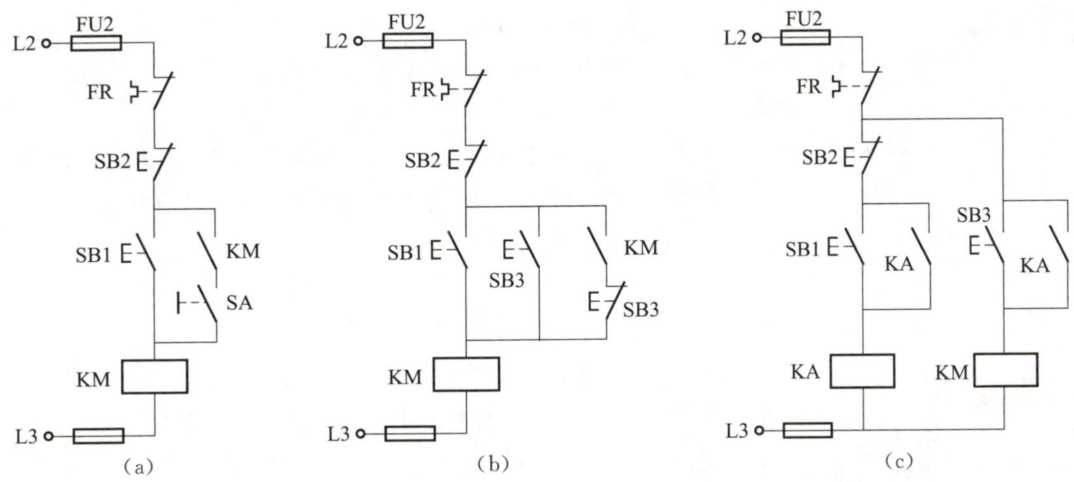

图 7-8 点动与长动结合的控制线路

图 7-8a 的线路比较简单，采用钮子开关 SA 实现控制。点动控制时，先把 SA 打开，断开自锁电路→按动 SB1→KM 线圈通电→电动机 M 点动；长动控制时，把 SA 合上→按动 SB1→KM 线圈通电，自锁触点起作用→电动机 M 实现长动。

图 7-8b 的线路采用复合按钮 SB3 实现控制。点动控制时，按动复合按钮 SB3，断开自锁回路→KM 线圈通电→电动机 M 点动；长动控制时，按动起动按钮 SB1→KM 线圈通电，自锁触点起作用→电动机 M 长动运行。此线路在点动控制时，若接触器 KM 的释放时间大于复合按钮的复位时间，则 SB3 松开时，SB3 动断触点已闭合但接触器 KM 的自锁触点尚未打开，会使自锁电路继续通电，则线路不能实现正常的点动控制。

图 7-8c 的线路采用中间继电器 KA 实现控制。点动控制时，按动起动按钮 SB3→KM 线圈通电→电动机 M 点动；长动控制时，按动起动按钮 SB1→中间继电器 KA 线圈通电并自锁→KM 线圈通电→M 实现长动。此线路多用了一个中间继电器，提高了工作可靠性。

7.2.4 正、反转控制线路

1. 正、反转控制线路的工作原理

在实际应用中，往往要求生产机械改变运动方向，如工作台前进、后退，电梯上升、下降等，这就要求电动机能实现正、反转。对于三相异步电动机来说，可通过两个接触器来改变电动机定子绕组的电源相序来实现。电动机正、反转控制线路如图 7-9 所示，接触器 KM1 为正向接触器，控制电动机 M 正转；接触器 KM2 为反向接触器，控制电动机 M 反转。

如图 7-9a 所示为无互锁控制线路，其工作过程如下：

正转控制：合上刀开关 QS→按下正向起动按钮 SB2→正向接触器 KM1 通电→KM1 主触点和自锁触点闭合→电动机 M 正转。

反转控制：合上刀开关 QS→按下反向起动按钮 SB3→反向接触器 KM2 通电→KM2 主触点和自锁触点闭合→电动机 M 反转。

停机：按停止按钮 SB1→KM1（或 KM2）断电→M 停转。

该控制线路缺点是若误操作会使 KM1 与 KM2 都通电，从而引起主电路电源短路，为此要求线路设置必要的互锁环节。

如图 7-9b 所示，将任何一个接触器的辅助动断触点串联接入对应的另一个接触器线圈电路中，则其中任何一个接触器先通电后，切断了另一个接触器的控制回路，即使按下相反方向的起动按钮，另一个接触器也无法通电，这种利用两个接触器的辅助动断触点互相控制的方式叫电气互锁。起互锁作用的动断触点叫互锁触点。另外，该线路只能实现“正→停→反”或者“反→停→正”控制，即必须按下停止按钮后，再反向或正向起动。这对需要频繁改变电动机运转方向的设备来说，是很不方便的。

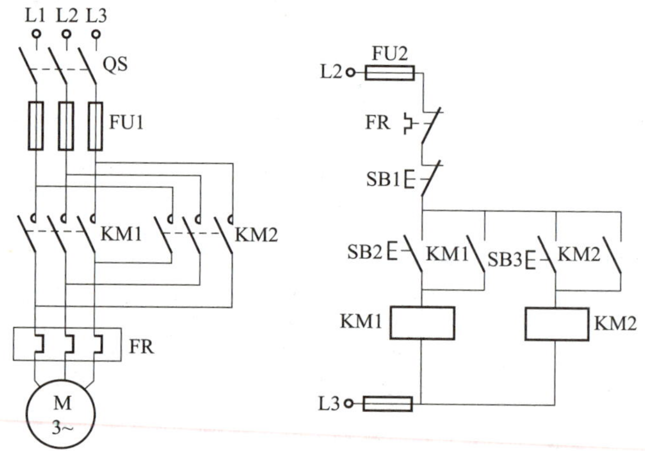

（a）无互锁控制线路

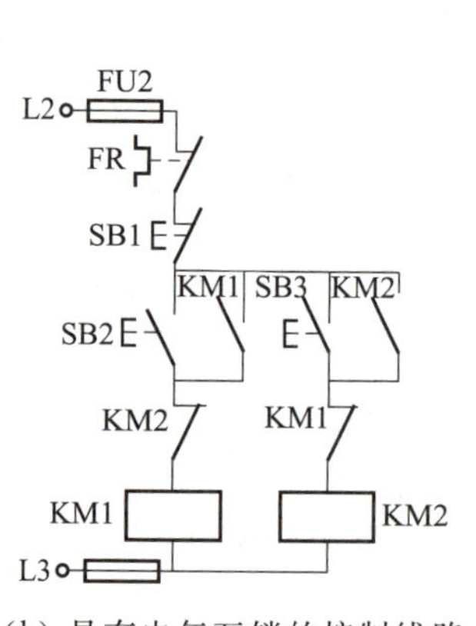

（b）具有电气互锁的控制线路

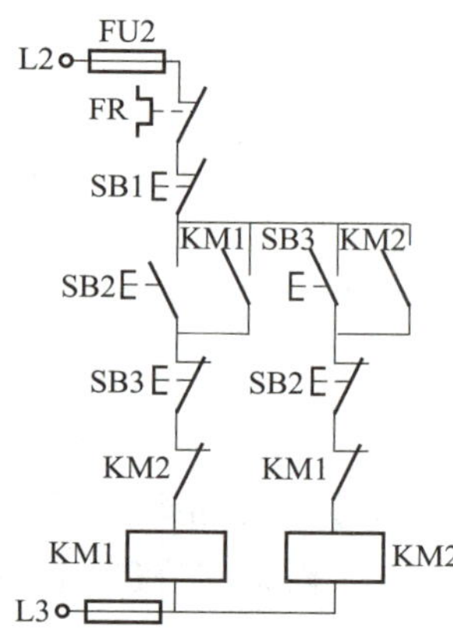

（c）具有复合互锁的控制线路

图 7-9　电动机正、反转控制线路

为了提高生产率，直接正、反向操作，利用复合按钮组成“正→反→停”或“反→正→停”的互锁控制。如图 7-9c 所示，复合按钮的动断触点同样起到互锁的作用，这样的互锁叫机械互锁。该线路既有接触器动断触点的电气互锁，也有复合按钮动断触点的机械互锁，即具有双重互锁。该线路操作方便，安全可靠，故应用广泛。

2. 正、反转控制线路的安装接线

(1) 所需元件和工具

木质控制板一块，电工常用工具一套，交流接触器、熔断器、热继电器、电源隔离开关、按钮、接线端子排、三相交流电动机、万用表、导线、号码管等。

(2) 接线步骤

① 画出按钮和接触器双重互锁电动机正、反转控制线路电路图，分析工作原理，并按规定标注线号。

② 列出元件明细表，并进行检测，将元件的型号、规格、质量检查结果及有关测量值记入按钮和接触器双重互锁电动机正、反转控制线路元件明细表中。

③ 在配电板上布置元件，并画出元件安装布置图及接线图。绘制安装接线图时，将电气元件的符号画在规定的位置，对照原理图的线号标出各端子的编号。按钮和电动机在安装板外，通过接线端子排 XT 与安装板上的电器连接。电动机必须安放平稳，以防止在可逆运转时产生滚动而引起事故，并将其金属外壳可靠接地。

④ 按照接线图规定的位置定位打孔，将电气元件固定牢靠。注意 FU1 中间一相熔断器和 KM 中间一极触点的接线端子成一直线，以保证主电路走线美观规整。

⑤ 按电路图的编号在各元件和连接线两端做好编号标志。按图接线，接线时注意互锁触点和按钮盒内的接线不能接错，否则将出现两相电源短路事故。

⑥ 检查线路并在测量电路的绝缘电阻后通电试车。先进行空操作试验再带负荷试车，操作 SB2、SB3、SB1 观察电动机正、反转及停车。操作过程中电动机正、反转操作的变换不宜过快和过于频繁。

7.2.5 位置控制线路

在机床电气设备中，有些是通过工作台自动往复循环工作的，例如龙门刨床的工作台前进、后退。电动机的正、反转是实现工作台自动往复循环的基本环节。自动往复循环控制线路示意图如图 7-10 所示。控制线路按照行程控制原则，利用生产机械运动的行程位置实现控制。

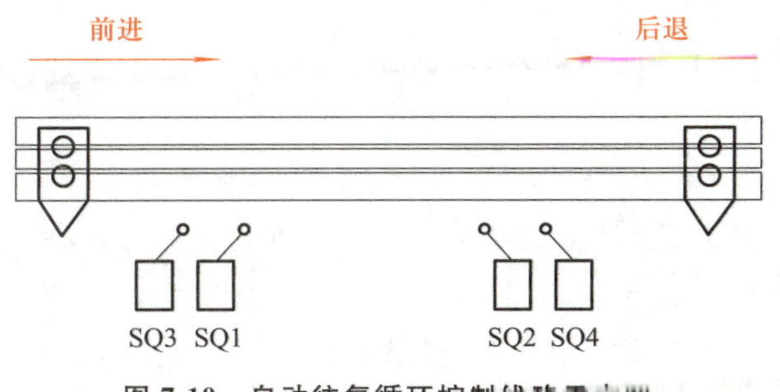

图 7-10　自动往复循环控制线路示意图

1. 自动往复循环控制线路的工作原理

自动往复循环控制线路原理图如图 7-11 所示。其工作过程如下：合上电源开关 QS→按下起动按钮 SB2→接触器 KM1 通电→电动机 M 正转→工作台向前→工作台前进到一定位置，撞块压动限位开关 SQ2→SQ2 动断触点断开→KM1 断电→电动机 M 停止正转，工作台停止向前。SQ2 动合触点闭合→KM2 通电→电动机 M 改变电源相序而反转，工作台向后→工作台后退到一定位置，撞块压动限位开关 SQ1→SQ1 动断触点断开→KM2 断电→M 停止后退。SQ1 动合触点闭合→KM1 通电→电动机 M 又正转，工作台又前进，如此往复循环工作，直至按下停止按钮SB1→KM1(或 KM2)断电→电动机停止转动。

另外，SQ3、SQ4 分别为反、正向终端保护限位开关，防止行程开关 SQ1、SQ2 失灵时造成工作台从机床上冲出的事故。

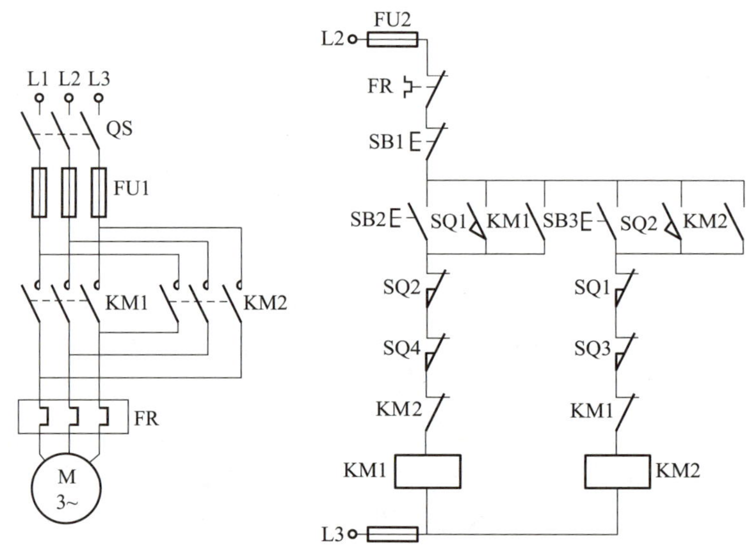

图 7-11 自动往复循环控制线路原理图

2. 自动往复循环控制线路的安装接线

自动往复循环控制线路安装接线图如图 7-12 所示。

(1) 所需元件和工具

木质控制板一块，电工常用工具一套，交流接触器、行程开关、熔断器、热继电器、电源隔离开关、按钮、接线端子排、三相交流电动机、万用表、导线、号码管等。

(2) 接线步骤

① 画出电动机带限位保护的自动往复循环控制线路电路图，分析工作原理，并按规定标注线号。

② 列出元件明细表，并进行检测，将元件的型号、规格、质量检查结果及有关测量值记入元件明细表中。特别注意检查行程开关的滚轮、传动部件和触点是否完好，操作滚轮看其动作是否灵活，用万用表测量其动合、动断触点的切换动作。

③ 在配电板上布置元件，并画出元件安装布置图及接线图。

④ 按照接线图规定的位置定位打孔，将电气元件固定牢靠。元件的固定位置与双重互

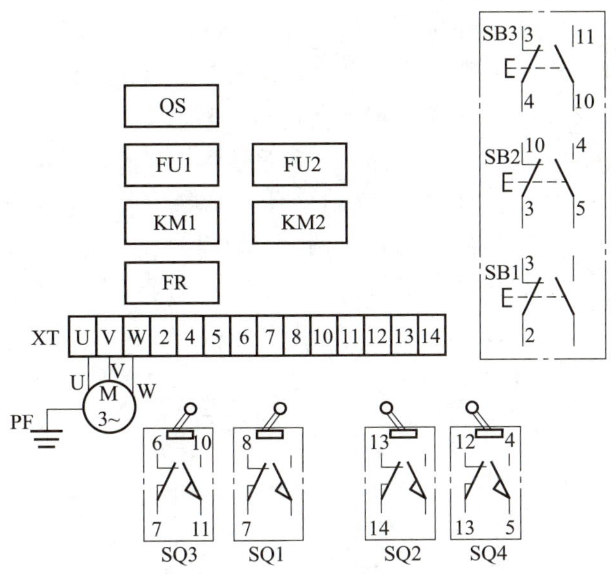

图 7-12　自动往复循环控制线路安装接线图

锁的正、反转控制线路的安装要求相同。按钮、行程开关和电动机安装在板外，通过接线端子排与安装底板上的电器连接。在设备规定的位置上安装行程开关，检查并调整挡块和行程开关滚轮的相对位置，保证动作准确可靠。

⑤ 按电路图的编号在各元件和连接线两端做好编号标志。按图接线，接线时注意互锁触点和按钮盒内的接线不能接错，否则将出现两相电源短路事故。

⑥ 检查线路并在测量电路的绝缘电阻后通电试车。试车时先进行空操作试验，用绝缘棒拨动限位开关的滑轮检查线路能否自动往返、限位保护是否起作用，然后再带负荷试车。

3. 常见的故障

① 运动部件的挡铁和行程开关滚轮的相对位置不对正，滚轮行程不够，造成行程开关动断触点不能分断，电动机不能停转。

故障现象是挡铁压下行程开关后，电动机不停车；检查接线没有错误，用万用表检查行程开关的动断触点的动作情况及和电路的连接情况均正常；在正、反转试验时，操作按钮 SB1、SB2、SB3 电路工作正常。

处理方法：用手摇动电动机轴，观察挡铁压下行程开关的情况。调整挡铁与行程开关的相对位置后，重新试车。

② 主电路接错，KM1、KM2 主触点接入线路时没有换相。

故障现象是电动机起动后设备运行，运动部件到达规定位置，挡块操作行程开关时接触器动作，但部件运动方向不改变，继续按原方向移动而不能返回；行程开关动作时两只接触器可以切换，表明行程控制作用及接触器线圈所在的辅助电路接线正确。

处理方法：改正主电路换相连线后重新试车。

7.2.6 顺序联锁控制线路

在生产机械中，往往有多台电动机，各电动机的作用不同，需要按一定顺序动作，才能保证整个工作过程的合理性和可靠性。

例如，X62W 型万能铣床上要求主轴电动机起动后，进给电动机才能起动；平面磨床中，要求砂轮电动机起动后，冷却泵电动机才能起动等。这种只有当一台电动机起动后，另一台电动机才允许起动的控制方式，称为电动机的顺序联锁控制。

动画

两台电动机顺序起动控制线路

1. 多台电动机先后顺序工作的控制线路

在生产实践中，有时要求一个拖动系统中多台电动机实现先后顺序工作。例如，机床中要求润滑电动机起动后，主轴电动机才能起动。图 7-13 所示为两台电动机顺序起动控制线路原理图。

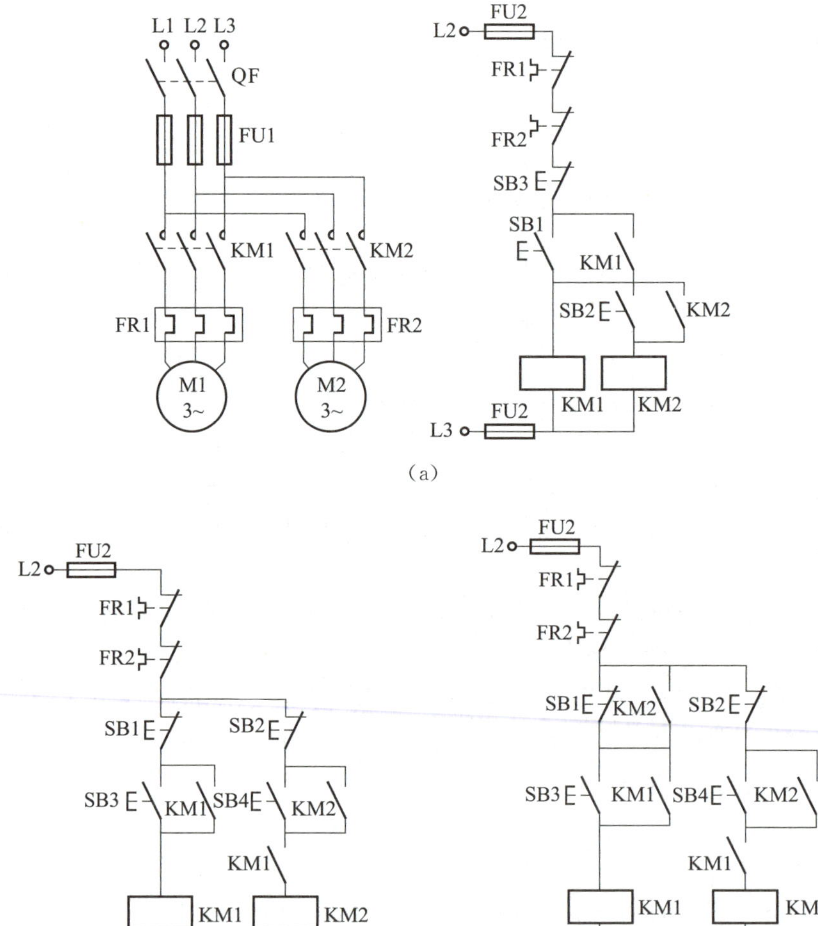

图 7-13 两台电动机顺序起动控制线路原理图

图 7-13a 中 KM1 的辅助动合触点起自锁和顺序控制的双重作用。

图 7-13b 中单独用一个 KM1 的辅助动合触点作顺序控制触点。

图 7-13c 实现 M1→M2 的顺序起动、M2→M1 的顺序停止控制。顺序停止控制分析：KM2 线圈断电，与 SB1 动断触点并联的 KM2 辅助动合触点断开后，SB1 才能起停止控制作

用，所以，停止顺序为 M2→M1。

电动机顺序控制的接线规律是：

① 要求接触器 KM1 动作后接触器 KM2 才能动作，则将接触器 KM1 的动合触点串接在接触器 KM2 的线圈电路中。

② 要求接触器 KM1 动作后接触器 KM2 不能动作，故将接触器 KM1 的辅助动断触点串接于接触器 KM2 的线圈电路中。

③ 要求接触器 KM2 停止后接触器 KM1 才能停止，则将接触器 KM2 的辅助动合触点并接在接触器 KM1 的停止按钮。

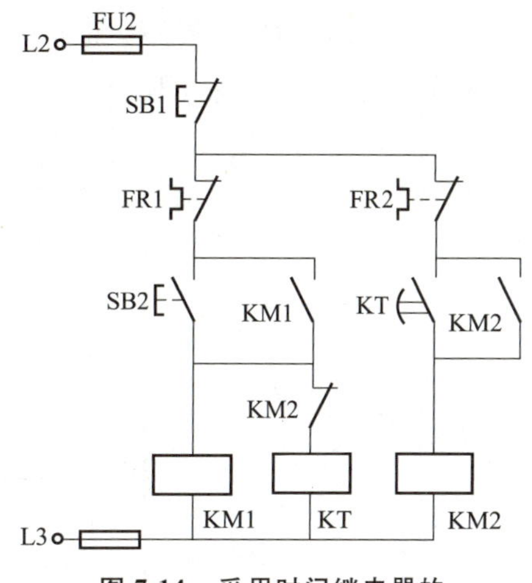

图 7-14　采用时间继电器的顺序起动控制线路

2. 利用时间继电器实现顺序起动的控制线路

图 7-14 所示是采用时间继电器的顺序起动控制线路。

线路要求电动机 M1 起动 t(s)后，电动机 M2 自动起动。可利用时间继电器的延时闭合动合触点来实现。

3. 顺序起停控制线路的安装

(1) 器材的准备

① 识读电动机顺序控制线路原理图，如图 7-13c 所示，熟悉控制线路所用电气元件的作用和控制线路的工作原理。

② 检查所用的电气元件的外观。

③ 用万用表、兆欧表检测所用电气元件及电动机的有关技术数据是否符合要求。

(2) 安装步骤

根据电气元件选配安装工具和控制板，工艺要求和安装步骤如下：

① 绘制布置图，如图 7-15 所示，在控制板上按布置图安装电气元件，并贴上醒目的文字符号。

② 按线槽布线工艺要求布线，并在导线上套上号码管。

③ 安装电动机及保护接地线。

④ 自检电路：

a. 按照图 7-13c 所示核查接线，有无错接、漏接、脱落、虚接等现象，检查导线与各端子的接线是否牢固。

b. 用万用表检查电路通断情况，用手动操作来模拟触点分合动作。

检查主电路：首先取下主电路熔体，用万用表分别测量熔断器下接线端子之间电阻，应均为断路($R\to\infty$)；若某次测量结果为短路($R\to 0$)，这说明所测两相之间的接线有短路现象，检查并排除故障。其次压下接触器 KM1，重复上述测量，测量结果应为短路($R\to 0$)；若某次测量结果为断路($R\to\infty$)，这说明所测两相之间的接线有断路现象，检查找出断路点并排除故障。

检查控制电路：首先取下控制电路熔体，用万用表测量熔断器下接线端子之间电阻，控制回路电路阻值应为无穷大，若测量结果为短路($R\to 0$)，说明控制电路存在短路故障，应检查并排除故障。然后按下按钮 SB3(或 SB4),测量控制电路电阻值,控制电路电阻值应为接触器线圈电阻,松开后电阻值无穷大,否则应检查电路,排除故障。

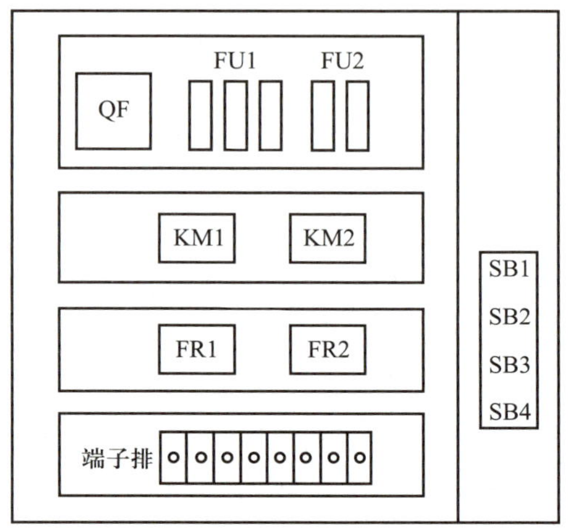

图 7-15　电气元件布置图

⑤ 通电试车。通过上述的各项检查,完全合格后,清点工具材料,清除安装板上的线头杂物,检查三相电源,将热继电器按照整定电流 9.6 A 整定好,在一人操作、另一人监护下通电试车,具体步骤如下。

a. 通电试车前,应熟悉线路的操作过程。

b. 试车时应注意观察电动机和电气元件的状态是否正常。若发现异常现象,应立即切断电源重新检查,排除故障。

c. 通电试车后,断开电源,拆除导线,整理工具材料和操作台。

4. 故障设置与检修训练

以顺序起动逆序停止控制线路为例,常见故障现象有:

(1) 电动机 M1、M2 均不能起动

可能的故障原因:

① 电源开关未接通:检查 QF,如果上口有电,下口没电,QF 存在故障,检修或更换;如果下口有电,QF 正常。

② 熔断器熔芯熔断:更换同规格熔芯。

③ 热继电器未复位:复位 FR 动断触点。

(2) 电动机 M1 起动后 M2 不能起动

可能的故障原因:

① KM2 线圈控制电路不通:检查 KM2 线圈电路导线有无脱落,若有脱落,恢复正常;检查 KM2 线圈是否损坏,如损坏则更换;检查 SB4 按钮是否正常,若不正常则修复或更换。

② KM1 辅助动合触点故障:检查 KM1 辅助动合触点是否闭合,不闭合,修复。

③ KM2 电源缺相或没电:检查 KM1 主触点以下至 M2 部分有无导线脱落,如有脱落则恢复;检查 KM2 主触点是否存在故障,若存在则修复或更换接触器。

④ M2 电动机烧坏:拆下 M2 电源线,检修电动机。

7.2.7 多点控制线路

文本
多点控制线路在电梯急停中的应用

多点控制分为多点起、停与多条件控制线路。

1. 大型设备的多点控制线路

大型设备的多点控制线路如图 7-16a 所示。

把起动按钮并联连接，停止按钮串联连接。分别装置在两个地方，可以实现两地操作。

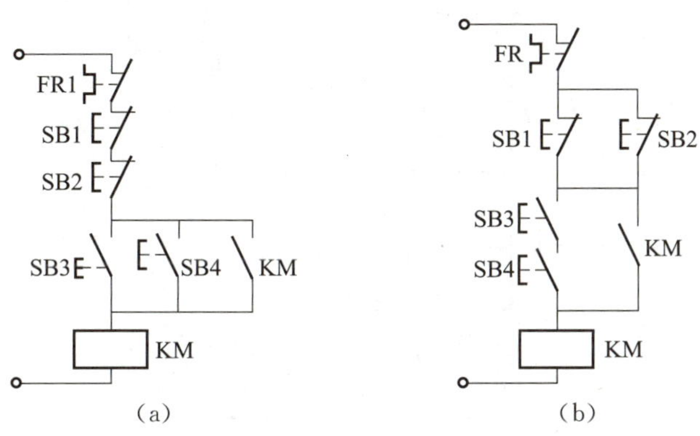

图 7-16　多点控制线路

2. 需要多按钮同时操作设备的控制线路

需要多按钮同时操作设备的控制线路如图 7-16b 所示。

安全操作：起动按钮串联、停止按钮并联。

3. 多点控制线路及检查试车

(1) 电路原理图

以两地点控制为例分析电动机多点控制线路原理，如图 7-17 所示。两地起动按钮 SB3、SB4 并联，两地停止按钮 SB1、SB2 串联。

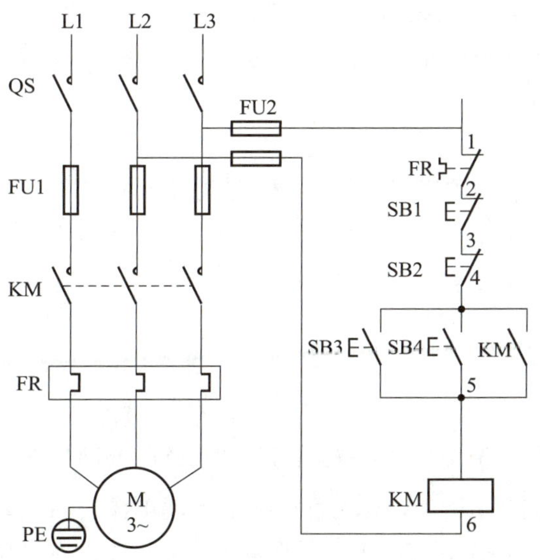

图 7-17　多点控制线路原理图

（2）接线

在原理图上，按规定标好线号，接线时选用两个按钮盒，并放置在接线端子排的两侧，经接线端子排连接。接线图如图 7-18 所示。

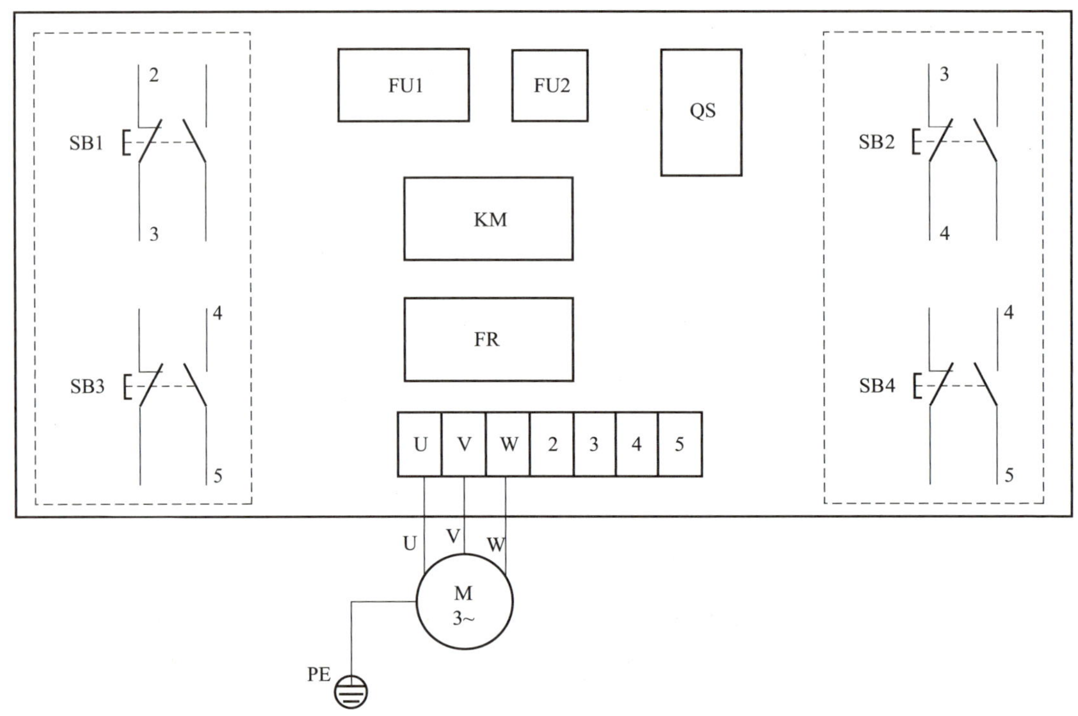

图 7-18　两地控制的控制线路接线图

（3）检查线路

接线完成后，先进行常规检查。对照原理图逐线核查。重点检查按钮的串并联的接线，防止错接。用手拨动各接线端子处接线，排除虚接故障。接着在断电的情况下，用万用表电阻挡（R×1）检查。断开 QS，摘下接触器灭弧罩。

然后检查主电路，再检查控制电路。

（4）通电试车

经检查无误后，通电试车。若操作中出现故障或没有实现控制要求，自行分析加以排除。

7.2.8　时间控制线路

1. 星形–三角形降压起动控制线路

星形–三角形降压起动控制线路是按时间原则实现控制的。起动时将电动机定子绕组成星形联结，加在电动机每相绕组上的电压为额定电压的$1/\sqrt{3}$，从而减小了起动电流。待起动后按预先整定的时间把电动机换成三角形联结，使电动机在额定电压下运行。控制线路如图 7-19 所示。

起动过程如下：合上空气开关 QS→按下起动按钮 SB2，接触器 KM 通电→KM 主触点闭合，M 接通电源，接触器 KMY 通电→KMY 主触点闭合，定子绕组成星形联结，M 减压起动；时间继电器 KT 通电延时 t(s)→KT 延时辅助动断触点断开，KMY 断电，KT 延时闭合动合触点闭合→KM△主触点闭合，定子绕组成三角形联结→M 加以额定电压正常运行→KM△辅助动断触点断开→KT 线圈断电。

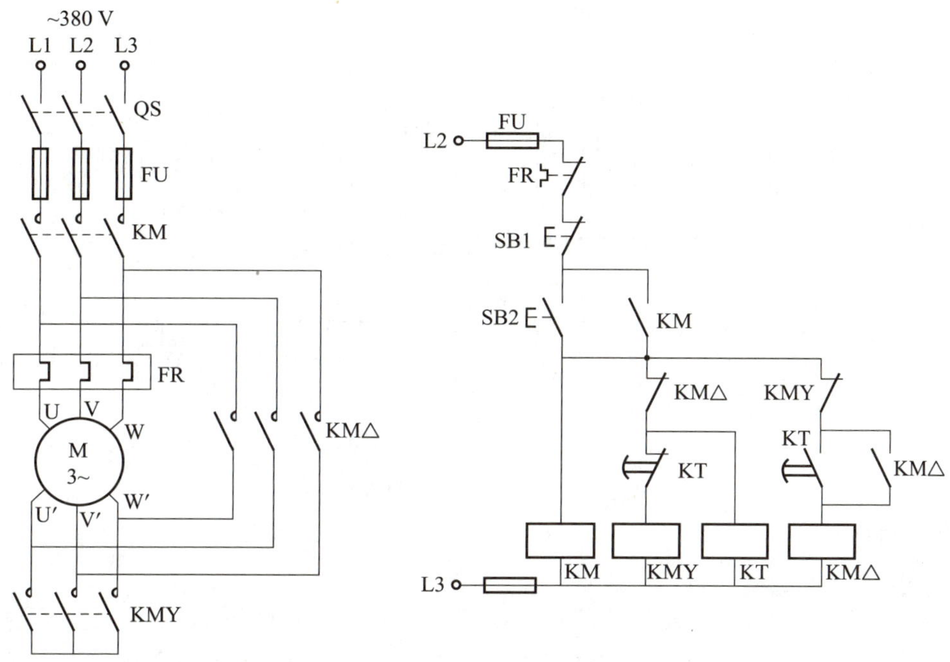

图 7-19　星形-三角形降压起动控制线路

该线路结构简单，缺点是起动转矩也相应下降为三角形联结的 1/3，转矩特性差。因而该线路适用于电网 380 V、额定电压 660 V/380 V（星形-三角形联结）的电动机轻载起动的场合。

2. 三条胶带运输系统

三条胶带运输系统是一种连续平移运输机械，常用于粮库、矿山等的生产流水线上，将粮食、矿石等从一个地方运到另一个地方。一般由多条胶带机组成，可以改变运输的方向和斜度。现以三条胶带运输系统为例按时间原则实现控制，图 7-20 所示是三条胶带运输机工作示意图。对于这三条胶带运输机的电气要求是：

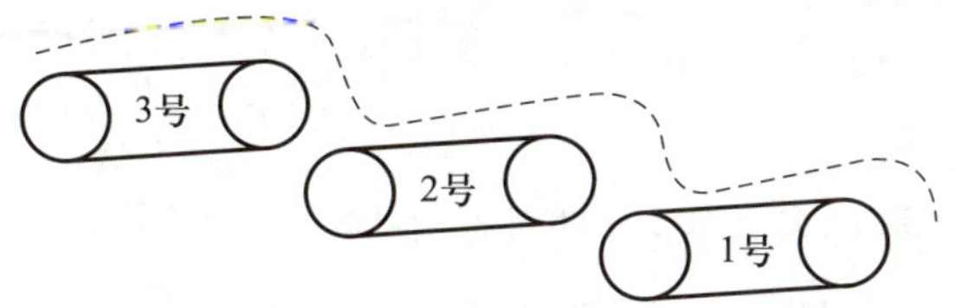

图 7-20　三条胶带运输机工作示意图

① 起动顺序为3号、2号、1号，以防止货物在胶带上堆积。

② 停车顺序为1号、2号、3号，以保证停车后胶带上不残存货物。

③ 当1号或2号出故障停车时，3号能随即停车，以免继续进料。

三条胶带运输机电路图如图7-21所示。

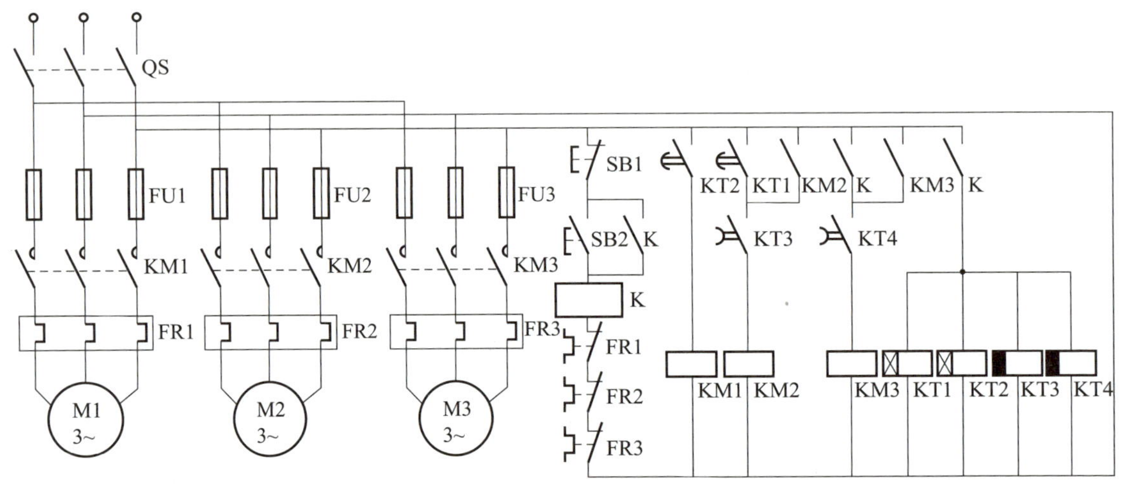

图 7-21　三条胶带运输机电路图

工作过程：

按下起动按钮SB2，K通电吸合并自锁，K的动合触点闭合，接通KT1～KT4，其中KT1、KT2为通电延时型，KT3、KT4为断电延时型，KT3、KT4的动合触点立即闭合，为KM2和KM3的线圈通电准备条件。K的另一个动合触点闭合，与KT4一起接通KM3，电动机M3首先起动，经一段时间，达到KT1的整定时间，则KT1的动合触点闭合，使KM2通电吸合，电动机M2起动，再经一段时间，达到KT2的整定时间，则KT2的动合触点闭合，使KM1通电吸合，电动机M1起动。

按下停止按钮SB1，K断电释放，4个时间继电器同时断电，KT1、KT2的动合触点立即断开，KM1失电，电动机M1停车。由于KM2自锁，所以，只有达到KT3的整定时间，KT3才断开，使KM2断电，电动机M2停车，最后，达到KT4的整定时间，KT4的动合触点断开，使KM3线圈断电，电动机M3停车。

实训项目

电动机单向连续运转控制线路的连接与检修

一、实训器材

1. 工具：试电笔、螺丝刀、尖嘴钳、斜口钳、剥线钳、电工刀等。

2. 仪表：万用表、兆欧表等。

3. 设备：小型三相笼型异步电动机1台；配电板1块；按钮、交流接触器、热继电器、组合开关、接线端子排各1个；熔断器5个；导线（最好主、控电路用不同颜色加以区分）等辅助材料若干。

二、实训步骤

1. 识读电动机单向连续运转控制线路电路图(图 7-22),明确电路中所用电气元件及作用,熟悉电路的工作原理。

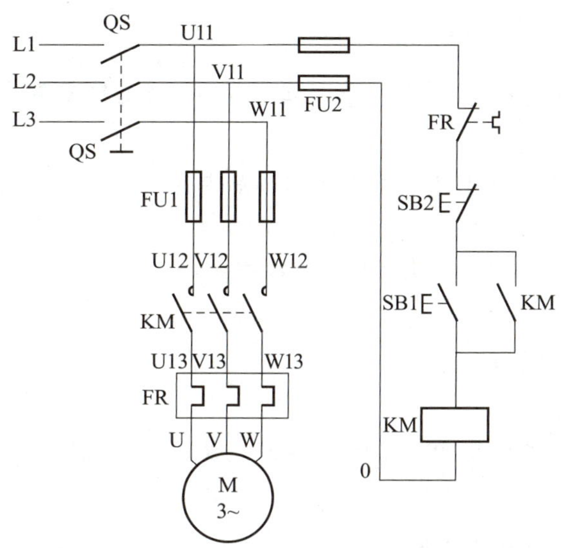

图 7-22　电动机单向连续运转控制线路电路图

2. 按照图 7-22 所示的电路图配齐所需元件,将元件名称、型号、规格、质量等检查情况记录在表 7-1 中。

表 7-1　电动机单向连续运转控制线路实训所需器件清单

元件名称	型　号	规　格	数　量	是否可用

3. 在事先准备好的配电板上,布置元器件。

工艺要求:各元件的安装位置整齐、匀称,元件之间的距离合理,便于元件的更换;紧固元件时要用力均匀,紧固程度要适当。

4. 连接主电路。将接线端子排 XT 上左起 1、2、3 号接线桩分别定为 L1、L2、L3,用导线连接至 QS,再由 QS 接至 4、5、6 号接线桩,再连接电动机。在本实训中电动机 M 在电路板外，通过接线端子排连接。

5. 连接控制电路。在FU1上面的L1、L2相引出控制电路电源，L1相通过FU2后，连接热继电器动断触点FR、停止按钮SB2、起动按钮SB1，将接触器的一对辅助动合触点用导线与起动按钮SB1并联，实现自锁，再通过交流接触器线圈与FU2连接，最后至L2相电源线。

板前布线工艺要求：

① 布线通道尽可能少，同路并行导线按主电路、控制电路分类集中，单层密排，紧贴安装面布线。

② 布线要横平竖直，分布均匀。变换走向时应垂直。

③ 同一平面的导线应高低一致或前后一致，不能交叉。非交叉不可时，此根导线应在接线端子引出时就水平架空跨越，但必须走线合理。

④ 布线时严禁损伤线芯和导线绝缘。

⑤ 布线顺序一般以接触器为中心，由里向外，由低到高，先控制电路，后主电路，以不妨碍后续布线为原则。

⑥ 导线与接线端子或接线桩连接时，不得压绝缘层、不反圈、不露铜过长。

⑦ 同一元件、同一回路的不同接点的导线间距离应保持一致。

⑧ 一个电气元件接线端子上的连接导线不得多于两根，每节接线端子板上的连接导线一般只允许连接一根。

6. 线路检测。安装完毕的控制电路板必须经过认真检查以后，才允许通电试车，以防止错接、漏接造成不能正常运转或短路事故。

① 万用表检测主电路。将万用表两表笔接在FU1输入端至电动机星形联结中性点之间，分别测量U相、V相、W相在接触器不动作时的直流电阻，读数应为“∞”；用螺丝刀将接触器的触点系统按下，再次测量三相的直流电阻，读数应为每相定子绕组的直流电阻。根据所测数据判断主电路是否正常。

② 万用表检测控制电路。将万用表两表笔分别搭在FU2两输入端，读书应为“∞”；按下起动按钮SB1时，读数应为接触器线圈的直流电阻。根据所测数据判断控制电路是否正常。

7. 通电试车。通电试车必须征得教师同意，并由教师接通三相电源，同时在现场监护。

① 合上电源开关QS，用试电笔检查熔断器出线端，氖管亮说明电源接通。

② 按下SB1，电动机得电连续运转，观察电动机运行是否正常，若有异常现象应马上停车。

③ 出现故障后，学生应独立进行检修；若需带电进行检查，教师必须在现场监护。检修完毕后，如需再次试车，也应有教师监护，并做好检修记录。

④ 按下SB2，切断电源，先拆除三相电源线，再拆除电动机线。

8. 设置故障。教师人为设置故障通电运行，学生观察故障现象，并记录在表7-2中。

表 7-2　电动机单向连续运转控制线路故障设置情况统计表

故障设置元件	故障点	故障现象
接触器主触点	U 相接线松脱	
接触器自锁触点	接线松脱	
停止按钮	线头接触不良	
热继电器动断触点	接线松脱	
起动按钮	两接线柱之间短路	

三、评分标准

评分标准见表 7-3。

表 7-3　电动机单向连续运转控制线路的连接与检修评分标准

<table>
<tr><th>序号</th><th>评分项目</th><th>配分</th><th colspan="3">评分标准</th><th>扣分</th></tr>
<tr><td>1</td><td>装前检查</td><td>5</td><td colspan="3">电气元件漏检或错检，每处扣 1 分</td><td></td></tr>
<tr><td>2</td><td>元　件</td><td>15</td><td colspan="3">(1) 不按布置图安装，扣 7 分
(2) 元件安装不牢固，每只扣 5 分
(3) 元件安装不整齐、不合理，每只扣 3 分
(4) 损坏元件，每只扣 5 分</td><td></td></tr>
<tr><td>3</td><td>布　线</td><td>40</td><td colspan="3">(1) 不按电路图接线，扣 25 分
(2) 布线不符合要求
主电路：每根扣 5 分
控制电路：每根扣 3 分
(3) 节点松动、露铜过长、反圈等，每个扣 1 分
(4) 损伤导线绝缘或线芯，每根扣 5 分</td><td></td></tr>
<tr><td>4</td><td>通电试车</td><td>40</td><td colspan="3">(1) 热继电器未整定或整定错误，扣 7 分
(2) 熔体规格选用不当，扣 10 分
(3) 第一次试车不成功，扣 20 分
第二次试车不成功，扣 30 分
第三次试车不成功，扣 40 分</td><td></td></tr>
<tr><td>5</td><td>安全文明生产</td><td colspan="4">违反安全文明生产规程，扣 5～40 分</td><td></td></tr>
<tr><td>6</td><td>定额时间 2 h</td><td colspan="4">每超时 5 min，扣 5 分</td><td></td></tr>
<tr><td colspan="2">备　注</td><td colspan="3">除定额时间外，各项内容的最高扣分不应超过所配分数</td><td>成绩</td><td></td></tr>
<tr><td colspan="2">开始时间</td><td colspan="2"></td><td>结束时间</td><td>实际时间</td><td></td></tr>
</table>

本章小结

本章主要介绍了电气控制系统图的常用符号和绘制规则，以及基本的电气控制单元线路的工作原理、安装接线与故障排查等，这些是电气控制的基础，应该熟练掌握。基本电气控制单元总结见表 7-4。

表 7-4　基本电气控制单元总结

控制单元类型	典型的电气原理图	工作原理	备　注
点动控制线路	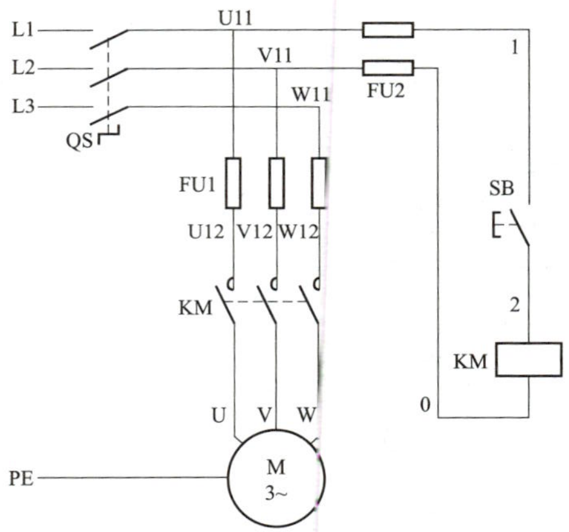	起动过程：先合上开关 QS→按下起动按钮 SB→接触器 KM 线圈通电→KM 主触点闭合→电动机 M 通电直接起动。 停机过程：松开 SB→KM 线圈断电→KM 主触点断开→M 停电停转	由于点动控制，电动机运行时间短，有操作人员在近处监视，所以一般不设过载保护环节
连续运行控制线路	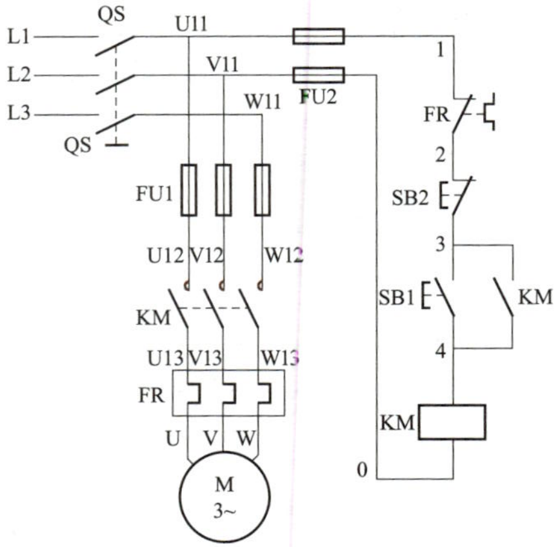	起动：合上开关 QS→按下起动按钮 SB1→接触器 KM 线圈通电→KM 主触点闭合和辅助动合触点闭合→电动机 M 接通电源运转；利用接通的 KM 辅助动合触点自锁（松开 SB1 后），电动机 M 连续运转。 停机：按下停止按钮 SB2→KM 线圈断电→KM 主触点和辅助动合触点断开→电动机 M 断电停转	优点：具有短路保护、电动机长期过载保护、欠电压保护、失电压保护

续 表

控制单元类型	典型的电气原理图	工作原理	备　注
点动与长动结合的控制线路	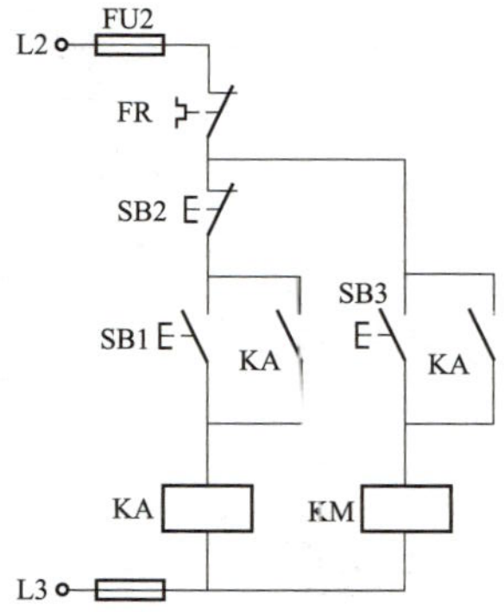 L2 FU2 FR SB2 SB1 KA SB3 KA KA KM L3	点动控制时，按下起动按钮SB3→KM线圈通电→电动机M点动；长动控制时，按下起动按钮SB1→中间继电器KA线圈通电并自锁→KM线圈通电→M实现长动	应用：机床调整完毕后，需要连续进行切削加工
正、反转控制线路	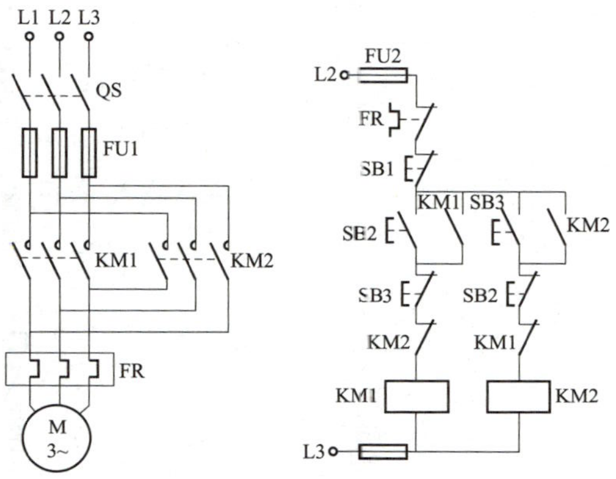 L1 L2 L3 QS FU1 KM1 KM2 FR M 3~ L2 FU2 FR SB1 KM1 SB3 SB2 KM2 SB3 SB2 KM2 KM1 KM1 KM2 L3	利用复合按钮组成“正→反→停”或“反→正→停”的互锁控制	工作台的前进、后退；电梯的上升、下降

续 表

控制单元类型	典型的电气原理图	工作原理	备 注
位置控制线路	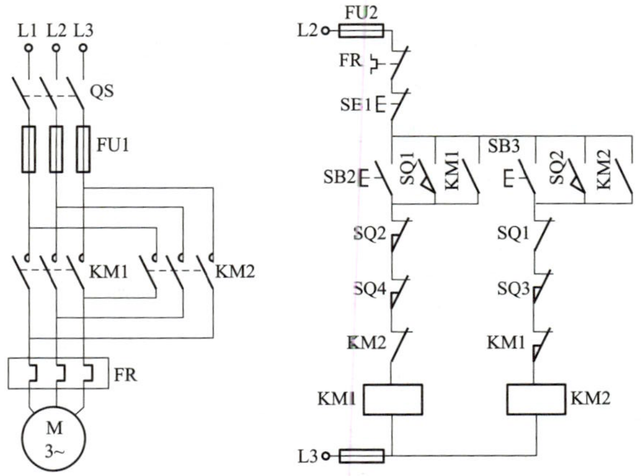	合上电源开关 QS→按下起动按钮 SB2→接触器 KM1 通电→电动机 M 正转→工作台向前→工作台前进到一定位置，撞块压动限位开关 SQ2→SQ2 动断触点断开→KM1 断电→电动机 M 停止正转，工作台停止向前。后退过程相似	应用：龙门刨床的工作台前进、后退
顺序联锁控制线路	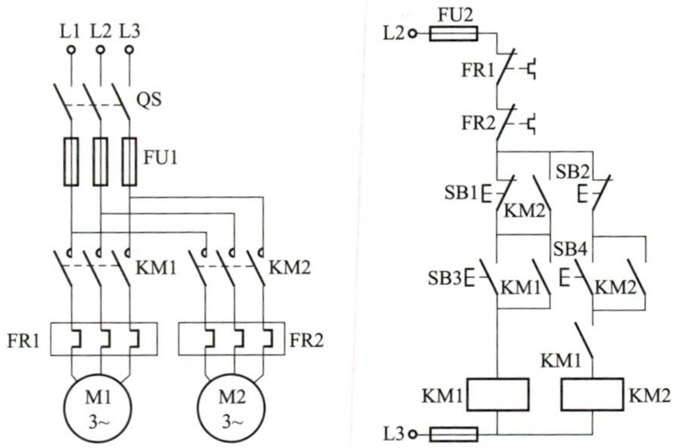	实现 M1→M2 的顺序起动、M2→M1 的顺序停止控制。顺序停止控制分析：KM2 线圈断电，SB1 动断触点并联的 KM2 辅助动合触点断开后，SB1 才能起停止控制作用，所以，停止顺序为 M2→M1	平面磨床中，要求砂轮电动机起动后，冷却泵电动机才能起动

续　表

控制单元类型	典型的电气原理图	工作原理	备　注
多点控制线路	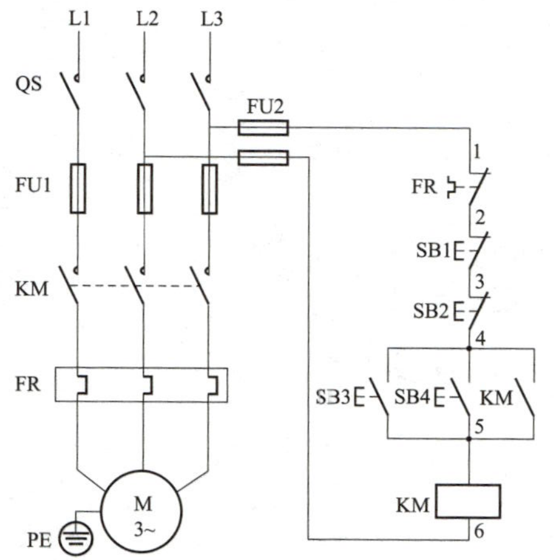	两地起动按钮 SB3、SB4 并联，两地停止按钮 SB1、SB2 串联	把起动按钮并联连接，停止按钮串联连接。分别装置在两个地方，可以实现两地操作
时间控制线路	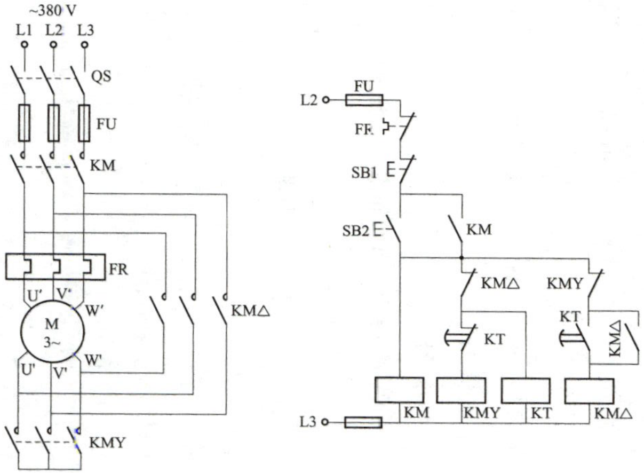	合上电源开关 QS→按下起动按钮 SB2，接触器 KM 通电→KM 主触点闭合，M 接通电源，接触器 KMY 通电→KMY 主触点闭合，定子绕组成星形联结，M 减压起动；时间继电器 KT 通电延时 t(s)→KT 延时辅助动断触点断开，KMY 断电、KT 延时辅助动合触点闭合→KM△主触点闭合，定子绕组成三角形联结→M 加以额定电压正常运行→KM△辅助动断触点断开→KT 线圈断电	缺点是起动转矩也相应下降为三角形联结的1/3，转矩特性差

习 题 7

一、单选题

1. 电路图中，断路器的符号为( )。

A. K　　B. D　　C. L　　D. DL

2. 不属于笼型异步电动机降压起动方法的是( )。

A. 自耦变压器降压起动　　B. 星形-三角形换接起动

C. 延边三角形起动　　D. 在转子电路中串联变阻器起动

3. 中小容量异步电动机的过载保护一般采用( )。

A. 熔断器　　B. 磁力启动器

C. 热继电器　　D. 电压继电器

4. 笼型异步电动机的延边三角形启动方法，是变更( )。

A. 电源相序接法　　B. 电动机端子接法

C. 电动机定子绕组接法　　D. 电动机转子绕组接法

5. 异步电动机的反接制动是指改变( )。

A. 电源电压　　B. 电源电流　　C. 电源相序　　D. 电源频率

6. 在电动机的连续运转控制中，其控制的关键是( )。

A. 自锁触点　　B. 互锁触点　　C. 复合按钮　　D. 机械互锁

7. Y-△降压起动可使起动电流减少到直接起动时的( )。

A. 1/2　　B. 1/3　　C. 1/4　　D. 1

8. 表示电路中各个电气元件连接关系和电气工作原理的图称为( )。

A. 电路图　　B. 电气互联图

C. 系统图　　D. 电气安装图

9. 对绕线型电动机而言，一般利用( )的方法进行调速。

A. 改变电源频率　　B. 改变定子极对数

C. 改变转子电路中电阻　　D. 改变转差率

二、名词解释

1. 电气控制线路原理图、接线图
2. 欠压保护
3. 失压保护
4. 自锁
5. 互锁
6. 点动控制
7. 顺序控制
8. 多地控制
9. 单向运行
10. 可逆运行

三、简答题

1. 电气控制系统图主要有哪些？各有什么作用和特点？

2. 电气原理图中 QS、FU、KM、KA、KT、KS、FR、SB 分别代表什么电气元件的文字符号？

3. 电气原理图中，电气元件的技术数据如何标注？

4. 什么是失电压、欠电压保护？采用什么电气元件来实现失电压、欠电压保护？

5. 点动、长动在控制电路上的区别是什么？试用按钮、转换开关、中间继电器、接触器等电器，分别设计出既能长动又能点动的控制线路。

6. 在电动机可逆运行的控制线路中，为什么必须采用互锁环节控制？有的控制线路已采用了机械互锁，为什么还要采用电气互锁？若两种触点接错，线路会产生什么现象？

四、设计题

1. 钻削加工刀架的运动过程控制（图 7-23）：刀架在位置 1 起动后能自动地由位置 1 开始移动到位置 2 进行钻削加工，刀架到达位置 2 后自动退回到位置 1 时停车。应如何实现控制？

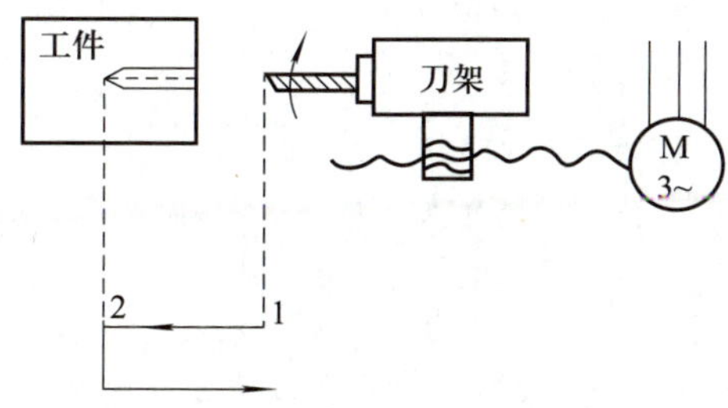

图 7-23　设计题 1 图

2. 两条皮带运输机分别由两台笼型异步电动机拖动，由一套起停按钮控制它们的起停。为避免物体堆积在运输机上，要求电动机按下述顺序起动和停止。

起动时：M1 起动后 M2 才能起动；

停车时：M2 停车后 M1 才能停车。

应如何实现控制？

3. 锅炉点火、熄火的电气控制线路设计：点火时，先起动引风电动机 M1，当其工作 5 min 后，送风电动机 M2 自行起动，完成锅炉的点火过程。锅炉熄火时，先停止送风电动机 M2，当其停止 2 min 后，引风电动机 M1 自动停止，完成锅炉的熄火过程。

附　录
常用电工学图形符号

序号	符　　号	名称与说明
1	⎓	直流
2	～	交流 频率或频率范围以及电压的数值应标注在符号的右边，系统类型应标注在符号的左边
	～　50 Hz	示例：交流 50 Hz
3	～	低频（工频或亚音频）
4	≈	中频（音频）
5	≋	高频（超音频，载频或射频）
6	DC	直流
7	AC	交流
8	≂	具有交流分量的整流电流 注：当需要与稳定直流相区别时使用
9	N	中性（中性线）
10	M	中间线
11	+	正极性
12	-	负极性
13		热效应
14		电磁效应 过电流保护的电磁操作
15		电磁执行器操作
16		热执行器操作（如热继电器、热过电流保护）

续　表

序号	符　　号	名称与说明
17	Ⓜ--	电动机操作
18	⎍	正脉冲
19	⊔	负脉冲
20	∿	交流脉冲
21	⌠	正阶跃函数
22	⌡	负阶跃函数
23	⩘	锯齿波
24	⏚	接地一般符号
25		无噪声接地(抗干扰接地)
26		保护接地
27		接机壳、接底板
28		保护等电位联结
29		理想电流源
30	ϕ	理想电压源
31	⊃⊂	理想回转器
32	ϟ	故障(用以表示假定故障位置)
33		闪络、击穿
34		永磁铁
35		动触点 注:如滑动触点
36		测试点指示符 示例点,导线上的测试
37		交换器一般符号/转换器一般符号 注:若变换方向不明显,可用箭头表示在符号轮廓上
38	★	电机一般符号,符号内的星号用下述字母代替 C 旋转变流机　G 发电机　GP 永磁发电机 GS 同步发电机　M 电动机 MG 能作为发电机或电动机使用的电机 MGS 同步发电机-电动机 MP 永磁电动机 MS 同步电动机 RC 调相机

续　表

序号	符　　号	名称与说明
39		三相笼式异步电动机
40		三相线绕式转子异步电动机
41		三相并励同步旋转变流机
42	 	直线电动机 步进电机一般符号
43	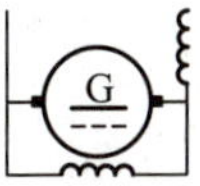	电机示例： 短分路复励直流发电机示出接线端子和电刷
44		串励直流电动机
45	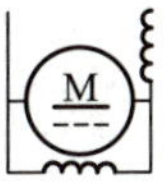	并励直流电动机
46	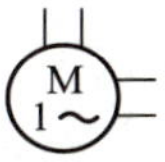	单相笼型感应电动机
47		单相串励电动机
48		单相同步电动机
49	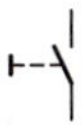	手动开关一般符号
50	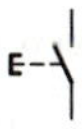	自动复位的手动按钮开关(不闭锁)
51	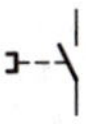	自动复位的手动拉拔开关(不闭锁)
52		无自动复位的手动旋转开关

续 表

序号	符　号	名称与说明
53		带动合触点的限位开关
54		带动断触点的限位开关
55		带动断触点的热敏自动开关
56	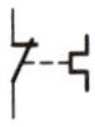	热继电器动断触点
57		接触器的主动合触点(在非操作位置上断开)
58		接触器的主动断触点(在非操作位置上闭合)
59	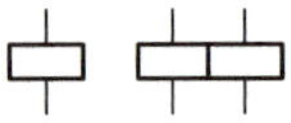	驱动器件,一般符号;继电器线圈,一般符号 驱动器件;继电器线圈(组合表示法)
60	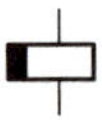	缓慢释放(缓放)继电器线圈
61	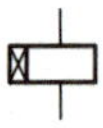	缓慢吸合(缓吸)继电器线圈
62	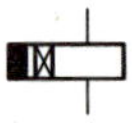	延时放继电器线圈
63	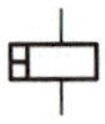	快速继电器(快吸和快放)线圈
64		对交流不敏感继电器线圈
65	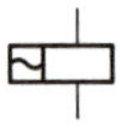	交流继电器线圈
66		热继电器驱动器件
67		熔断器一般符号
68		熔断器开关
69		熔断器式隔离开关;熔断器式隔离器

续　表

序号	符　　号	名称与说明
70		熔断器负荷开关组合电器
71		火花间隙
72		双火花间隙
73		动合(常开)触点,一般符号;开关,一般符号
74		动断(常闭)触点
75		先断后合的转换触点
76		中间断开的转换触点
77		先合后断的转换触点(桥接)
78		当带该触点的器件被吸合时延时闭合的动合触点
79		当带该触点的器件被释放时延时断开的动合触点
80	★	指示仪表的一般符号　星号须用有关符号替代,如 A 代表电流表等
81	★	记录仪表一般符号　星号须用有关符号替代,如 W 代表功率表等
82	V	电压表
83	A	电流表
84	A $I\sin\varphi$	无功电流表
85	var	无功功率表
86	$\cos\varphi$	功率因数表
87	φ	相位表

续 表

序号	符号	名称与说明
88	(Hz)	频率计
89		检流计
90		示波器
91	(n)	转速表
92	W	记录式功率表
93	W | var	组合式记录功率表和无功功率表
94		记录式示波器
95	Wh	电能表（瓦时计）
96	varh	无功电能表
97	⊗	灯，一般符号　信号灯一般符号 注：① 如果要求指示颜色则在靠近符号处标出下列字母：RD 红、YE 黄、GN 绿、BU 蓝、WH 白。 ② 如要指出灯的类型，则在靠近符号处标出下列字母：Ne 氖、Xe 氙、Na 钠、Hg 汞、I 碘、IN 白炽、EL 电发光、ARC 弧光、FL 荧光、IR 红外线、UV 紫外线、LED 发光二极管
98		闪光型信号灯
99		报警器
100	优选型	蜂鸣器
101	优选型	音响信号装置，一般符号
102		可调压的单向自耦变压器
103		绕组间有屏蔽的双绕组变压器

续　表

序号	符　号	名称与说明
104		在一个绕组上有中间抽头的变压器
105		耦合可变的变压器
106		星形-三角形联结的三相变压器
107		三相自耦变压器　星形联结
108		单向自耦变压器
109	形式1　形式2	双绕组变压器 注：瞬时电压的极性可以在形式 2 中表示。 示例：示出瞬时电压极性标记的双绕组变压器。 流入绕组标记端的瞬时电流产生辅助磁通
110		三绕组变压器
111		自耦变压器
112		电抗器　扼流圈

续　表

序号	符　　号	名称与说明
113	优选型	电阻器一般符号
114		可变电阻器　可调电阻器
115		压敏电阻器、变阻器
116		带滑动触点的电阻器
117		带滑动触点和断开位置的电阻器
118		带滑动触点的电位器
119	优选型	电容器一般符号
120	优选型	极性电容器
121	优选型	可调电容器
122	优选型	预调电容器
123		电感器　线圈　绕组　扼流圈

- 根据国家标准 GB/T 4728《电气图用图形符号》,并参照国际电工委员会(IEC)的规定。
- 本表仅供参考,用户在使用时请查阅相关的国家标准以最后确认。

参 考 文 献

[1] 曹建林.电工技术[M].4版.北京:高等教育出版社,2019.

[2] 史仪凯.电工技术[M].4版.北京:高等教育出版社,2020.

[3] 周永洪,黎辉雄.电工电子技术[M].北京:机械工业出版社,2021.

[4] 席时达.电工技术[M].5版.北京:高等教育出版社,2019.

[5] 曹建林,魏巍.电工电子技术[M].北京:高等教育出版社,2017.

[6] 曹才开,熊幸明.电工电子技术[M].北京:机械工业出版社,2014.

[7] 冯泽虎,张强.电工技术[M].北京:高等教育出版社,2017.

[8] 李丽敏.电路分析基础[M].北京:机械工业出版社,2019.

[9] 张永瑞.电路分析基础[M].5版.西安:西安电子科技大学出版社,2021.

[10] 宋涛,冯泽虎.电工电子技术[M].北京:高等教育出版社,2018.